老年营养餐卷（精品菜）

李建国　主编

中国铁道出版社有限公司

2022 年 · 北　京

图书在版编目（CIP）数据

中国大锅菜. 老年营养餐卷. 精品菜 / 李建国主编 . — 北京：中国铁道出版社有限公司，2023. 1
ISBN 978-7-113-29483-0

Ⅰ. ①中… Ⅱ. ①李… Ⅲ. ①老年人-食谱-中国 Ⅳ. ① TS972.182

中国版本图书馆 CIP 数据核字（2022）第 132572 号

书　　名：中国大锅菜 · 老年营养餐卷（精品菜）
　　　　　ZHONGGUO DAGUOCAI LAONIAN YINGYANGCAN JUAN(JINGPIN CAI)
作　　者：李建国

责任编辑：王淑艳　　编辑部电话：（010）51873022　　电子邮箱：554890432@qq.com
装帧设计：崔丽芳
责任校对：孙　玫
责任印制：赵星辰

出版发行：中国铁道出版社有限公司（100054，北京市西城区右安门西街 8 号）
网　　址：http://www.tdpress.com
印　　刷：北京盛通印刷股份有限公司
版　　次：2023 年 1 月第 1 版　2023 年 1 月第 1 次印刷
开　　本：889 mm × 1 194 mm　1/16　印张：19.25　字数：410 千
书　　号：ISBN 978-7-113-29483-0
定　　价：198.00 元

中国大锅菜·老年营养餐卷

编 委 会

孙本元　丁增勇　阎致强　梁彦丰　周　会　贾晓亮　张晓东　冯文志
刘露铭　王志晨　李建安　李　颖　李　孟　邢　丹　徐伟伟　杜威威
孟令栢　祁小明　汪晓妍　王国栋　解立成　李　欣　常　涌　刘建其
张绍军　郑文益　孙浩秋　胡雪妍　袁海龙　李耀奎　齐志辉　杨利刚
刘　忠　孟志俊　杨　文　华美根　杜道聚　田　龙　许延安　刘智龙
郝剑辉　解　彬　张振军　师海刚　陈　强　祖　利　周　雪　李　岩
李　宸　朱德才　谭红炼　杨明霞　曹福兴　王　灿　牟　凯　周悦讯
李志秀　张　国　代海芝　王永东　胡欣杨　罗石磊　王冬梅　姚庆兰
张思行　张培培　张　涛　冯泽鹏　王恩静　任　文　张宝田　尹丽洋

营 养 师

侯玉瑞　杨　磊　刘　妍

视频指导

王永东　胡欣杨

视频录制

张　国　牟　凯　周悦讯

摄 影 师

王明柱　李志秀　张　国

顾问（中国烹饪大师）

杜广贝　王志强　王春耕　李　刚　郝保力　孙立新
王造柱　屈　浩　孙忠亭　王海东

序言

李建国先生作为中国大锅菜烹饪专业技术委员会理事长，早在十几年前就研究老年人怎么吃饭才能获得最好的营养。为此，他与民政部门相关人士开会研讨，推进中国老年营养餐行业标准的制定。这本书的书名中有“精品菜”三个字，精品菜不是指昂贵的食材，而是在食物烹饪上下工夫，突出制作精细，味型丰富，品种繁多的特点，选择老百姓吃得起的食材，是大众的精品菜。为了提升饭菜的品质，李建国先生邀请21位中国烹饪大师专门研制适合老年人的菜谱，基本做到低油、低盐、低糖，增加植物纤维、补充蛋白质，推进团餐标准化的建设。在这本书中，除了中国菜外，还增加部分国外的美食，满足不同口味的老年人需求。李建国先生强调老年人一定要吃肉，不能只喝粥、吃青菜，这会造成营养不良。

菜谱图书的编写与其他图书大不相同，其他图书几乎在电脑上就可以完成。但菜谱图书难度之大，令人咋舌，尤其是大锅菜。首先是食材，一道菜，需要至少5千克以上的主料，辅料还不算，一本书至少要有150道菜，但实际上要做180道以上才能满足出书的需要；其次，需要录像与拍照，费用也非常可观；最后，还要支付采购、洗菜、切配、厨师助手等后勤人员的工资。一本书算下来，没有几十万元甚至上百万元是运转不开的。

这是非常现实的问题，仅凭一己之力无法完成，所以李建国先生积极与相关企事业单位洽谈。有些单位因成本高而却步；有些单位因没有拍摄场地，没有录制设备，没有拍照器材而放弃；有些单位很热心，但付诸行动时，却没了下文。直至2020年，仙豪六位仙食品科技（北京）有限公司对老年营养餐表现了极大的兴趣，董事长张彦先生决定与他共同合作这个项目。

制作与拍摄场地选在北京市房山区长阳镇。在正式开拍前，李建国先生和张彦董事长在2020年至2021年组织了三次研讨会，先后邀请中国老年学和老年医学会营养食品分会主任委员付萍、秘书长王晓芳，中国烹饪协会关心下一代营养膳食指导委员会副主席段凯云，国家职业技能鉴定专家委员会中式烹调专业委员会副主任侯玉瑞，萃华楼原行政总厨刘建民，全国烹饪大赛国家级评委夏连悦，北京英特莱恩管理顾问中心胡苑园，北京市房山区长阳镇副镇长罗贵东等，大家各抒己见，提出诸多宝贵的建议。

《中国大锅菜·老年营养餐卷（精品菜）》从2021年2月20日开始正式制作、录制、拍摄，到4月26日全部完成。总共做了350道菜。因版面所限，根据内容分为上下册，上册为家常菜，下册为精品菜。精品菜由郑绍武、郑秀生、顾九如、刘建民、孟宪斌、马志和、孙家涛、李智东、林进、王素明、赵春源、张伟利、田胜、王万友、吴波、于晓波、于长海、赵宝忠、刘广东、董桐生、侯德成、李建国等中国烹饪大师完成，因拍摄地在房山区长阳镇郊外，他们自己或驾车，或坐公交车，为老年营养餐贡献一份力量。由于每天拍摄与录制的工作量非常大，六味仙团队积极配合。他们现场记录，形成拍摄日志，及时整理保存图片和视频，确保数据完整、安全。另外，北京鸿运楼餐饮管理有限公司、北京市商业学校国际酒店培训部、北京市工贸技师学院服务管理分院都给予极大的支持。

《中国大锅菜·老年营养餐卷（精品菜）》承载了太多的期盼和托付。我们相信，它会是中国老年营养餐标准教科书，养老机构的指导书，美食爱好者的打卡书。我们也期待这本孕育十多年的图书出版，它饱含一位德高望重的烹饪大师最深沉的情感假若条件允许，李建国先生还打算完成《中国大锅菜·学生营养餐卷（精品菜）》的出版。同时我们也希望有更多关爱老年人和学生群体的单位或有识之士加入，共同为他们服务。

铁道影视音像中心编导、作家　　宋国兴

目录

陈玉军

鲅鱼焖土豆 001

椒盐鱼条 004

肉酿鸡蛋 006

五色蛋卷 009

羊肉焖山药 012

董桐生

菠菜派 014

超软蛋卷 016

胡萝卜坚果奶酪面包 018

全麦面包 020

全麦吐司三明治 022

玉米面包 025

顾九如

滑炒鸡肝 028

海参过油肉 030

煎塌芹菜虾饼 032

焦炒鱼条 034

羊肉丸子 036

耿全然

滇味金汤菊花鲜鲈鱼 038

熘三白 040

藕片鱼丸 042

三色鱼丸 044

三鲜水泼蛋 046

养生蟹黄狮子头 048

侯德成

咖喱鸡 050

红花莳萝烩海鲜 052

墨西哥牛肉 054

蘑菇烩肉丸 056

奶油烤土豆 058

意大利肉酱面 060

火腿奶酪炸猪排 062

霍彬虎

红花汁手打春三鲜 064

马莲草烧方肉 066

梅干菜烧牛小排 068

滑蛋蒸南己山大黄鱼 070

太湖三鲜煮台州豆腐 072

李建国

茴香扣肉 074

三色鸭丝 076

酸辣袈裟肉 078

虾仁芦笋炒鸭丁 080

鳕鱼烧豆腐 082

林　进

东江酿豆腐 084

粉蒸牛肉 086

煎烹鸡腿 088

元宝肉 090

芝士烤巴沙鱼 092

刘建民

菠萝咕咾鱼片 094

得莫利炖鱼 096

锅塌鱼 098

干蒸鱼 100

烩两鸡丝 102

鸡里蹦 104

刘广东

番茄口蘑菜瓜 106

红根里脊炒粉 108

金汁托烧豆腐 110

南瓜菌菇滑鸡 112

时蔬野菜蛋卷 114

孟宪斌

罐焖牛肉 116

玛瑙鱼丸 118

什锦虾包 120

水炒虾仁滑蛋 122

椰香芙蓉鸡片 124

马志和

八珍豆腐 126

扒牛舌 128

铛炮羊肉 130

汆蒸羊肉 132

烧汁夹沙 134

酱汁扒鸡 136

扣松肉 138

南煎丸子 140

清炖羊肉 142

糖熘卷果 144

鲜菌蒸滑鸡 146

炸鲜果仟 148

孙家涛

过桥龙胆石斑 150

黑椒汁牛肋排 152

花菇黄焖鸭 154

金汤野米烩鲜贝 156

芦蒿肉丝炒豆干 158

米浆时蔬烩猪肝 160

蔬菜汁鲈鱼 162

酸汤金菇肥羊 164

腰豆焖酥鸡 166

紫米丸子 168

炸梅卷 170

隋　波

碧绿宝石虾球 172

大蒜烧鮰鱼 174

浓汁黑蒜铁棍山药 176

醪糟金瓜 178

双皮醋鱼 180

田　胜

烤牛肉 182

蒜子烧牛肚板 184

手抓羊肉 186

香辣羊排 188

芫爆牛肚条 190

王万友

菠萝咕咾虾 192

虫草花蒸滑鸡 194

蚝油蒸鸡块 196

酥炸凤尾虾 198

鲜虾一品豆腐 200

王素明

羊肉大葱包 202

猪肉荠菜包 204

炸油条 206

炸油饼 208

蒸米糕 210

吴　波

葱油鸡 212

金瓜五谷烧牛腩 214

米酒老南瓜 216

上汤凉瓜酿肉馅 218

仔姜鸭块 220

于晓波

胡鱼汤 222

酱焖三黄鸡 224

菌菇过油肉 226

香辣鱼块 228

芫爆里脊 230

于长海

酒香东坡肉 232

蜜豆百合 234

炝炒熏干青笋丝 236

鲜虾浸干丝 238

柱侯牛腩 240

郑邵武

干烧鲈鱼片 242

海参麻婆豆腐 244

麻辣鸡球 246

鱼香虾仁 248

郑秀生

蛋美鸡 250

京葱扒鸭 252

萝卜白肉连锅汤 254

五彩烩盖菜 256

咸炖鲜 258

赵宝忠

炒胡萝卜酱 260

炒三色龙凤圆 262

京味爆三样 265

芦笋白果虾球 267

珊瑚仔鸡 269

赵春源

豉油蒸鱼 271

海米烧冬瓜 273

萝卜氽丸子 275

罗宋炖牛肉 277

虾仁烧豆腐 279

张伟利

醋烧毛冬瓜 281

美味烤乳鸭 283

面筋塞肉 286

如意煎虾饼 288

三色鱼圆 290

鲅鱼焖土豆

| 制 作 人 | 陈玉军（中国烹饪大师）
| 操作重点 | 鲅鱼、土豆炸制时，油温要掌握好。
| 要领提示 | 鲅鱼要先腌后炸。

原料组成

主料

净鲅鱼肉 2500 克

辅料

净土豆 2000 克、青蒜 100 克、美人椒 100 克

调料

盐 35 克、味精 20 克、胡椒粉 10 克、玉米淀粉 200 克、生抽 40 毫升、老抽 10 毫升、料酒 60 毫升、豆瓣酱 90 克、猪油 60 克、八角 10 克、干辣椒段 10 克、葱段姜片各 50 克、白开水 2000 毫升、植物油 2000 毫升

营养成分

（每 100 克营养素参考值）

能量……116.9 千卡
蛋白质……11.5 克
脂肪……2.6 克
碳水化合物……11.6 克
膳食纤维……0.7 克
维生素 A……12.0 微克
维生素 C……8.0 毫克
钙……23.3 毫克
钾……331.6 毫克
钠……528.5 毫克
铁……1.1 毫克

加工制作流程

1. **初加工**：鲅鱼洗净，去血水；土豆去皮，洗净。
2. **原料成形**：鲅鱼去骨，顺长切 6 厘米段；土豆切滚刀块，凉水漂洗后，控水备用；青蒜切 3 厘米段；美人椒切象眼片；葱切段，姜切片。
3. **腌制流程**：鲅鱼块加入盐 10 克、料酒 50 毫升、胡椒粉 5 克、葱段姜片各 20 克、玉米淀粉 200 克腌制 10 分钟。
4. **配菜要求**：主料、辅料及调料分别摆放在器皿中备用。
5. **投料顺序**：食材腌制→食材处理→烹饪熟化食材→出锅装盘。

鲅鱼焖土豆是由东北一种压锅菜演变而来的菜品，鲅鱼鲜香，土豆软糯，含有丰富的蛋白质、氨基酸等营养成分。

6. **烹调成品菜**：① 锅中放油，油温七成热，鲅鱼块抖干淀粉依次炸制定型，捞出。油温再次升至七成热，放入鲅鱼块复炸，炸至金黄捞出，放入蒸盆备用；土豆控干水分，放入油锅中炸制，炸上色后捞出，放入另一个盘子中备用。② 锅中留底油，加入葱段姜片各 30 克、八角 10 克、干辣椒段 10 克，煸香，加入猪油 60 克，豆瓣酱 90 克煸出红油，烹料酒 10 毫升、生抽 40 毫升、开水 2000 毫升、盐 15 克、胡椒粉 5 克，烧开煮 5 分钟，打去杂质后分别将鲅鱼、土豆倒入盆中，送入万能蒸烤箱。选择“蒸”模式，温度 100℃，湿度 100%，蒸制 20 分钟取出，倒出原汤。取一盆，将土豆垫底，鲅鱼摆在上面。③ 锅烧热，倒入原汤，加入盐 10 克、味精 20 克、老抽 10 毫升烧开，淋入水淀粉勾芡，放入美人椒搅拌均匀，盛出淋在鱼上，撒上青蒜点缀即可。

7. **成品菜装盘（盒）**：菜品采用“盛入法”装入盘（盒）中，整齐摆放。

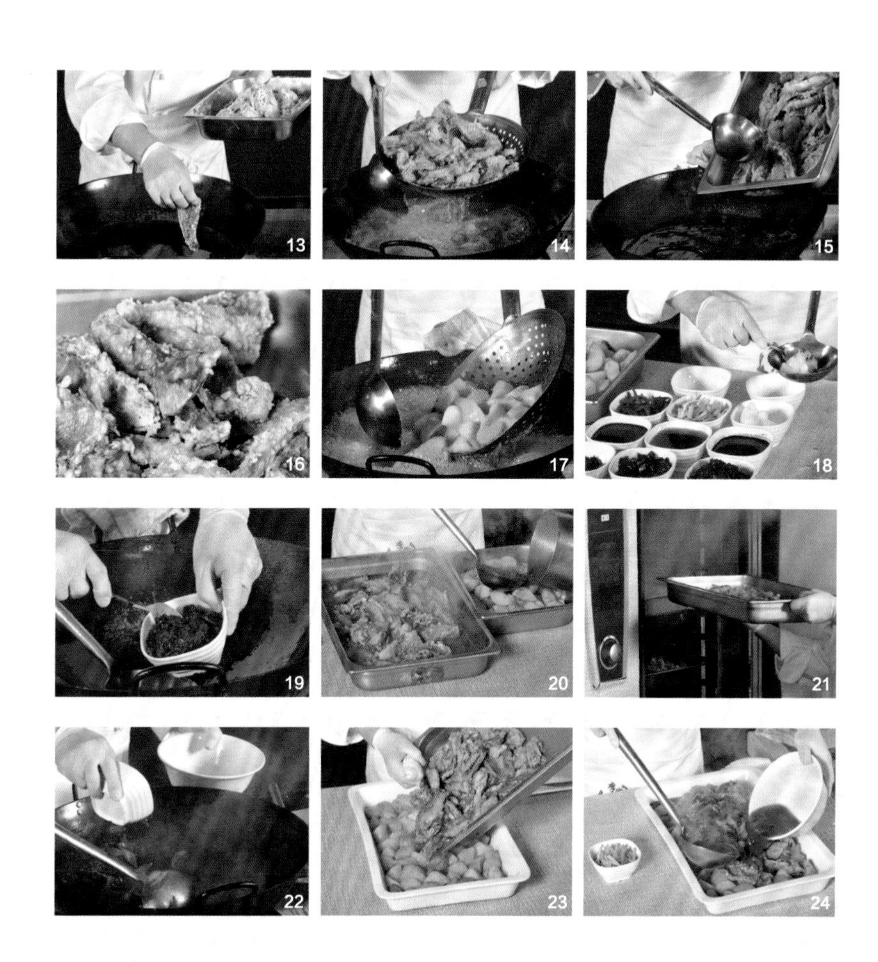

成菜标准

①色泽：红润；②芡汁：自然收汁；③味型：咸鲜微辣；④质感：鲅鱼鲜香，土豆软糯；⑤成品重量：4700 克。

举一反三

采用这种烹饪方法也可以做鲷鱼焖土豆，黄花鱼焖土豆。

椒盐鱼条

| 制 作 人 | 陈玉军（中国烹饪大师）
| 操作重点 | 炸制时要掌握好油温。
| 要领提示 | 鱼条腌制时间不宜过长，避免脱水影响口感，挂糊要均匀。

原料组成

主料

鲷鱼 3000 克

辅料

鸡蛋 8 个、菠菜 500 克、火龙果 500 克、南瓜条 1000 克

调料

盐 30 克、味精 10 克、胡椒粉 10 克、料酒 30 毫升、面粉 1500 克、泡打粉 100 克、葱姜片各 30 克、椒盐 200 克、植物油 2000 毫升

营养成分

（每 100 克营养素参考值）

能量	149.9 千卡
蛋白质	12.1 克
脂肪	3.1 克
碳水化合物	18.5 克
膳食纤维	0.8 克
维生素 A	49.6 微克
维生素 C	3.7 毫克
钙	29.3 毫克
钾	215.9 毫克
钠	261.6 毫克
铁	1.0 毫克

加工制作流程

1. **初加工**：鲷鱼洗净，挤干水分；菠菜洗净；火龙果去皮。

2. **原料成形**：鲷鱼切成 6 厘米长、1.5 厘米宽的条。菠菜、火龙果分别用料理机打成汁。鸡蛋打散分成两份，一份加入淀粉、面粉、菠菜汁调成糊；另一份加入淀粉、面粉、火龙果汁、油调成糊。

3. **腌制流程**：面粉 750 克中加入鸡蛋 4 个、菠菜汁、泡打粉 50 克搅拌均匀，醒发 10 分钟加入植物油 50 毫升搅匀，备用；另取面粉 750 克，加入泡打粉 50 克、鸡蛋 4 个、火龙果汁搅拌均匀，醒发 10 分钟后加入植物油 50 毫升，搅匀备用；南瓜条中加入盐 10 克、味精 5 克、油 50 毫升搅拌均匀备用；鱼条中加入葱姜片各 30 克、

盐20克、味精5克、胡椒粉10克、料酒30毫升，拌匀腌制10分钟。

4. 配菜要求：主料、辅料及调料分别摆放在器皿中备用。

5. 工艺流程：鲷鱼腌制→挂糊炸制→椒盐。

6. 烹调成品菜：①将南瓜条放入万能蒸烤箱，选择“蒸”模式，温度100℃，湿度100%，蒸制4分钟，取出。②锅中加入植物油，油温四成热时将南瓜条蘸菠菜汁糊炸熟，鱼条蘸火龙果糊炸熟，捞出；油温升至六成热，放入鱼条和南瓜条复炸，捞出。③将两种颜色鱼条分别码放，撒上椒盐即可。

7. 成品菜装盘（盒）：菜品采用“盛入法”装入盘（盒）中，呈自然堆落状。

椒盐鱼条是由家常菜糖醋鱼条演变而来的菜品，外焦里嫩，含有丰富的蛋白质、维生素等营养成分。

成菜标准

①色泽：红绿相间；②芡汁：无；③味型：咸鲜椒香；④质感：外酥里嫩；⑤成品重量：4000克。

举一反三

采用这种烹饪方法，可以做椒盐里脊，椒盐鸡柳。

肉酿鸡蛋

| 制 作 人 | 陈玉军（中国烹饪大师）
| 操作重点 | 丸子和蛋清之间要结合好，压实。
| 要领提示 | 肉馅不能和稀，否则在鸡蛋上码不住。

原料组成

主料

鸡胸肉 3000 克

辅料

熟鸡蛋 1000 克（20 个）、净南瓜 500 克、香菇 100 克、荸荠 100 克、胡萝卜 50 克、虾仁 100 克、芹菜 100 克、美人椒 100 克

调料

盐 30 克、鸡精 20 克、胡椒粉 10 克、蚝油 10 克、料酒 30 毫升、鸡蛋 1 个、糯米粉 40 克、水淀粉 150 毫升（生粉 50 克 + 水 100 毫升）、香油 50 克、葱姜水 200 毫升、开水 1000 毫升

营养成分

（每 100 克营养素参考值）

能量	118.7 千卡
蛋白质	17.5 克
脂肪	3.8 克
碳水化合物	3.5 克
膳食纤维	0.2 克
维生素 A	57.8 微克
维生素 C	1.1 毫克
钙	15.8 毫克
钾	256.1 毫克
钠	373.1 毫克
铁	1.1 毫克

加工制作流程

1. **初加工：** 鸡胸肉去筋膜，洗净；香菇去蒂，洗净；荸荠去皮，洗净；胡萝卜去皮，洗净；芹菜洗净，去叶；鸡蛋煮熟；美人椒去蒂，洗净。
2. **原料成形：** 熟鸡蛋切一半，取蛋清备用；鸡腿肉斩成蓉；香菇切末；虾仁切碎；荸荠拍碎剁细；胡萝卜切末；芹菜切碎；南瓜用破壁机打碎成蓉；美人椒切粒。
3. **腌制流程：** 将鸡胸肉、虾仁碎放入容器中，加入盐 20 克、胡椒粉 5 克、料酒 20 毫升、蚝油 10 克，搅拌均匀，加入鸡蛋 1 个、芹菜碎、香菇碎、胡萝卜碎、荸荠碎搅拌均匀，最后加入糯米粉 40 克搅匀备用。

肉酿鸡蛋是一道家常菜，丸子鲜嫩有弹性，蛋清脆嫩，含有丰富的蛋白质、维生素等营养成分。

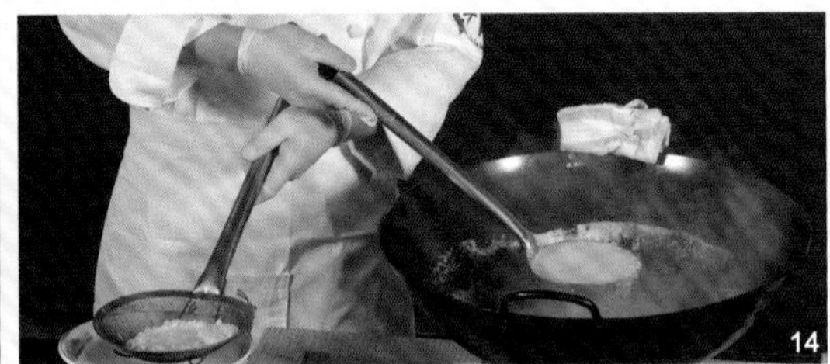

4. 配菜要求：主料、辅料及调料分别摆放在器皿中备用。

5. 工艺流程：虾仁切碎，鸡胸肉腌制→酿蛋清→汤汁。

6. 烹调成品菜：①取一熟蛋清，用手将肉馅挤成蛋黄大小的丸子，放在蛋清上。将盘中熟蛋清依次弄好放入蒸盘中，放入万能蒸烤箱，选择“蒸”模式，温度 100℃，湿度 100%，蒸制 20 分钟，取出码在盘中。② 把蛋黄压碎，锅中留底油，下入蛋黄小火炒香，加入开水 1000 毫升煮 5 分钟，过滤出汤汁备用。③另起锅烧热，放入葱姜水 200 毫升，倒入蛋黄汁，加入南瓜蓉，加盐 10 克，胡椒粉 5 克、料酒 10 毫升、鸡精 20 克搅拌均匀，加入水淀粉 150 毫升勾芡，淋入香油 50 克，浇在鸡蛋上，点缀美人椒即可。

7. 成品菜装盘（盒）：菜品采用“盛入法”装入盘（盒）中，整齐码放。

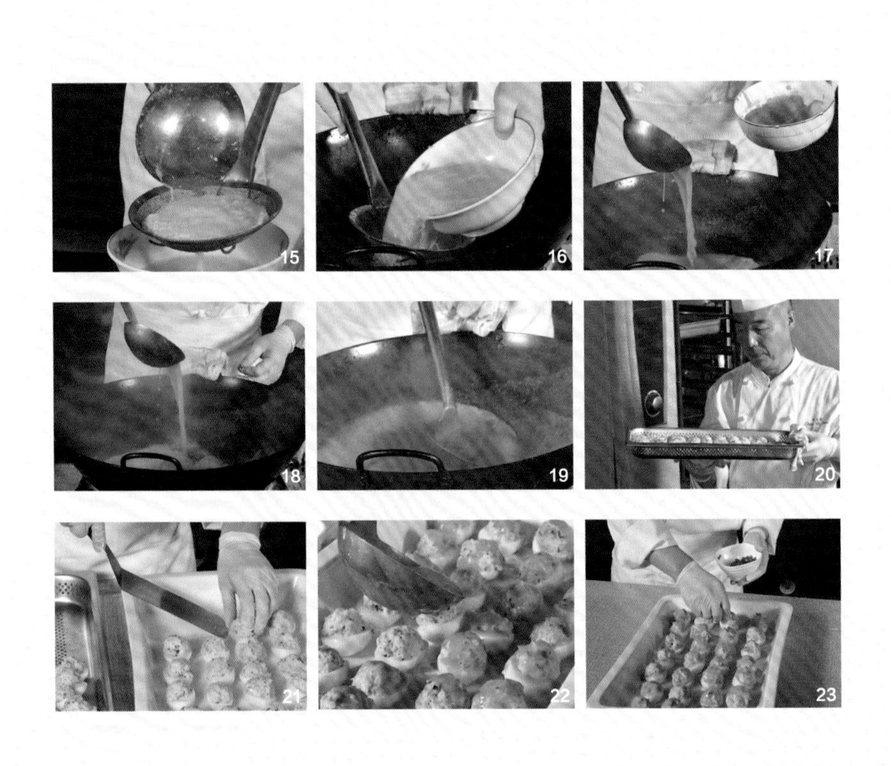

成菜标准

①色泽：红黄相间；②芡汁：薄芡；③味型：咸鲜；④质感：鸡肉鲜嫩 Q 弹，蛋清脆嫩；⑤成品重量：2600 克。

举一反三

采用这种烹饪方法，可以将鸡肉馅换成猪肉馅、牛肉馅。

五色蛋卷

| 制 作 人 | 陈玉军（中国烹饪大师）
| 操作重点 | 调制馅料不要稀，以免卷不住。
| 要领提示 | 卷蛋卷时粗细要保持一致。

原料组成

主料

瘦肉馅1500克、虾仁1500克

辅料

鸡蛋700克、荸荠200克、香芹200克、胡萝卜200克、红椒50克、菠菜汁700毫升

调料

鸡蛋1个、盐20克、味精10克、胡椒粉10克、生抽20毫升、料酒10毫升、糯米粉30克、葱末与姜末各15克、水淀粉100毫升

营养成分

（每100克营养素参考值）

能量	230.4千卡
蛋白质	13.8克
脂肪	14.1克
碳水化合物	12.0克
膳食纤维	0.3克
维生素A	59.9微克
维生素C	2.0毫克
钙	41.5毫克
钾	226.0毫克
钠	368.5毫克
铁	1.1毫克

加工制作流程

1. **初加工**：荸荠去皮，洗净；虾仁洗净；香芹去叶，洗净；胡萝卜去皮，洗净；红椒去蒂，洗净。

2. **原料成形**：荸荠剁碎，虾仁斩成泥，香芹顶刀切碎，胡萝卜切末，红椒切细丝，鸡蛋中加入菠菜汁700毫升打散，摊成蛋皮。

3. **腌制流程**：肉馅、虾仁加盐20克、生抽20毫升、料酒10毫升、胡椒粉10克搅匀，放入鸡蛋1个、糯米粉30克，加入胡萝卜、荸荠、芹菜、葱末与姜末各15克拌匀，加入味精10克搅匀，腌制10分钟。

五色蛋卷是由家常菜蔬菜炸蛋卷演变而来的菜品，将原来炸的工艺改为蒸的工艺，蛋皮细腻、馅料鲜香，含有蛋白质、氨基酸、多种维生素等营养成分。

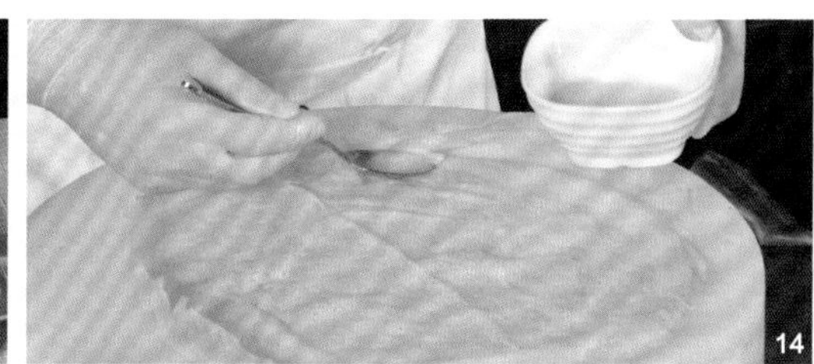

4. 配菜要求：主料、辅料及调料分别摆放在器皿中备用。

5. 工艺流程：肉馅、虾仁腌制→加入荸荠、香芹、胡萝卜制馅料→蛋皮成形，包入馅料成蛋卷。

6. 烹调成品菜：①取蛋皮铺平，淋上一层水淀粉，抹上薄薄一层馅料，从边卷成坯，依次把蛋皮卷好。②取一蒸盘，刷上油，把蛋卷放入摆好，放入万能蒸烤箱，选择“蒸”模式，温度100℃，湿度100%，蒸制20分钟，取出改刀装盒，点缀上红椒丝即可。

7. 成品菜装盘（盒）：菜品采用“盛入法”装入盘（盒）中，码放整齐。

成菜标准

①色泽：红绿黄相间；②芡汁：无；③味型：咸鲜；④质感：蛋皮细嫩、馅料鲜香；⑤成品重量：4000克。

举一反三

用这种方法可以做豆皮卷。

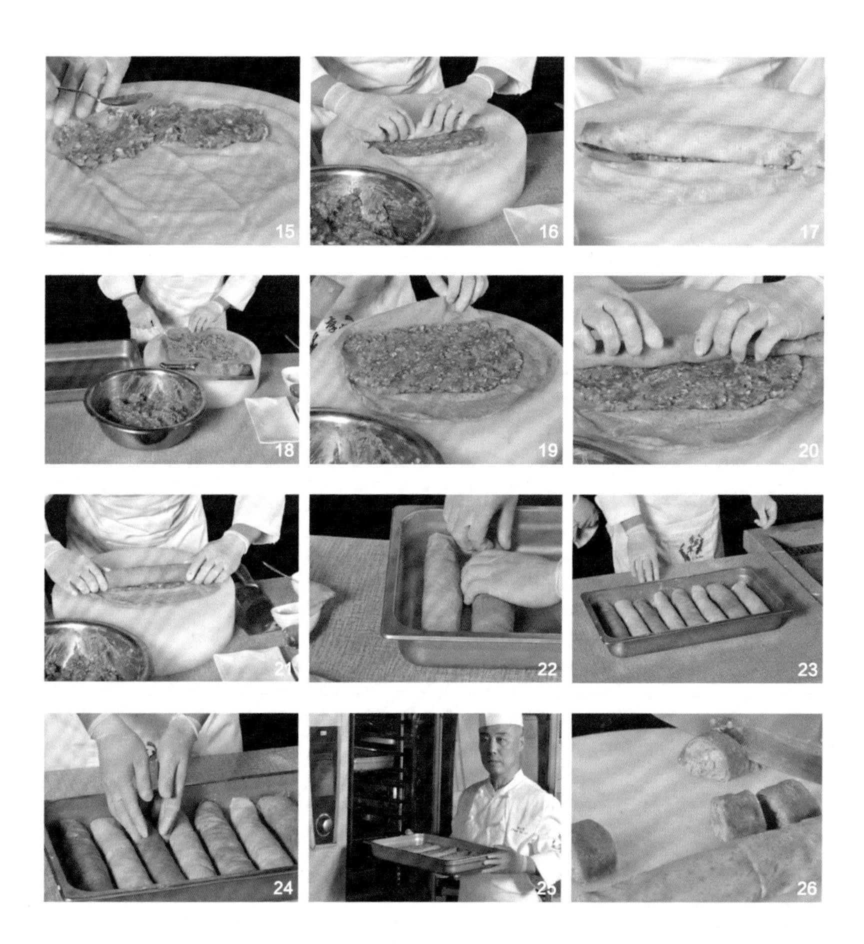

羊肉焖山药

| 制 作 人 | 陈玉军（中国烹饪大师）
| 操作重点 | 羊肉冷水下锅焯水。
| 要领提示 | 羊肉切块大小要均匀，蒸制时间要掌握好。

原料组成

主料

羊肉 2400 克

辅料

山药 2000 克、熟玉米棒 500 克、枸杞 50 克、香菜 50 克

调料

料包（黄芪 5 克、良姜 5 克、当归 10 克、茴香 10 克、花椒 5 克）、盐 45 克、生抽 20 毫升、料酒 50 毫升、胡椒粉 15 克、白糖 10 克、味精 30 克、葱姜各 50 克、开水 2000 毫升、植物油 300 毫升

营养成分

（每 100 克营养素参考值）

能量................. 131.7 千卡
蛋白质....................10.2 克
脂肪..........................6.6 克
碳水化合物................7.8 克
膳食纤维....................0.8 克
维生素 A............. 19.6 微克
维生素 C............... 4.4 毫克
钙........................ 12.2 毫克
钾..................... 221.3 毫克
钠..................... 492.7 毫克
铁......................... 1.4 毫克

加工制作流程

1. 初加工：羊肉放冷水浸泡 20 分钟去血水；山药去皮，洗净；香菜洗净。

2. 原料成形：羊肉切 3 厘米见方块，山药切滚刀块，泡在加醋的凉水中，玉米切小块。

3. 腌制流程：无。

4. 配菜要求：主料、辅料及调料分别摆放在器皿中备用。

5. 工艺流程：食材处理→烹饪熟化食材→出锅装盘。

6. 烹调成品菜：①锅中加入凉水，放入料酒 30 毫升，羊肉焯水，水开后撇去浮沫捞出，开水冲洗干净。②山药中加入盐 20 克、味精 20 克、植物油 50 毫升拌匀放入蒸盘中，放入万能蒸烤箱，选择“蒸”

模式，温度100℃，湿度100%，蒸制10分钟，取出放入盘底备用。③锅中放水烧开，放入玉米焯水，捞出放入盆中备用。④锅上火，放入底油，加白糖10克小火炒出糖色后，加入水100毫升，盛出备用。⑤锅上火烧热，倒入植物油250毫升，加入葱姜煸香，放入羊肉翻炒，加料酒20毫升，糖色翻炒均匀，加入盐20克、白开水2000毫升、生抽20毫升、胡椒粉10克、熟玉米棒500克，煮10分钟，料包中加入黄芪5克、良姜5克、当归10克、茴香10克、花椒5克封口，放入锅中，盛出放入蒸盘，放入万能蒸烤箱，选择“蒸”模式，温度100℃，湿度100%，蒸制40分钟，取出。⑥取一餐盘，将山药铺在盘底，羊肉玉米控出汤汁，倒在山药上。另起锅加入蒸羊肉的汤汁，加入盐5克、味精10克、胡椒粉5克调味后倒在羊肉上，撒上枸杞50克即可。

7. **成品菜装盘（盒）**：菜品采用“盛入法”装入盘（盒）中，呈自然堆落状。

13

14

15

羊肉焖山药是由山西“巴脑”演变而来的菜品，羊肉软烂，山药软糯，玉米香甜，营养滋补，适宜老年人食用。

成菜标准

①色泽：红、白、黄相间；②芡汁：无；③味型：咸鲜；④质感：羊肉软烂，山药软糯，玉米香甜；⑤成品重量：5500克。

举一反三

采用这种烹饪方法，可以做羊肉焖藕。

菠菜派

| 制 作 人 | 董桐生（中国烹饪大师）
| 操作重点 | 调制咸面团时不可反复揉搓，以免面团起筋，造成擀制困难。
| 要领提示 | 烘烤时要注意制品底部的成熟程度；馅料的填充量应以八至九成为宜，不可过满。

原料组成

咸面团

低筋面粉 300 克、黄油 135 克、盐 9 克 、水 100 毫升

馅料

黄油 30 克、紫洋葱 100 克、菠菜 300 克、小番茄 10 个、肉桂粉 1 克、胡椒粉 1 克、牛奶 100 毫升、淡奶油 100 克、鸡蛋 2 个、火腿丁 50 克、马苏里拉芝士 60 克、盐 3 克

营养成分

（每 100 克营养素参考值）

能量................. 321.6 千卡
蛋白质......................6.3 克
脂肪.......................22.1 克
碳水化合物.............24.2 克
膳食纤维..................1.1 克
维生素 A .... 101.6 微克
维生素 C .... 8.8 毫克
钙...................... 64.9 毫克
钾.................... 284.7 毫克
钠.................... 238.2 毫克
铁........................ 1.6 毫克

加工制作流程

1. 初加工： 无。

2. 原料成形： 紫洋葱切丁，菠菜焯水后切成小段，火腿切丁，小番茄切丁。

3. 腌制流程： 无。

4. 配菜要求： 把面团、馅料分别摆放在器皿中。

5. 工艺流程： 制作面团→调制馅料→制作蛋奶汁→制作塔皮→烤制→摆盘。

6. 烹调成品菜： ①制作咸面团：低筋面粉 300 克、盐 4 克、黄油 135 克搓匀，加入水 100 毫升，揉搓至没有颗粒，调制成面团，取出摊

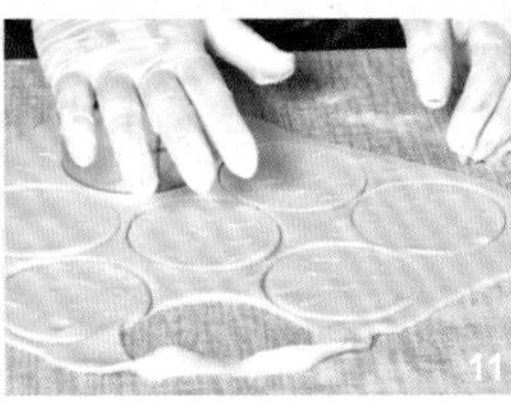

平，裹上保鲜膜，放入冰箱静止 15 分钟左右，备用。②锅上火烧热，倒入黄油 30 克，放入紫洋葱丁，上火炒成金黄色出香味，加入盐 2 克略炒出锅。③制作蛋奶汁：将牛奶 100 毫升、淡奶油 100 克、鸡蛋 2 个混合，搅拌均匀加入胡椒粉 1 克、肉桂粉 1 克、盐 3 克搅拌均匀过筛，备用。④制作塔皮：取一份面团，擀成 0.2 厘米厚，在面皮上扎一些眼，捏入塔模，边沿要高于模具。⑤烤制：面皮底部依次撒入火腿丁、紫洋葱丁、菠菜，倒入蛋奶汁，点缀小番茄丁，最后在表面撒一层马苏里拉芝士 60 克。放入万能蒸烤箱，选择“烤”模式，温度 185℃，湿度 0%，烤制 15 至 20 分钟，取出脱模即可。

7. 成品菜装盘（盒）：采用“摆放法”，摆放整齐，规整划一。

注：此菜有大尺寸和小尺寸之分。

菠菜派是一款比较典型的法式咸派，多用于酒会、自助餐、下午茶等场合。菠菜派色彩丰富，具有浓郁的奶油和蔬菜香气。

成菜标准

①色泽：色彩丰富；②口味：咸香，具有浓郁的奶油和蔬菜香味；③质感：表皮酥松，内部软滑；④成品重量：1450 克。

举一反三

用这种烹饪方法，可以做菠菜海鲜塔、菠菜培根塔。

超软蛋卷

| 制 作 人 | 董桐生（中国烹饪大师）
| 操作重点 | 打蛋白要注意打发程度，不可打发过度；加入面粉时要采用抄拌法，保证蛋白中的气体不外溢。
| 要领提示 | 要选择新鲜的鸡蛋，蛋清的打发温度应在7℃左右，打蛋清用的容器不能沾油，以免影响打发。

原料组成

蛋卷坯

鸡蛋12个、细砂糖120克、低筋面粉120克、玉米淀粉20克、植物油120毫升、牛奶120毫升、柠檬汁2滴

馅料

淡奶油400克、细砂糖40克、糖粉100克

营养成分

（每100克营养素参考值）

能量	433.2千卡
蛋白质	6.6克
脂肪	36.8克
碳水化合物	18.8克
膳食纤维	0.1克
维生素A	170.2微克
维生素C	0.1毫克
钙	38.7毫克
钾	155.7毫克
钠	128.9毫克
铁	1.3毫克

加工制作流程

1. 初加工： 面粉过筛，淀粉过筛。

2. 原料成形： 蛋黄、蛋清分离。

3. 腌制流程： 无。

4. 配菜要求： 把主料、馅料分别摆放在器皿中。

5. 工艺流程： 制馅料→制面坯→烤制→打奶油→卷蛋卷→摆盘。

6. 烹调成品菜： ①烤箱温度调整到上火170℃、下火170℃，把烤盘铺好油纸备用。②将牛奶120毫升与植物油120毫升搅拌均匀，倒入蛋黄中，边搅拌边倒入，搅拌均匀后，筛入低筋面粉120克、玉米淀粉20克抄拌均匀。③将蛋清放到厨师机中，挤入柠檬汁2滴，

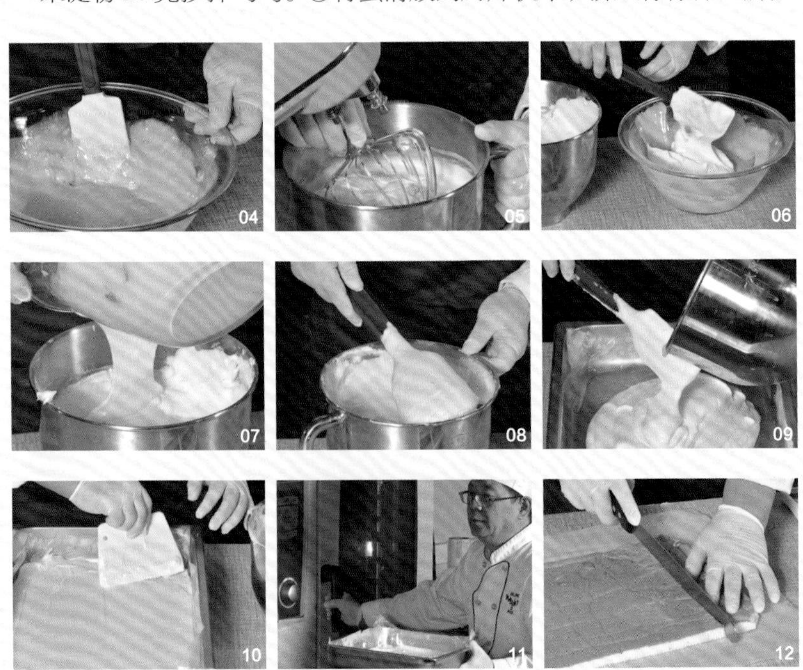

高速打发蛋清，分3次加入细砂糖120克，搅打至弯钩状，然后与蛋黄糊翻拌均匀。④烤盘底部刷一层油，铺好油纸，然后将蛋糊倒入烤盘抹平，摇匀震平整，放入万能蒸烤箱，选择“烤”模式，温度170℃，湿度0%，烤制12分钟，烤熟后取出，晾凉备用。⑤将淡奶油400克倒入厨师机，再加入细砂糖40克中速打发，再加入糖粉100克，打成弯钩状即可。⑥将奶油均匀地抹在蛋卷坯上（可放些水果粒）卷起，撒上一层糖粉装饰，放入冰箱冷藏。⑦装饰、分割。

7. 成品菜装盘（盒）：采用“摆放法”，摆放整齐，规整划一。

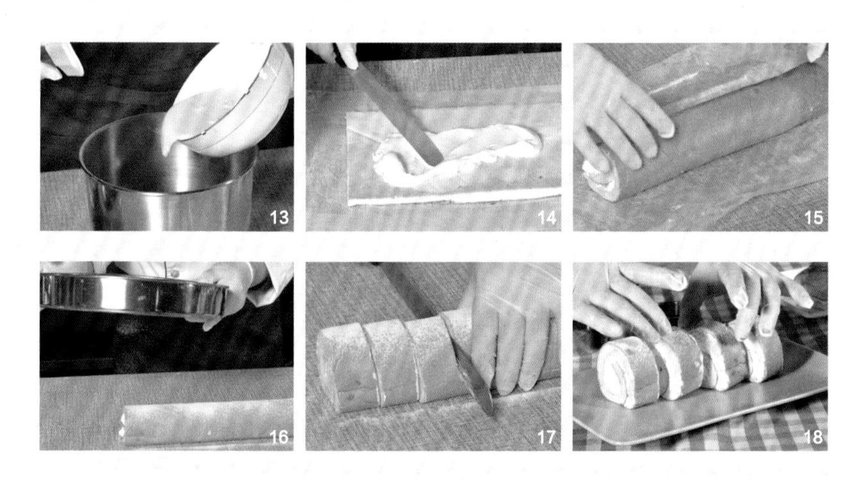

超软蛋卷是一款老少皆宜的蛋糕类产品，表面金黄，形态完整、质地绵软香甜。由于配方中含有大量的鸡蛋，可以给人体提供充足的蛋白质。

成菜标准

①色泽：金黄；②口味：香甜适口；③质感：质地绵软；④成品重量：1350克。

举一反三

用这种烹饪方法，可以做巧克力蛋卷、抹茶蛋卷、草莓蛋卷。

胡萝卜坚果奶酪面包

| 制 作 人 | 董桐生（中国烹饪大师）
| 操作重点 | 面团搅拌时要使面筋充分拓展；搅拌好的面团的温度应该控制在 27℃左右。
| 要领提示 | 胡萝卜泥要冷却后使用。

原料组成

面包面团

面包粉 550 克、糖 50 克、奶粉 40 克、酵母 5 克、胡萝卜泥 150 克、烫种面团（水 80 毫升、高筋面粉 20 克）、黄油 60 克、盐 6 克、抹茶粉适量

馅料

核桃仁 40 克、松仁 40 克、奶油芝士 180 克、蜂蜜 10 克、水 40 毫升

营养成分

（每 100 克营养素参考值）

能量……344.9 千卡
蛋白质……9.5 克
脂肪……11.8 克
碳水化合物……49.9 克
膳食纤维……1.1 克
维生素 A……74.1 微克
维生素 C……3.5 毫克
钙……102.6 毫克
钾……336.5 毫克
钠……316.1 毫克
铁……0.6 毫克

加工制作流程

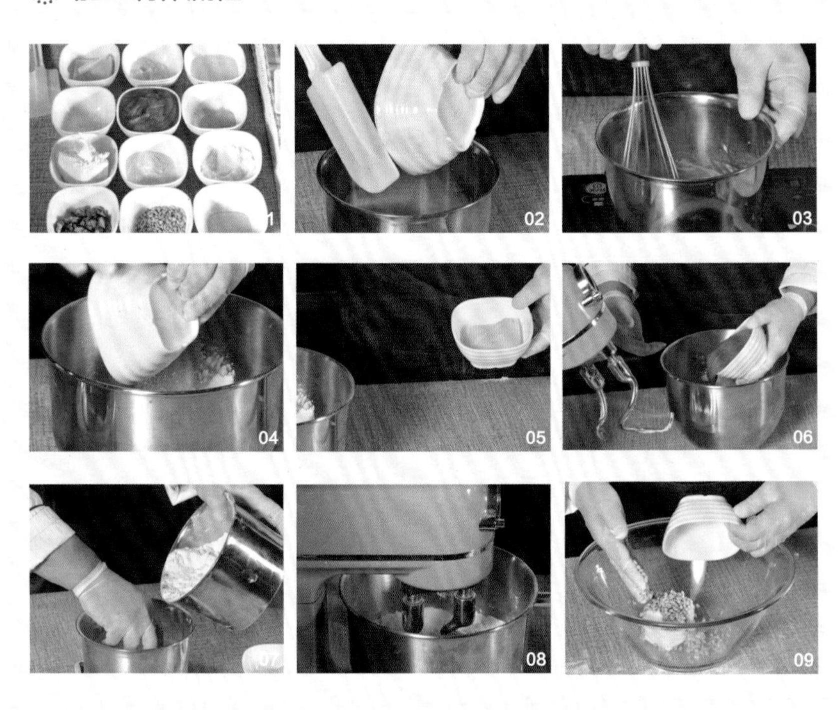

1. 初加工：黄油在室温下放软，但不能融化成液体。

2. 原料成形：核桃仁碾成黄豆大小的粒。

3. 腌制流程：无。

4. 配菜要求：把面团、馅料分别摆放在器皿中。

5. 工艺流程：处理馅料→预制面团→制作面包胚→烘制→出锅装盘。

6. 烹调成品菜：①胡萝卜入锅煮熟取 150 克，加入水 40 毫升打成泥备用。②取水 80 毫升放入锅中，加高筋面粉 20 克搅拌均匀，放在火上煮至半透明，成为烫种面团冷却备用。③将面包粉 500 克、酵母 5 克、糖 50 克、奶粉 40 克、盐 6 克、胡萝卜泥 150 克，放入搅

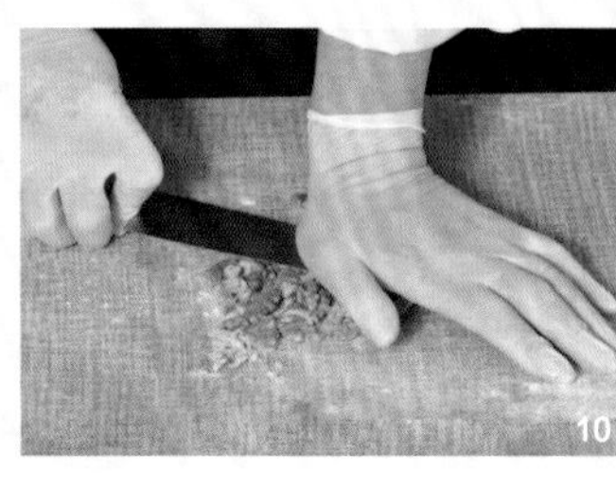

拌机中，搅拌至面团起筋，出现厚膜时，加入黄油 60 克继续搅拌至面团出现薄膜，即面筋完全拓展。面团温度 27℃，将面团取出滚圆后盖上湿布，放置 15 至 20 分钟。④将奶油芝士 180 克、松仁 40 克、核桃仁 40 克混合，搅拌均匀，再加入蜂蜜 10 克搅拌均匀，装入裱花袋中。⑤分割面团，大的 45 克，小的 15 克，团成圆球，盖湿布松弛 5 分钟，大面团擀成牛舌状，在三分之一处挤入馅料，卷起接口压实，做成胡萝卜状，小面团擀成圆形，切两刀，做成叶子形状，将胡萝卜面团放在叶子面团上，放入醒发箱，温度 35℃，湿度 70%，醒发 20 分钟，醒发完就会黏在一起。⑥面包主体撒上干面包粉 50 克，叶子上撒抹茶粉，在面坯上左划一刀，右划一刀，形成胡萝卜纹路，送入万能蒸烤箱，烤模式，温度 180℃，烘烤 15 分钟出炉，冷却。

7. 成品菜装盘（盒）：采用“摆放法”，摆放整齐，规划统一。

12 13 14 15 16 17 18 19 20

胡萝卜坚果奶酪面包是老少皆宜的一款面包，由于加入了胡萝卜泥，使面包的营养价值更加丰富。口感柔软，有胡萝卜的香气。营养全面丰富，奶酪中的钙含量较多，胡萝卜中则含有丰富的胡萝卜素等。

成菜标准

①色泽：棕黄；②口味：具有浓郁的奶酪香味；③质感：松软。

举一反三

用这种烹饪方法，可以将胡萝卜泥换成菠菜汁；馅料可以根据个人喜好更换。

全麦面包

| 制 作 人 | 董桐生（中国烹饪大师）
| 操作重点 | 面包入烤箱后的前十分钟，不要打开烤箱门，防止蒸汽跑出，影响制品的形态完整。
| 要领提示 | 烤箱中要保持良好的湿度，烘烤时最好使用带蒸汽的烤箱，如果没有的话可以喷一些水。

原料组成

主料

面包粉 360 克、全麦粉 160 克

配料

酵母 8 克、面包改良剂 2 克、牛奶 240 毫升、水 80 毫升、盐 6 克、黄油 24 克、燕麦片 80 克

营养成分

（每 100 克营养素参考值）

能量.................. 293.6 千卡
蛋白质 ....10.5 克
脂肪..........................5.4 克
碳水化合物.............50.5 克
膳食纤维 ....0.7 克
维生素 A .... 6.6 微克
维生素 C .... 0.3 毫克
钙 .... 61.1 毫克
钾 .... 261.3 毫克
钠 .... 315.9 毫克
铁 .... 0.9 毫克

加工制作流程

1. 初加工：无。

2. 原料成形：面包粉过筛。

3. 腌制流程：无。

4. 配菜要求：无。

5. 工艺流程：制作面团→醒发面团→制作成形→烤制→出锅装盘。

6. 烹调成品菜：①将面包粉 360 克、全麦粉 160 克、酵母 8 克、盐 6 克、面包改良剂 2 克放入和面机中，慢速搅拌均匀，放入牛奶 240 毫升，慢速搅拌均匀，最后放入水 80 毫升，继续搅拌均匀调成中速，搅拌出厚膜后，加入黄油 24 克，待黄油与面团充分融合后，调成高

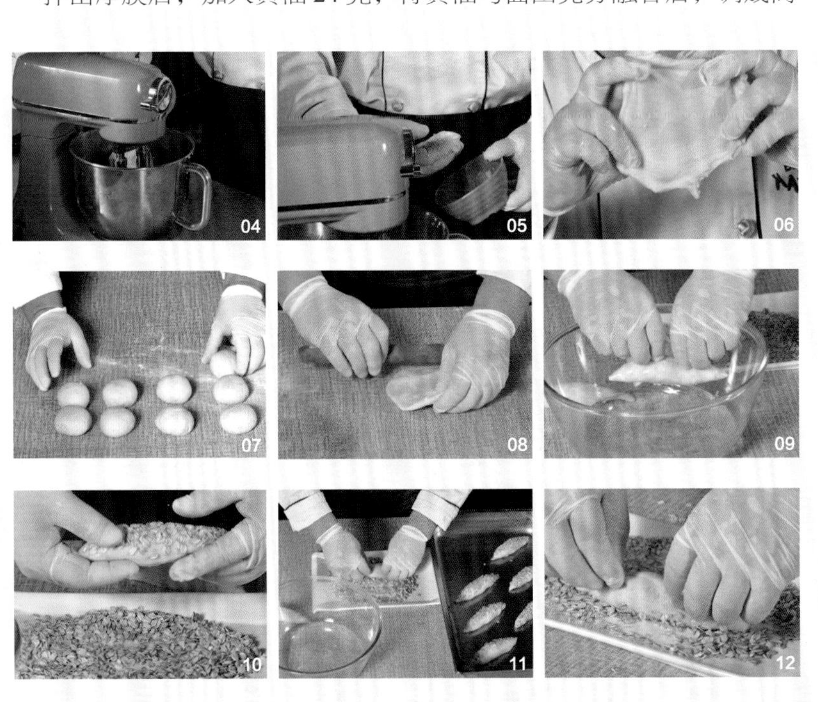

速搅拌，搅拌至起薄膜，取出面团，盖湿布醒发 20 分钟。②将面团分割成 60 克滚圆，盖上潮湿干净的布醒发 5 分钟。③将面团擀成牛舌状，再卷成橄榄状沾水，粘上一层燕麦片，放入醒发箱醒发 20 分钟左右（温度 36℃、湿度 80%）。④将醒发好的面包用锋利的刀片割一刀，放入万能蒸烤箱，选择“烤”模式，温度 180℃，湿度 100%，烤制 15 分钟。

7. 成品菜装盘（盒）： 采用“摆放法”，摆放整齐，规整划一。

13

14

15

这是近些年较流行的一款带有粗纤维的面包，易于消化吸收。造型独特；表面松脆，内心柔软；具有浓郁的麦香味；含有大量的 B 族维生素，十分营养健康。

成菜标准

①色泽：棕红；②味型：咸香、麦香味浓郁；③质感：表皮松脆，内心柔软，有嚼劲；④成品重量约 1000 克左右。

举一反三

用这种烹饪方法也可以做黑麦面包。

全麦吐司三明治

| 制 作 人 | 董桐生（中国烹饪大师）
| 操作重点 | 调制马乃司酱时，要分次、逐步地加入橄榄油。
| 要领提示 | 切吐司片时刀口要直，薄厚均匀，垫马乃司酱不能过多。

原料组成

主料

全麦面包片 6 片

配料

熟鸡蛋、火腿片、奶酪片、芦笋烟熏三文鱼、黑橄榄、奶油芝士、红鱼子酱、鲜薄荷叶、小番茄、核桃仁、黄瓜

调料

马乃司酱：蛋黄 1 个、橄榄油 150 毫升、白醋 20 毫升、柠檬汁 3 滴、盐 4 克、白胡椒粉 1 克、大藏芥末 5 克

营养成分

（每 100 克营养素参考值）

能量 .... 315.6 千卡
蛋白质 .... 9.7 克
脂肪 .... 25.4 克
碳水化合物 .... 12.1 克
膳食纤维 .... 0.6 克
维生素 A .... 96.6 微克
维生素 C .... 1.5 毫克
钙 .... 95.1 毫克
钾 .... 151.6 毫克
钠 .... 243.4 毫克
铁 .... 1.6 毫克

加工制作流程

1. **初加工：**面包片烤焦。
2. **原料成形：**用模具将面包片刻出形状，熟鸡蛋切成片，黑橄榄一开二，小番茄切成四瓣，芦笋烟熏三文鱼卷成小花，奶酪片一切四瓣，黄瓜留皮切丝。
3. **腌制流程：**无。
4. **配菜要求：**将主料、辅料、调料分别摆放在器皿中。
5. **工艺流程：**制作馅料→面包搭配→面包成形→摆盘。

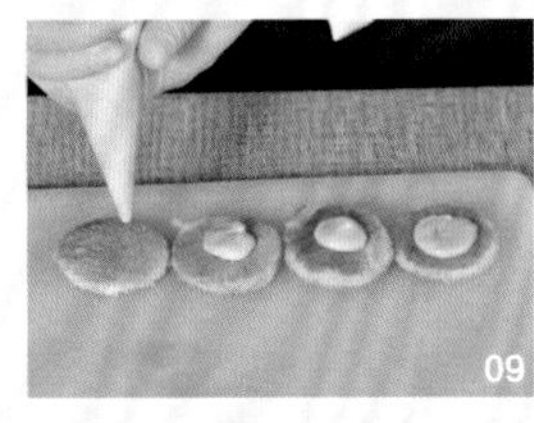

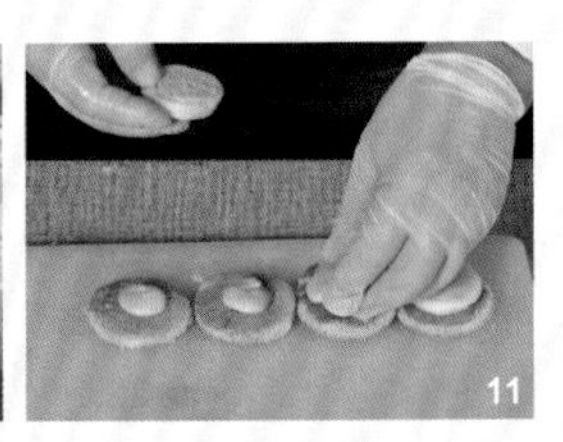

全麦吐司三明治，这是西式自助餐中不可缺少的一类三明治，既可以作为早餐式餐前小吃，也可用于酒会。营养丰富，色彩艳丽，由于加入了奶酪、鸡蛋和干果，可以提供人体所需的营养成分。

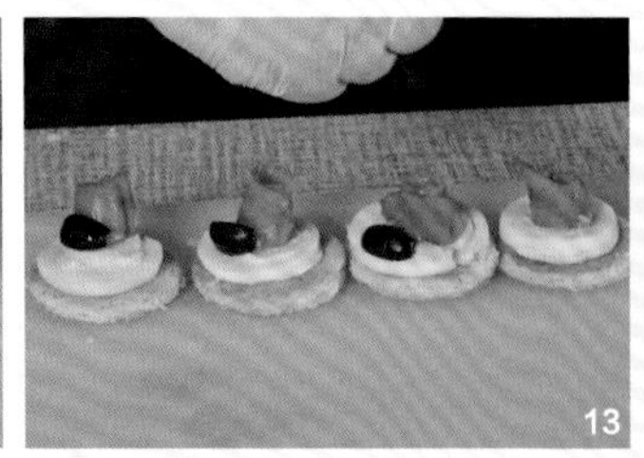

6. 烹调成品菜：①在 一个蛋黄中分次逐步加入 150 毫升橄榄油并不停搅拌，打上劲后加入盐 4 克，打至黏稠成团，放入白胡椒粉 1 克、大藏芥末 5 克、白醋 20 毫升、柠檬汁 3 滴，搅拌均匀，成团后放入裱花袋中备用。② 将马乃司酱挤在面包片上，放上一片鸡蛋压实，再放一个三文鱼花、一个黑橄榄。③ 另取面包片，挤一层马乃司酱，放一片火腿、鸡蛋清、小番茄，最后用鲜薄荷叶点缀。④ 将马乃司酱挤在面包片上，依次放上一片火腿、奶酪，再挤一层马乃司酱，竖着放半片鸡蛋片，旁边放上黄瓜皮丝、核桃仁点缀；将马乃司酱挤在面包片上，依次放上一片鸡蛋片、鱼子酱、黑橄榄、鲜薄荷叶。

7. 成品菜装盘（盒）：采用“摆放法”，摆放整齐，规整划一。

成菜标准

①色泽：色彩丰富，原料搭配合理；②口味：咸香可口；③质感：吐司柔软。

举一反三

口味、菜肴可根据个人喜好变化，垫入其他肉类、蛋类等。

玉米面包

| 制 作 人 | 董桐生（中国烹饪大师）
| 操作重点 | 和面时，要使面筋充分拓展，面团整形时要排气。
| 要领提示 | 玉米碎要煮熟、煮透，充分冷却后再加入面粉之中。

原料组成

主料

玉米碎 100 克

辅料

高筋粉 420 克

调料

糖 50 克、盐 10 克、酵母 10 克、黄油 45 克、水 250 毫升

营养成分

（每 100 克营养素参考值）

能量……359.5 千卡
蛋白质……10.2 克
脂肪……8.8 克
碳水化合物……59.8 克
膳食纤维……0.8 克
维生素 C……2.6 毫克
钙……20.1 毫克
钾……273.5 毫克
钠……681.7 毫克
铁……0.6 毫克

加工制作流程

1. 初加工：高筋粉过筛。

2. 原料成形：无。

3. 腌制流程：无。

4. 配菜要求：将主料、辅料、调料分别摆放在器皿中。

5. 工艺流程：制作玉米碎→和面→醒面→面包成形→烤制→摆盘。

6. 烹调成品菜：①将玉米碎 100 克加水 250 毫升煮熟，冷却备用。②将高筋粉 400 克、酵母 10 克、糖 50 克、盐 10 克、玉米碎 100 克放入和面机中，慢速 2 分钟、快速 4 分钟，出厚膜时加入黄油 45 克，

玉米面包，这款面包加入了玉米碎，增加了面包的营养成分，使其既营养又健康。色泽金黄，玉米香味浓郁，口感香软；玉米煮熟后，其中的营养物质更利于消化吸收。

继续将面团搅拌至面筋完全拓展。③将面团置于工作台上，盖上布发酵 15 分钟，分割成 60 克面团，滚成圆形。④面团滚圆后继续放置 10 分钟后，擀开成牛舌状，卷成两头尖的橄榄形，放在烤盘上。⑤将面团放入醒发箱，温度 34℃，湿度 75% 至 80%，醒发 25 分钟，待面团发酵至两倍时取出，撒上干面粉 20 克，表面划 4 刀。⑥烤箱温度上下火各 200℃ 预热，放入面团，烤制时间 20 分钟。

7. 成品菜装盘（盒）：采用“摆放法”，摆放整齐，规整划一。

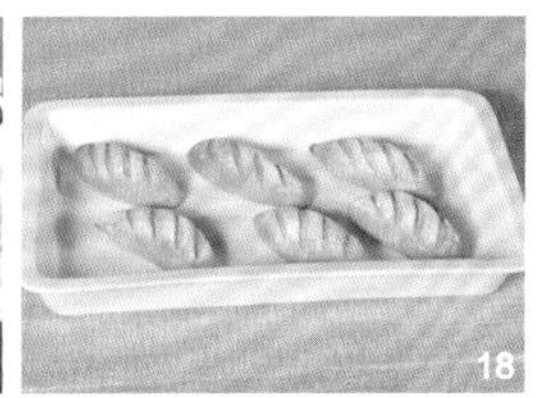

成菜标准

①色泽：金黄；②口味：咸甜；③质感：玉米粒的香味比较突出。

举一反三

可以用藜麦米代替玉米，形状也可以做成圆形或者吐司。

滑炒鸡肝

| 制 作 人 | 顾九如（中国烹饪大师）
| 操作重点 | 滑炒鸡肝时，注意火候合理应用法。
| 要领提示 | 要选用新鲜的鸡肝，鸡肝改刀时，要薄厚适中。

原料组成

主料

鸡肝 3000 克

辅料

水发木耳 500 克、冬笋 500 克、青椒 500 克、青蒜 200 克、胡萝卜 100 克

调料

盐 35 克、味精 15 克、醋 40 毫升、生抽 115 毫升、香油 100 毫升、葱末 160 克、姜末 30 克、蒜末 50 克、料酒 110 毫升、胡椒粉 10 克、葱油 280 毫升、玉米淀粉 200 克、高汤 800 毫升、水淀粉 240 毫升、葱姜水 100 毫升、植物油 2000 毫升

营养成分

（每 100 克营养素参考值）

能量	134.3 千卡
蛋白质	8.2 克
脂肪	7.6 克
碳水化合物	8.4 克
膳食纤维	0.5 克
维生素 A	4480.3 微克
维生素 C	10.2 毫克
钙	14.4 毫克
钾	132.1 毫克
钠	404.0 毫克
铁	6.1 毫克

加工制作流程

1. **初加工**：鸡肝洗净，木耳洗净，冬笋、胡萝卜去皮洗净，青椒去蒂洗净，青蒜去根洗净。
2. **原料成形**：水发木耳切小朵，冬笋切顶头梳子片，青椒、胡萝卜切菱形片，青蒜切 3 厘米长段。
3. **腌制流程**：鸡肝控干水分，放入生食盒中，加入盐 10 克、料酒 50 毫升、葱姜水 100 毫升、胡椒粉 5 克充分拌匀，加入玉米淀粉 200 克备用。
4. **配菜要求**：鸡肝、水发木耳、冬笋、胡萝卜、青椒、青蒜、调料分别摆放在器皿中。
5. **工艺流程**：焯食材→滑鸡肝→烹制食材→调味→出锅装盘。

6. 烹调成品菜：①锅上火烧热，锅中放入水烧开后，分别放入胡萝卜100克、水发木耳500克、冬笋500克焯水。②锅上火烧热，锅中放入植物油，油温五成热时，下入鸡肝3000克（一定要抖开），滑熟后捞出控油即可。③锅上火烧热，锅中放入葱油250毫升、姜末30克、葱末160克、蒜末50克煸香，放入青椒500克煸软，加入冬笋、胡萝卜、水发木耳翻炒均匀，加入料酒60毫升、生抽115毫升、高汤800毫升、盐25克、味精15克、胡椒粉5克大火烧开，水淀粉240毫升勾芡，淋入葱油30毫升，烹入醋40毫升，加入青蒜、鸡肝大火翻炒，淋入香油100毫升，出锅装盘即可。

7. 成品菜装盘（盒）：菜品采用“盛入法”装入盘（盒）中，呈自然堆落状。

滑炒鸡肝是由鲁菜软溜技法演变而来的菜品。鸡肝滑嫩，木耳、冬笋脆嫩，含有丰富的蛋白质、维生素、矿物质等营养成分。

成菜标准

①色泽：深褐色；②芡汁：稀稠适度；③味型：咸鲜；④质感：滑嫩；⑤成品重量：5300克。

举一反三

用这种烹饪方法，可以做滑炒鸡片、滑炒肉片。

海参过油肉

| 制 作 人 | 顾九如（中国烹饪大师）

| 操作重点 | 猪里脊肉的厚度均匀，与上浆滑油火候掌握。

| 要领提示 | 出锅前沿锅边淋醋增香。

原料组成

主料

水发海参 1250 克、猪里脊肉 1250 克

辅料

全鸡蛋液 115 克、木耳 350 克、冬笋 500 克、青蒜 100 克

调料

盐 35 克、味精 13 克、料酒 130 毫升、米醋 35 毫升、蚝油 50 毫升、生抽 110 毫升、老抽 10 毫升、水淀粉 100 毫升、玉米淀粉 70 克、香油 50 毫升、葱末 50 克、姜末 20 克、蒜末 50 克、葱油 280 毫升、葱姜水 100 毫升、高汤 900 毫升、植物油 2000 毫升

营养成分

（每 100 克营养素参考值）

能量 .... 104.9 千卡

蛋白质 .... 7.4 克

脂肪 .... 6.4 克

碳水化合物 .... 4.4 克

膳食纤维 .... 0.3 克

维生素 A .... 9.4 微克

维生素 C .... 0.6 毫克

钙 .... 67.7 毫克

钾 .... 112.7 毫克

钠 .... 549.4 毫克

铁 .... 1.3 毫克

加工制作流程

01

02

03

04

05

06

07

08

1. **初加工**：水发海参、猪里脊肉洗净；木耳洗净，去蒂；冬笋去皮，洗净；青蒜去根，洗净。

2. **原料成形**：水发海参切成抹刀片，猪里脊肉切柳叶刀，冬笋切梳子片，青蒜切 5 厘米段。

3. **腌制流程**：把猪里脊肉片放入生食盒中，加入盐 5 克、葱姜水 100 毫升、料酒 10 毫升、蚝油 50 毫升抓匀。加入全鸡蛋液 115 克、玉米淀粉 70 克抓匀，封上葱油 50 毫升备用。

4. **配菜要求**：猪里脊肉片、水发海参、冬笋、青蒜、调料分别摆放在器皿中备用。

5. **工艺流程**：焯水食材→蒸制食材→滑肉片→烹制食材→调味→出锅装盘。

09

10

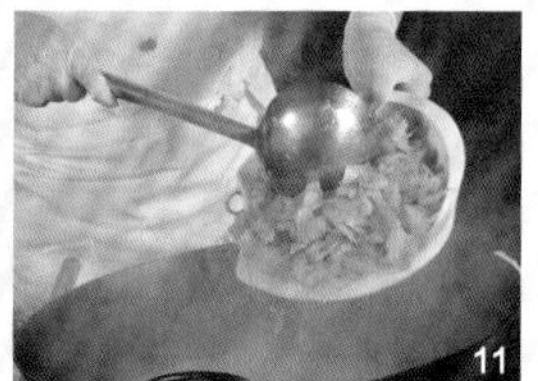
11

6. **烹调成品菜：**①锅上火烧热，锅中放入水，分别加入木耳 350 克、冬笋 300 克焯水。②把焯过水的冬笋、木耳放入蒸盘中（漏眼），加入料酒 50 毫升、盐 10 克、味精 3 克、葱油 30 毫升搅拌均匀，放入万能蒸烤箱中，选择“蒸”模式，温度 100℃，湿度 100%，蒸制 2 分钟取出，倒入布菲盘底部。③锅上火烧热，加入植物油，油温五成热时，下入猪里脊肉片，滑至八成熟，捞出控油即可。④锅上火烧热，锅中放入水烧开，加入料酒 20 毫升、盐 10 克、水发海参 1250 克，开锅后捞出控水。⑤锅上火烧热，锅中放入葱油 100 毫升，加入姜末 20 克、葱末 50 克、蒜末 50 克煸香，烹入料酒 50 毫升、生抽 110 毫升、高汤 900 毫升、盐 10 克、味精 10 克、老抽 10 毫升。开锅后，加入水淀粉 100 毫升勾芡，淋入葱油 100 毫升，加入猪里脊肉片、海参，沿锅边烹入米醋 35 毫升，加入香油 50 毫升、青蒜 100 克，淋入明油 20 毫升，出锅装盘即可。
7. **成品菜装盘（盒）：**菜品采用“盛入法”装入盘（盒）中，呈自然堆落状。

海参过油肉，在山西菜过油肉的基础上，融入了海参。醋由原来的陈醋改为了米醋，鲜香滑嫩，含有丰富的蛋白质、氨基酸、维生素等营养成分。

成菜标准

①色泽：金黄色；②芡汁：稀稠适度；③味型：咸鲜；④质感：鲜香滑嫩；⑤成品重量：4540 克。

举一反三

用这种烹饪方法，可以做软熘肉片、软熘羊肉。

煎塌芹菜虾饼

| 制 作 人 | 顾九如（中国烹饪大师）
| 操作重点 | 煎虾饼时，用火合理；煎制中，避免颜色不均。
| 要领提示 | 虾用刀背拍散、轻斩，保证虾的黏合度；芹菜去筋，切成粒状。

原料组成

主料

虾仁 3000 克　猪肥膘 500 克

辅料

芹菜2000克、胡萝卜100克、木耳 500 克

调料

盐 32 克、葱油 170 毫升、胡椒粉 3 克、料酒 60 毫升、香油 14 毫升、味精 15 克、高汤 500 毫升、水淀粉（生粉 + 水）200 毫升、葱姜水 100 毫升、玉米淀粉 40 克、植物油 300 毫升

营养成分

（每 100 克营养素参考值）

能量..................182.2 千卡
蛋白质......................9.5 克
脂肪..........................9.5 克
碳水化合物..............14.7 克
膳食纤维...................0.5 克
维生素 A............... 7.7 微克
维生素 C.............. 0.8 毫克
钙....................... 43.2 毫克
钾.....................173.5 毫克
钠.....................446.2 毫克
铁......................... 0.9 毫克

加工制作流程

1. **初加工**：芹菜去叶、去根，洗净；胡萝卜去皮，洗净；木耳去蒂。
2. **原料成形**：虾仁 3000 克、猪肥膘 500 克肉剁成馅，芹菜去筋，切末。胡萝卜切成 0.5 厘米见方粒。
3. **腌制流程**：把虾蓉、肥膘肉馅放入生食盒中搅拌均匀，加入葱姜水 100 毫升、料酒 40 毫升、盐 20 克、味精 5 克、胡椒粉 1.5 克充分搅匀，再加入香油 14 毫升、玉米淀粉 40 克搅匀，最后加入芹菜末 1000 克继续搅匀。
4. **配菜要求**：虾仁、芹菜、胡萝卜、猪肥膘、木耳、调料分别摆放在器皿中。
5. **工艺流程**：挤丸子→煎虾饼→调味→焯辅料→蒸制食材→出锅装盘。

6. 烹调成品菜：① 把搅拌好的馅料挤成40克的丸子，放在涂了油的盘子中，用小勺沾油把丸子拍成饼状。②煎铛上火烧热，放入植物油300毫升，把虾饼放煎铛上，火不宜过大，先煎一面定型后，反过来煎另一面，煎成两面金黄。烹入料酒20毫升，加入高汤500毫升、盐5克、味精5克，水淀粉100克勾芡，倒入盘中。③把芹菜1000克、胡萝卜100克分别放入蒸盘中（漏眼），芹菜中放入盐5克、味精4克、胡椒粉1克、葱油120毫升搅拌均匀。胡萝卜中放入盐2克、味精1克、胡椒粉0.5克、葱油10毫升搅拌均匀，放入万能蒸烤箱中，选择"蒸"模式，温度100℃，湿度100%，蒸制1分钟取出，把芹菜放入布菲盘底部。④将蒸盘放入万能蒸烤箱中，选择"蒸"模式，温度100℃，湿度100%，蒸制4分钟取出，码放在布菲盘中的芹菜上。⑤把蒸盘中的汤汁倒入锅中，水淀粉100毫升勾芡，淋入葱油40毫升，撒上胡萝卜粒100克，浇在虾饼上即可。

7. 成品菜装盘（盒）：菜品采用"码放法"装入盘（盒）中，整齐划一。

煎塌芹菜虾饼是在鲁菜锅塌技法基础上转化而来，加入了芹菜、海鲜等富含营养成分的食材。鲜香爽脆，含有丰富的蛋白质、维生素、粗纤维等营养成分。

成菜标准

①色泽：金黄；②芡汁：薄芡；③味型：咸鲜；④质感：香韧；⑤成品重量：3790克。

举一反三

食材也要可换鱼肉、蟹肉、豆腐等。

焦炒鱼条

| 制 作 人 | 顾九如（中国烹饪大师）
| 操作重点 | 鱼条炸制过程中，要达到外焦里嫩。
| 要领提示 | 鱼刺要去除干净，鱼条挂糊时，注意淀粉使用量，要厚度均匀。

原料组成

主料

鲈鱼肉 4000 克

辅料

水发木耳 400 克、芥蓝 600 克、青蒜 100 克

调料

盐 30 克、味精 20 克、葱油 150 毫升、生抽 55 毫升、老抽 5 毫升、米醋 30 毫升、料酒 80 毫升、香油 50 毫升、胡椒粉 5 克、干玉米淀粉 690 克、水淀粉 250 毫升、葱末 50 克、姜 20 克、蒜 50 克、葱姜水 400 毫升、蛋清 90 克、高汤 800 毫升、植物油 3050 毫升

营养成分

（每 100 克营养素参考值）

能量.................132.1 千卡
蛋白质....................10.9 克
脂肪.........................4.7 克
碳水化合物.............11.6 克
膳食纤维..................0.3 克
维生素 A............. 59.9 微克
维生素 C.............. 3.3 毫克
钙...................... 91.0 毫克
钾..................... 153.9 毫克
钠..................... 404.5 毫克
铁......................... 2.0 毫克

加工制作流程

1. **初加工**：鲈鱼洗净、去皮、去刺；水发木耳洗净，去蒂；芥蓝去皮、去叶，洗净；青蒜去根，洗净。
2. **原料成形**：鲈鱼肉切 1.5 厘米见方，长 5 厘米长条；水发木耳切成小朵；芥蓝切片，青蒜切粒，葱姜蒜切末。
3. **腌制流程**：将鲈鱼条放入生食盒中，加入葱姜水 400 毫升、料酒 50 毫升、盐 15 克、胡椒粉 2 克抓匀。加入蛋清 90 克、干玉米淀粉 300 克继续抓匀，加入水淀粉 150 毫升抓匀；加入葱油 150 毫升抓匀。干玉米淀粉 390 克放入盘中，将鱼条逐一裹匀干淀粉，薄厚要一致。
4. **配菜要求**：鲈鱼条、水发木耳、芥蓝、青蒜、调料分别摆放在器皿中。

5. **工艺流程**：炸鱼条→焯辅料→调味→浇汁→出锅装盘。

6. **烹调成品菜**：①锅上火烧热，锅中放入植物油 3000 毫升，油温六成热时，放入鱼条，炸制定型，捞出控油；待油温升到八成热时，放入鱼条复炸，炸熟（炸到外皮干）。把青蒜放入油中，余油，一半放入布菲盘底部。②锅上火烧热，锅中放入水，水开后放入水发木耳 400 克、芥蓝 600 克，分别焯水捞出控水，放入布菲盘底部即可。③锅上火烧热，放入植物油 50 毫升、姜 20 克、蒜 50 克、葱末 50 克煸香，加入料酒 30 毫升、生抽 55 毫升、老抽 5 毫升、胡椒粉 3 克、盐 15 克、味精 20 克、高汤 800 毫升大火烧开后，加入水淀粉 100 毫升勾芡，烹入米醋 30 毫升，淋入香油 50 毫升，加入青蒜 100 克，淋入明油 20 毫升。③把炸好的鱼条放在木耳、芥蓝和青蒜上面，把制好的汤汁浇在鱼条上即可。

7. **成品菜装盘（盒）**：菜品采用“盛入法”装入盘（盒）中，呈自然堆落状。

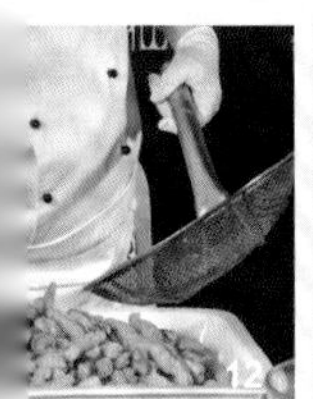

焦炒鱼条是由鲁菜焦溜技法转换而成的菜品。鲜香，脆嫩，含有丰富的蛋白质、氨基酸、维生素等营养成分。

成菜标准

①色泽：金黄色；②芡汁：浓稠适度；③味型：咸鲜；④质感：外焦里嫩；⑤成品重量：4210 克。

举一反三

用这种烹饪方法，可以做焦炒肉片、焦炒牛里脊。

羊肉丸子

| 制 作 人 | 顾九如（中国烹饪大师）
| 操作重点 | 蒸的火候要把握好，出锅时加醋。
| 要领提示 | 羊肉肥瘦比例掌握好，去掉筋膜；萝卜去臭味；鹿角菜初加工时，去掉老根，焯水。

原料组成

主料

肥瘦羊肉 2000 克、湿鹿角菜 200 克

辅料

荸荠 200 克、白萝卜 500 克、水发海米 100 克、香菜 100 克、鸡蛋 1 个、青萝卜 700 克

调料

盐 35 克、味精 23 克、酱油 70 毫升、老抽 12 毫升、香油 100 毫升、葱姜水 100 毫升、胡椒粉 150 克、花椒水 640 毫升、米醋 65 毫升、高汤 1100 毫升、料酒 30 毫升、葱油 240 毫升、葱米 50 克、姜米 30 克、鸡蛋液 150 克、玉米淀粉 60 克、水淀粉 50 克

营养成分

（每 100 克营养素参考值）

能量 .... 159.7 千卡
蛋白质 .... 8.9 克
脂肪 .... 11.3 克
碳水化合物 .... 5.6 克
膳食纤维 .... 0.4 克
维生素 A .... 18.1 微克
维生素 C .... 3.2 毫克
钙 .... 28.4 毫克
钾 .... 169.6 毫克
钠 .... 594.3 毫克
铁 .... 1.7 毫克

加工制作流程

1. **初加工**：肥瘦羊肉、湿鹿角菜洗净；荸荠、白萝卜、青萝卜去皮，洗净；香菜择叶洗净。
2. **原料成形**：肥瘦羊肉、湿鹿角菜剁碎，荸荠拍碎，白萝卜、青萝卜切长 5 厘米、宽 0.2 厘米细丝，水发海米剁末，香菜切小段。
3. **腌制流程**：无。
4. **配菜要求**：肥瘦羊肉、湿鹿角菜碎、荸荠碎、白萝卜丝、海米末、香菜、鸡蛋、青萝卜、调料分别放在器皿中。
5. **工艺流程**：焯食材→调馅料→挤丸子→蒸丸子→焯萝卜→调味→出锅装盘。

6. 烹调成品菜：①锅上火烧热，锅中放入水烧开，加入葱姜水20毫升、湿鹿角菜，开锅后捞出过凉，控水备用。②馅料调味：把羊肉馅放入生食盒中，加入花椒水640毫升搅拌均匀，加入料酒20毫升、酱油70毫升、胡椒粉135克、鸡蛋液150克、葱姜水50毫升、味精20克、盐25克、葱米50克、姜米30克、葱油120毫升继续拌匀，顺时针打上劲后，加入水发海米100克、湿鹿角菜200克、马蹄200克继续搅拌均匀，再加入老抽12毫升、香油40毫升搅拌均匀，最后加入水淀粉50克、玉米淀粉60克继续拌匀即可。将羊肉馅挤成40克的丸子，放入刷油的蒸盘中。③将蒸盘放入万能蒸烤箱中，选择"蒸"模式，温度100℃，湿度100%，蒸制8分钟，取出。④锅上火烧热，锅中放入、葱油100毫升开锅后，加入青、白萝卜烧开后，捞出，控水。⑤锅上火烧热，锅中放入高汤1100毫升、葱姜水30毫升、味精3克、盐10克、胡椒粉15克、料酒10毫升、葱油20毫升、蒸丸子汤汁，打去浮沫，下入青、白萝卜，把萝卜捞出铺在布菲盘中，再将丸子码放在盘中，在丸子上浇米醋65毫升、香油60毫升，撒上香菜100克即可。

7. 成品菜装盘（盒）：菜品采用"盛入法"装入盘（盒）中，呈自然堆落状。

羊肉丸子是在山东菜基础上转换而成的菜品，鲜香软嫩，荤素搭配，含有丰富的蛋白质、氨基酸、维生素等营养成分。

成菜标准

①色泽：白褐色相间；②芡汁：半汤半菜；③味型：咸鲜；④质感：鲜香软嫩；⑤成品重量：4940克。

滇味金汤菊花鲜鲈鱼

| 制 作 人 | 耿全然（中国烹饪大师）
| 操作重点 | 鱼片滑油温度要控制在 70℃～80℃，不要过高。
| 要领提示 | 鱼片薄厚要均匀，控制好火候。

原料组成

主料

净鲈鱼 5000 克

辅料

老坛酸菜 600 克、白玉菇 100 克、蟹味菇 100 克、鲜菊花 50 克

调料

盐 40 克、味精 10 克、黄金椒酱 50 克、金瓜蓉 200 克、蛋清 100 克、玉米淀粉 90 克、水淀粉 60 毫升、水 500 毫升、植物油 150 毫升

营养成分

（每 100 克营养素参考值）

能量	98.8 千卡
蛋白质	15.4 克
脂肪	3.3 克
碳水化合物	2.6 克
膳食纤维	0.1 克
维生素 A	19.1 微克
维生素 C	0.3 毫克
钙	116.4 毫克
钾	183.7 毫克
钠	387.3 毫克
铁	1.8 毫克

加工制作流程

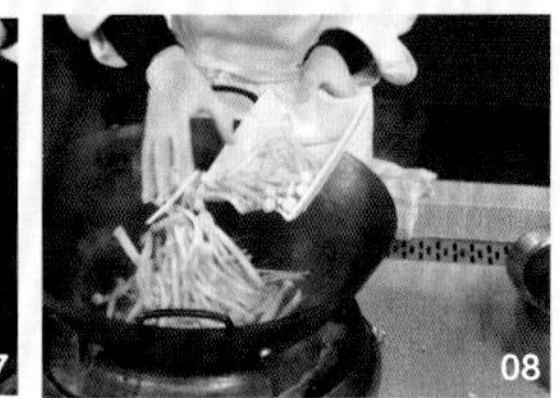

1. **初加工**：鲈鱼宰杀后清洗干净；白玉菇、蟹味菇去根，清洗干净；鲜菊花洗净，备用。
2. **原料成形**：鲈鱼去骨、去头清洗，坡刀切成厚 1 厘米的片；菊花择下花瓣，老坛酸菜剁碎备用。
3. **腌制流程**：把片好的鱼片用盐 15 克，味精 5 克、蛋清 100 克、玉米淀粉 90 克搅拌均匀，封油 50 毫升，腌制 10 分钟，备用。
4. **配菜要求**：把上好浆的鱼片、白玉菇、蟹味菇、鲜菊花瓣、老坛酸菜、调料分别放在器皿中。
5. **工艺流程**：老坛酸菜、白玉菇、蟹味菇炝锅加汤→调味→鱼片滑油→放入菊花瓣→出锅装盘。

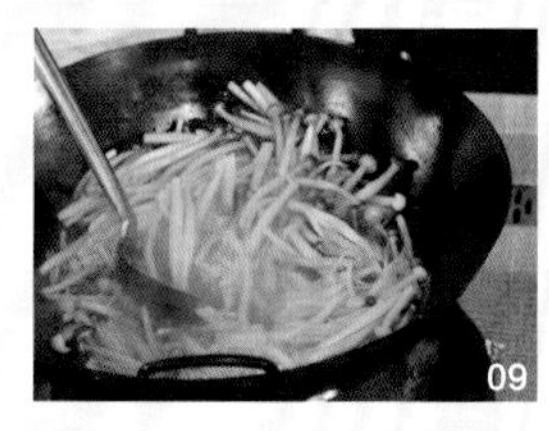

6. 烹制成品菜：①锅上火烧热，加入水 500 毫升、盐 15 克烧开，放入蟹味菇 100 克、白玉菇 100 克，分别焯水捞出，过凉备用。②锅上火烧热，放入植物油 150 毫升，放入黄金椒酱 30 克、老坛酸菜 600 克煸炒 1 分钟，加入鲜汤、焯水的蟹味菇、白玉菇开锅后，加入盐 10 克、味精 5 克，煮 5 分钟，捞出蟹味菇、白玉菇倒入蒸盘中，汤汁倒入盆中备用。③锅上火烧热，放入植物油，油温二至三成热时，把上好浆的鱼片放入滑熟，捞出控油。把滑熟的鱼片放在蒸盘中，备用。④锅上火烧热，把汤汁倒入锅中，加入金瓜蓉 200 克、黄金椒酱 20 克大火烧开，水淀粉 60 毫升勾芡，浇在鱼片上，撒上鲜菊花瓣即可。

7. 成品菜装盘(盒)：菜品采用“盛入法”装入盘(盒)中，呈自然堆落成形。

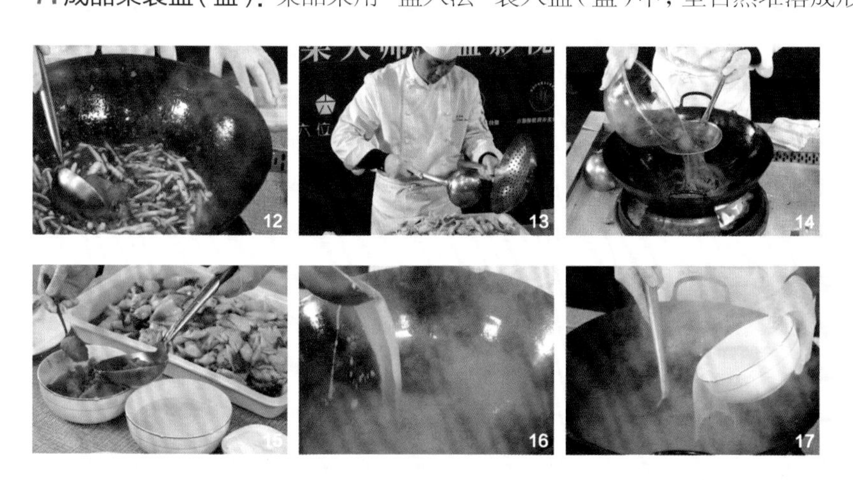

滇味金汤菊花鲜鲈鱼是一道云南独特的菜品，酸辣、有菊花清香味，口味独特，含有丰富的蛋白质、维生素。

成菜标准

①色泽：黄白相间；②芡汁：米汤芡；③味型：酸辣，菊花清香；④质感：鱼片滑嫩；⑤成品重量：4500 克。

举一反三

用这种烹饪方法，可以做特色鱼片、滑熘鱼片。

熘三白

| 制 作 人 | 耿全然（中国烹饪大师）
| 操作重点 | 鸡片滑油时，油温不宜过高，滑鱼片的油温要比滑鸡片油温高；芡汁不可太多。
| 要领提示 | 鱼片、鸡片切配时薄厚要均匀，上浆要饱满。

原料组成

主料

净龙利鱼 2000 克、净鸡胸肉 2000 克、净山药 800 克

配料

红尖椒 200 克

调料

盐 22 克、味精 10 克、料酒 20 毫升、胡椒粉 5 克、水淀粉 60 毫升（生粉 30 克 + 水 30 克）、葱油 140 毫升、玉米淀粉 70 克、蛋清 75 克、水 800 毫升、白醋 50 毫升

营养成分

（每 100 克营养素参考值）

能量	124.6 千卡
蛋白质	16.7 克
脂肪	4.6 克
碳水化合物	4.2 克
膳食纤维	0.6 克
维生素 A	12.7 微克
维生素 C	3.9 毫克
钙	56.1 毫克
钾	233.2 毫克
钠	317.4 毫克
铁	1.3 毫克

加工制作流程

1. **初加工**：龙利鱼、鸡胸肉洗净；红尖椒去蒂，洗净；山药去皮，洗净。
2. **原料成形**：龙利鱼、鸡胸肉切长 9 厘米、宽 5 厘米、厚 0.5 厘米薄片；红尖椒切菱形片；山药切菱形片，用水加白醋浸泡。
3. **腌制流程**：龙利鱼、鸡胸肉吸干水分，分别放入盐 10 克、味精 5 克、胡椒粉 3 克、料酒 20 毫升、蛋清 75 克搅拌均匀后，放入玉米淀粉 70 克继续拌匀，封油 100 毫升，腌制 10 分钟，备用。
4. **配菜要求**：鱼片上浆、鸡片上浆。

5. 工艺流程： 鱼片、鸡片上浆→食材处理→烹制熟化食材→出锅装盘。

6. 烹调成品菜： ①锅上火烧热，倒入植物油，油温三成热时，加入鸡片滑熟，捞出控油备用；待油温升至四成热时，倒入鱼片，轻轻推动滑熟，捞出控油备用。②山药中加入盐 5 克、味精 2 克、植物油 30 毫升拌匀放入万能蒸烤箱中，选择“蒸”模式，温度 100℃，湿度 100%，蒸制 2 分钟取出，放入蒸盘底部。③锅上火烧热，放入葱油，水 800 毫升、盐 5 克，味精 3 克，胡椒粉 2 克，倒入水淀粉 60 毫升勾芡，再倒入鸡片、鱼片翻炒均匀，淋明油出锅盛到山药上。④锅上火烧热，加入葱油，倒入红尖椒片炒至断生，加盐 2 克翻炒均匀出锅，撒在鸡片、鱼片上即可。

7. 成品菜装盘（盒）： 菜品采用“盛入法”装入盘中，呈自然堆落状即可。

熘三白是在鲁菜焦熘鱼片的基础上演变而来的一道菜品，肉片滑嫩，山药软糯，咸鲜适中，老少皆宜，含有丰富的蛋白质、氨基酸等营养成分。

成菜标准

①色泽：红白相间；②芡汁：薄汁利芡；③味型：咸鲜；④质感：鱼片清爽滑嫩、鸡片软嫩、山药清香；⑤成品重量：4500 克。

举一反三

采用这种烹饪方法，可以做熘鸡片、滑熘里脊。

藕片鱼丸

| 制 作 人 | 耿全然（中国烹饪大师）
| 操作重点 | 鱼片、虾蓉与三丁搅拌均匀，挤成小丸子放在藕片上，蒸制时间不可超过 12 分钟。
| 要领提示 | 胡萝卜、香菇、油菜要切细，腌制入味，蒸制时间要准确。

原料组成

主料

净龙利鱼 1000 克

辅料

净虾仁 1000 克、胡萝卜 500 克，净香菇 500 克，净油菜 300 克、莲藕 500 克

调料

葱油 100 毫升，盐 25 克、味精 15 克、料酒 20 毫升、蛋清 50 克、糯米粉 260 克、水淀粉 60 毫升、水 400 克

营养成分

（每 100 克营养素参考值）

能量................. 131.9 千卡
蛋白质....................15.7 克
脂肪..........................3.9 克
碳水化合物................8.6 克
膳食纤维..................0.9 克
维生素 A .... 55.2 微克
维生素 C .... 6.3 毫克
钙..................... 179.1 毫克
钾..................... 254.9 毫克
钠.................. 143.88 毫克
铁......................... 3.4 毫克

加工制作流程

1. **初加工**：把龙利鱼、虾仁洗净；胡萝卜去根，削皮，洗净；香菇去蒂，洗净；油菜、莲藕洗净。
2. **原料成形**：龙利鱼切抹刀片，虾仁打蓉，胡萝卜 500 克、香菇 500 克、油菜 300 克切丝，莲藕 500 克切片。
3. **腌制流程**：把龙利鱼 1000 克，虾仁 1000 克倒入盆中，加入盐 10 克、味精 4 克、料酒 20 毫升、蛋清 50 克搅拌均匀，腌制 10 分钟备用；胡萝卜丝、香菇丝放蒸盘中，加入盐 5 克，味精 3 克、葱油 30 毫升搅拌均匀备用；藕片放入蒸盘中，加入盐 5 克、味精 3 克、葱油 30 毫升，搅拌均匀，备用。

4. **配菜要求**：把主料、辅料、调料分别装在器皿中备用。

5. **工艺流程**：处理食材→腌制食材→烹饪熟化食材→出锅装盘。

6. **烹调成品菜**：①将腌制好的胡萝卜丝、香菇丝放入万能蒸烤箱中，选择“蒸”模式，温度100℃，湿度100%，蒸制2分钟取出。②将蒸制好的胡萝卜丝、香菇丝与鱼片、虾蓉放在一起搅拌均匀，再加入糯米粉260克搅拌均匀，最后加入油菜丝继续搅拌均匀。③把腌制好的藕片码放在蒸盘中，把肉馅挤成45克小丸子放在藕片上，放入万能蒸烤箱中，选择“蒸”模式，温度100℃，湿度100%，蒸制12分钟，取出放入盘中，备用。④锅上火烧热，放入葱油40克、水400克、盐5克、味精5克搅拌均匀，加入水淀粉60毫升勾芡，淋入明油，浇在丸子上面即可。

7. **成品菜装盘（盒）**：菜品采用“码放法”装入盘（盒）中，整齐划一。

13

14

15

藕片鱼丸是一道江南或沿海地区的特色菜，鱼丸软嫩，藕片清香，含有丰富的蛋白质、维生素、氨基酸等营养成分。

成菜标准

①色泽：红、白、绿、褐相间；②芡汁：薄汁；③味型：咸鲜；④质感：鱼肉、虾肉鲜嫩，藕片清香，胡萝卜、香菇口感软烂；⑤成品重量：3200克。

举一反三

采用这种烹饪方法，可以做萝卜鱼丸、胡萝卜鱼丸。

三色鱼丸

|制 作 人|耿全然（中国烹饪大师）
|操作重点|鱼丸要冷水下锅，小火煨熟。
|要领提示|搅拌鱼蓉时要往一个方向，挤鱼丸大小要均匀。

原料组成

主料

鲈鱼 5000 克

辅料

油菜心 50 克、鸡蛋 60 克、枸杞子 25 克

调料

精盐 30 克、味精 15 克、猪油 30 克、金瓜蓉 150 克、菠菜汁 150 毫升、葱姜水 150毫升、清汤3000毫升（浓缩清鸡汤 20 克加入水 3000 毫升）、水淀粉 300 毫升、蛋清 45 克

营养成分

（每 100 克营养素参考值）

能量……109.2 千卡
蛋白质……14.6 克
脂肪……3.1 克
碳水化合物……5.6 克
膳食纤维……0.4 克
维生素 A……28.1 微克
维生素 C……2.0 毫克
钙……115.7 毫克
钾……180.2 毫克
钠……357.8 毫克
铁……2.2 毫克

加工制作流程

1. **初加工**：鲜活鲈鱼宰杀并清洗干净备用。
2. **原料成形**：将洗干净的鱼，选出净肉放入食物料理机，搅拌成蓉备用。
3. **腌制流程**：将搅拌好的鱼蓉分成三份放入三个盆中（白色，即鱼肉；菠菜汁，即绿色；金瓜蓉，即金黄色），分别放入精盐 5 克、味精 3 克、蛋清 15 克、葱姜水 50 毫升备用。
4. **配菜要求**：把搅拌好的鱼蓉、金瓜蓉、菠菜汁以及各种调料分别放在器皿中。
5. **工艺流程**：搅拌好鱼蓉→氽鱼丸→调味→出锅装盘。

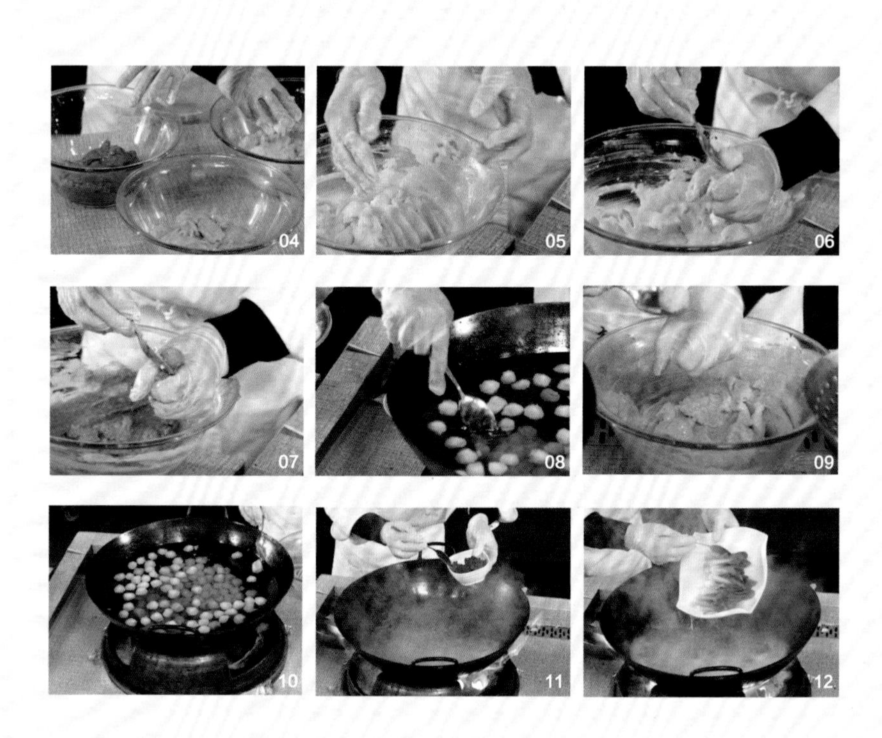

6. 烹制成品菜：①将鲜活鲈鱼 5000 克宰杀，选出净肉放入食物料理机加入猪油 30 克和水淀粉 300 毫升搅拌成蓉备用。②将加工好的鱼蓉分成三份，其中一份不放调料，另外两份分别放入菠菜汁 150 毫升和金瓜蓉 150 克，搅拌成绿色和黄色备用。③锅上火烧热，放入冷水，分别将三种颜色的鱼蓉挤成小鱼丸放入锅中加热，烧至 60℃ ~ 70℃，将鱼丸煨熟，倒入蒸盘中备用。④锅上火烧热，放入清汤烧开，加入精盐 15 克、味精 6 克、枸杞子 25 克、油菜心 50 克，开锅后盛入蒸盘中即可。

7. 成品菜装盘（盒）：菜品采用“盛入法”盛入盘（盒）中即可。

三色鱼丸是一道特色传统菜肴，鱼丸滑嫩，汤汁鲜美，含有丰富的蛋白质、维生素等营养成分。

成菜标准

①色泽：红黄绿相间；②芡汁：无；③味型：咸鲜味美；④质感：鱼丸滑嫩，汤汁清鲜；⑤成品重量：3200 克。

举一反三

采用这种烹饪方法，可以做三色虾丸、三色肉丸。

三鲜水泼蛋

| 制 作 人 | 耿全然（中国烹饪大师）
| 操作重点 | 勾芡要均匀，蒸蛋液不要太老。
| 要领提示 | 蒸蛋液时火候不宜太大，时间要控制好。

原料组成

主料

鸡蛋 1600 克

辅料

鲜鱿鱼 500 克、虾仁 300 克、枸杞子 15 克、青豆 15 克

调料

精盐 30 克、水淀粉 80 毫升、清汤 600 毫升（浓缩清鸡汤 1:100）、蛋清 50 克、玉米淀粉 30 克、水 1600 毫升

营养成分

（每 100 克营养素参考值）

能量.................. 147.6 千卡
蛋白质 ....16.9 克
脂肪..........................6.2 克
碳水化合物................5.9 克
膳食纤维 ....0.2 克
维生素 A .... 161.1 微克
维生素 C .... 0.3 毫克
钙 .... 109.5 毫克
钾 .... 221.8 毫克
钠 .... 111.46 毫克
铁 .... 2.9 毫克

加工制作流程

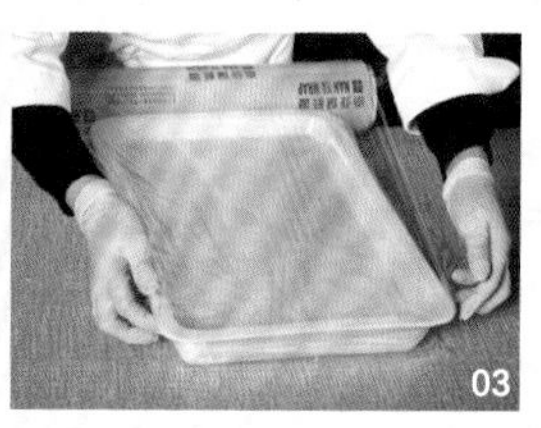

1. **初加工**：将鸡蛋打碎放入盆中；鲜鱿鱼清洗干净；虾仁去虾线，清洗干净备用。
2. **原料成形**：鲜鱿鱼切成长 3 厘米、宽 2 厘米的条，打上花刀备用。
3. **腌制流成**：虾仁挤干水分放入容器中，放入精盐 5 克、蛋清 50 克、玉米淀粉 30 克，上浆备用。
4. **配菜要求**：鸡蛋液、鱿鱼、虾仁、枸杞子、青豆分别放入器皿中备用。
5. **工艺流程**：搅鸡蛋液→加水→加调料→加鱿鱼→加虾仁→加枸杞子、青豆→出锅装盒。

6. 烹调成品菜：①在鸡蛋液中加水 1600 毫升、精盐 15 克搅拌均匀，过滤到蒸盘中，封上保鲜膜，放入万能蒸烤箱中，选择“蒸”模式，温度 100℃，湿度 100%，蒸 15 分钟，蒸熟取出。②锅上火烧热，锅中放入水，水温 80℃至 90℃时放入虾仁 300 克，滑熟捞出备用；水沸后继续放入鲜鱿鱼 500 克，成卷捞出，控水备用。③锅上火烧热，锅中放入水烧开，加入青豆 15 克、枸杞子 15 克，过凉控水备用。④锅上火烧热，加清汤 600 毫升烧开，放入精盐 10 克、鱿鱼卷、虾仁，烧开后，用水淀粉 80 毫升勾芡，放入青豆、枸杞子，浇在蒸好的鸡蛋羹上即可。

7. 成品菜装盘（盒）：菜品采用“盛入法”装入盘（盒）中。

三鲜水泼蛋是一道家常菜，软嫩可口，老少皆宜，口味鲜美，营养丰富，含有丰富的蛋白质。

成菜标准

①色泽：黄白红相间；②芡汁：米汤芡；③味型：咸鲜；④质感：软嫩可口，老少皆宜，口味鲜美，营养丰富；⑤成品重量：4000 克。

举一反三

采用这种烹饪方法，可以做肉末蒸水蛋、枸杞子水泼蛋。

养生蟹黄狮子头

| 制 作 人 | 耿全然（中国烹饪大师）
| 操作重点 | 狮子头大小要均匀，火候要控制好。
| 要领提示 | 五花肉丁要大小均匀。

原料组成

主料

五花肉 5000 克

辅料

松蓉 250 克、蟹黄 50 克、油菜心 100 克、荸荠 500 克、蛋清 250 克、白菜叶 500 克

调料

精盐 25 克、花雕酒 90 毫升、葱姜水 400 毫升、干淀粉 120 克、清鸡汤 3000 毫升（浓缩清鸡汤 30 克，水 3000 毫升）、枸杞 50 克、蛋清 50 克、葱段 50 克、姜片 50 克

营养成分

（每 100 克营养素参考值）

能量	271.3 千卡
蛋白质	11.2 克
脂肪	22.1 克
碳水化合物	6.9 克
膳食纤维	1.6 克
维生素 A	13.9 微克
维生素 C	3.5 毫克
钙	11.6 毫克
钾	249.7 毫克
钠	138.4 毫克
铁	6.9 毫克

加工制作流程

1. **初加工**：将五花肉去皮，松蓉、荸荠、油菜心分别洗净备用。
2. **原料成形**：将五花肉和荸荠分别切成 0.5 厘米的丁，松蓉切成 0.1 厘米的片，油菜心、荸荠、蟹黄切碎，放入器皿中。
3. **腌制流程**：将切好的五花肉丁放入生食盒中，倒入花雕酒 50 毫升、葱姜水 400 毫升、荸荠丁 500 克顺时针方向搅拌，加入精盐 10 克继续搅拌均匀，再放入蛋清 50 克、干淀粉 120 克沿一个方向搅拌上劲，腌制 30 分钟备用。
4. **配菜要求**：把切好的五花肉丁、松蓉片、蟹黄、油菜心分别放在器皿中。

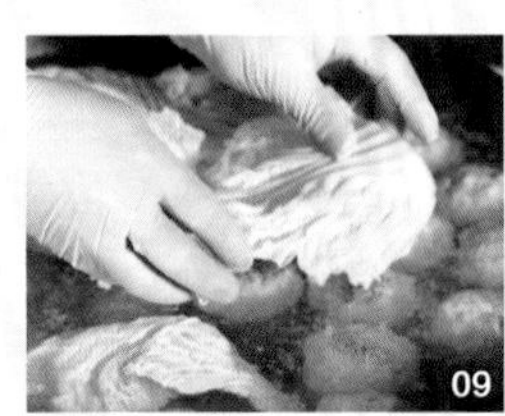

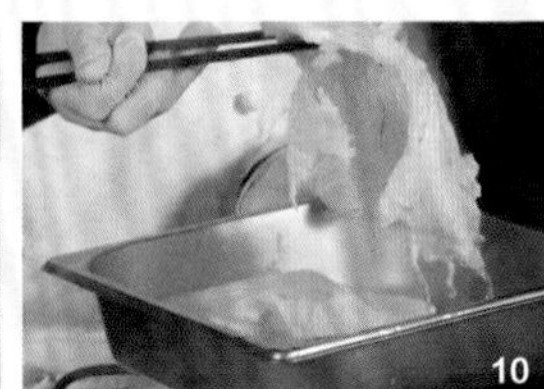

5. **工艺流程**：五花肉丁、荸荠丁用葱姜水调味→裹上蛋清、淀粉做成圆子，粘上蟹黄→焖制→出锅成形→装入器皿。

6. **烹制成品菜**：①用腌制好的馅料制作狮子头，每个 70 克，放入盘中备用。②锅上火放入水、清汤 1500 毫升，放入葱段、姜片、花雕酒 20 毫升，中火烧开，将做好的直径 6 厘米的狮子头 70 克 / 个，加入蟹黄放入水中，开锅后，盖上白菜叶，定型 10 分钟后挑出白菜叶，把狮子头放入蒸盘中，倒入汤汁，加入松蓉 250 克、枸杞 50 克，封上保鲜膜，放入万能蒸烤箱中，选择“蒸”模式，温度 100℃，湿度 100%，蒸制 60 分钟，取出狮子头、松蓉、枸杞摆盘。③锅上火烧热，锅中放入清鸡汤 1500 毫升大火烧开，加入枸杞、花雕酒 20 毫升、精盐 10 克，放入油菜心 100 克开锅后，取出油菜心，摆入盘子四周，倒入汤汁即可出锅。

7. **成品菜装盘（盒）**：菜品用“码放法”装入盘（盒）中。

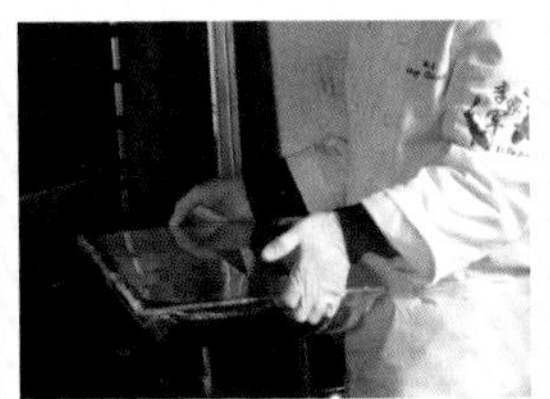

养生蟹黄狮子头是淮阳传统中的一道名菜，蟹鲜肉嫩，爽口软糯，汤汁鲜美，含有丰富的蛋白质、维生素等营养成分。

成菜标准

①色泽：黄绿白相间；②芡汁：无；③味型：咸鲜味美；④质感：肥而不腻，口感滑嫩，汤汁鲜美；⑤成品重量：4000 克。

举一反三

采用这种烹饪方法，可以做红烧狮子头，菜胆狮子头。

咖喱鸡

| 制 作 人 | 侯德成（中国烹饪大师）
| 操作重点 | 突出原汁原味。
| 要领提示 | 咖喱汁的制作。

原料组成

主料

鸡腿3000克、洋葱500克

辅料

青椒200克、西红柿150克、苹果180克、菠萝230克、黄瓜30克、香蕉240克、土豆300克、葡萄干100克、美国杏仁片70克、鸡汤3000毫升

调料

葱90克、姜90克、蒜85克、香菜120克、咖喱粉150克、咖喱酱220克、椰浆410毫升、黄油50克、盐30克、胡椒粉7克、水淀粉80毫升、香叶3片、香菜50克

营养成分

（每100克营养素参考值）

能量	133.5千卡
蛋白质	11.3克
脂肪	5.5克
碳水化合物	9.6克
膳食纤维	2.7克
维生素A	17.7微克
维生素C	8.6毫克
钙	43.1毫克
钾	293.1毫克
钠	292.1毫克
铁	3.0毫克

加工制作流程

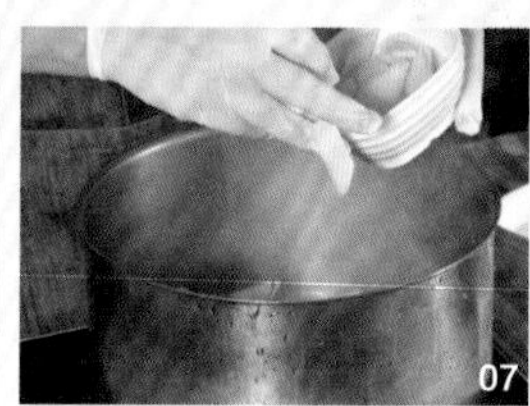

1. **初加工**：鸡腿洗净；洋葱洗净，去皮；葱洗净；姜、蒜去皮；青椒去蒂，洗净；西红柿去蒂，洗净；苹果去皮，去籽；菠萝去皮、去根；黄瓜洗净；香蕉去皮；土豆去皮，洗净；香菜洗净。

2. **原料成形**：鸡腿切块；洋葱切片；葱切段；姜、青椒、洋葱切片；西红柿、苹果、菠萝切块；黄瓜留皮，黄瓜皮切丁；香蕉切段；土豆切块；香菜切段。

3. **腌制流程**：鸡腿肉中放入盐10克、胡椒粉3克、咖喱粉50克搅拌均匀，腌制备用。

4. **配菜要求**：将鸡腿、青椒、西红柿、苹果、菠萝、黄瓜、香蕉、土豆、葡萄干、美国杏仁片、调料分别装在器皿中备用。

5. 工艺流程：腌制→食材处理→制汁→烹制熟化食材→出锅装盘。

6. 烹调成品菜：①锅中放水烧开，加入香叶3片备用。②平底锅内放油，皮向下放入腌制好的鸡腿块3000克，大火煎至两面金黄后，放入煮好的汤里，撇去浮沫，小火煮20分钟备用。③锅烧热，下入黄油25克、洋葱500克、葱段90克、蒜85克、姜片90克炒香，放入青椒200克、西红柿150克、香菜50克翻炒，放入咖喱粉100克、咖喱酱220克继续翻炒，加入煮鸡块的鸡汤3000毫升，大火煮至滚开，转小火加入香蕉240克、苹果180克、菠萝230克继续煮制2分钟，放入土豆300克煮制30分钟，用粉碎机打碎，加水淀粉80毫升勾芡，放入盐10克调味，最后放入椰浆410毫升搅匀。④将煮好的鸡块盛出，放入锅中，倒入打好的咖喱汁，以没过鸡块为准，煮开即可出锅。⑤另起一锅，烧热，锅中放入黄油25克、葡萄干100克、美国杏仁片70克、黄瓜皮、西红柿丁、盐10克、胡椒粉4克翻炒均匀，撒在鸡块上，再撒入干洋葱丝点缀即可。

7. 成品菜装盘（盒）：菜品采用“盛入法”装入盘（盒）中，呈自然堆落状。

12

13

14

咖喱鸡是一道典型的印度菜，咖喱是一种复合调味粉，主要在南亚和东南亚地区流行。咖喱鸡中加入了椰浆和水果，口感和质感会更柔和。口味辛香，味道浓郁，咖喱粉中含有很多香辛料，具有软化血管、活血的作用。

成菜标准

①色泽：淡黄；②芡汁：微厚；③味型：咖喱；④质感：软烂；⑤成品重量：4700克。

举一反三

采用这种烹饪方法，可以做咖喱鱼、咖喱虾、咖喱蟹。

红花莳萝烩海鲜

| 制 作 人 | 侯德成（中国烹饪大师）
| 操作重点 | 由于海鲜肉质比较鲜嫩，因此在制作过程中，尽量减少搅拌，翻动时动作要轻。
| 要领提示 | 海鲜要提前腌制入味。

原料组成

主料

鲷鱼柳 20 片

辅料

藏红花水 150 毫升（藏红花 2 克 +150 毫升水）、虾仁 1500 克、扇贝 1000 克（去壳）、青口（一种贝类）1000克、洋葱 300 克、鲜莳萝 50 克

调料

盐 40 克、胡椒粉 5 克、面粉 70 克、黄油 160 克、奶油 500 克、白葡萄酒 290 毫升、香叶 1 片、半个柠檬、植物油 50 毫升

营养成分

（每 100 克营养素参考值）

能量.................. 247.4 千卡
蛋白质 ....13.3 克
脂肪........................14.4 克
碳水化合物.............16.2 克
膳食纤维...................0.5 克
维生素 A .... 33.4 微克
维生素 C .... 0.3 毫克
钙 .... 92.4 毫克
钾 .... 264.3 毫克
钠 .... 547.5 毫克
铁 .... 2.4 毫克

加工制作流程

1. **初加工**：鲷鱼柳、虾仁泡水解冻，藏红花泡水，虾仁泡水解冻，扇贝洗净；青口洗净；洋葱去皮洗净，青口、鲜莳萝洗净。
2. **原料成形**：鲷鱼柳用刀一分为四瓣；扇贝去壳取出扇贝柱，洋葱切成丝，鲜莳萝去茎、留叶、切成末。
3. **腌制流程**：将鲷鱼柳、虾仁、扇贝放入盆中，挤入半个柠檬汁，放入盐 15 克、胡椒粉 2 克腌制，撒入一层面粉 30 克，腌制备用。
4. **配菜要求**：将主料、辅料及调料依次放在器皿中。
5. **工艺流程**：腌制鲷鱼柳→煎海鲜（鲷鱼柳、虾仁、扇贝）→炒青口→熬汁→主辅料混和汁→出锅装盘。

6. 烹调成品菜：①锅上火烧热，倒入植物油50毫升，放入海鲜（鲷鱼柳、虾仁1500克、扇贝1000克）煎制成熟，烹入白葡萄酒100毫升，倒出。②锅烧热，放入青口1000克，放入白葡萄酒90毫升、奶油200克、鲜莳萝20克、藏红花水100毫升、盐15克、胡椒粉2克翻炒均匀，炒熟后盛出备用。③另起一锅烧热，放入黄油160克融化后，放入面粉40克翻炒均匀，放入香叶1片炒香，放入水搅匀，放入白葡萄酒100毫升、奶油300克、盐10克、胡椒粉1克，藏红花水50毫升搅匀，小火煮制2分钟，将香叶捞出备用。④锅烧热，放入鲷鱼柳、虾仁、扇贝，倒入熬好的汁继续熬制，烧开后撒入鲜莳萝，倒出。⑤另取一锅，放入青口，倒入熬好的汁熬制，烧开后摆盘点缀，最后用鲜莳萝装饰即可。

7. 成品菜装盘（盒）：菜品采用“盛入法”装入盘（盒）中，呈自然堆落状。

红花莳萝烩海鲜，这是一道偏地中海风味的菜品，做法是传统的法式做法。软嫩鲜香，是一道高蛋白、低脂肪的菜品。

成菜标准

①色泽：明亮金黄；②味型：口味咸鲜；③质感：鲜嫩；④成品重量：3740克。

墨西哥牛肉

| 制 作 人 | 侯德成（中国烹饪大师）
| 操作重点 | 火候要掌握好，确保牛肉软烂。
| 要领提示 | 切配时刀工要均匀。

原料组成

主料

牛肉 3000 克

配料

洋葱 630 克、蒜 250 克、玉米罐头 500 克、红腰豆 320 克、青椒100克、红椒100克、黄椒 100 克

调料

番茄酱 770 克、番茄沙司 600 克、辣椒籽 180 克、香叶3片、法香10克、盐17克、胡椒粉 4 克、植物油 300 毫升

营养成分

（每 100 克营养素参考值）

能量................. 113.8 千卡
蛋白质 ....11.5 克
脂肪..........................2.1 克
碳水化合物.............12.2 克
膳食纤维...................1.7 克
维生素 A .... 17.1 微克
维生素 C .... 10.2 毫克
钙....................... 23.7 毫克
钾...................... 336.9 毫克
钠...................... 242.1 毫克
铁.......................... 2.3 毫克

加工制作流程

1. 初加工：牛肉洗净；洋葱去皮，洗净；青椒、红椒、黄椒去蒂，洗净；蒜去皮，洗净。

2. 原料成形：牛肉切 2 厘米块，青椒、红椒、黄椒、洋葱切 1 厘米丁，蒜切末。

3. 腌制流程：无。

4. 配菜要求：将牛肉、洋葱、蒜、玉米罐头、红腰豆、青椒、红椒、黄椒、调料分别装在器皿中备用。

5. 工艺流程：食材处理→烹制熟化食材→出锅装盘。

6. **烹调成品菜：**锅上火烧热，放入植物油烧热，放入牛肉3000克炒制，炒干水分，炒香后，加入洋葱630克、香叶3片继续翻炒，加入蒜末250克、番茄酱770克、番茄沙司600克翻炒均匀，加入开水，以没过牛肉为准，小火炖制1小时，放入盐17克、胡椒粉4克调味，捡出香叶，加入青椒100克、红椒100克、黄椒100克、玉米罐头500克、红腰豆320克翻拌均匀，加入辣椒籽180克搅拌均匀即可出锅。

7. **成品菜装盘（盒）：**菜品采用“盛入法”装入盘（盒）中，呈自然堆落状。

橙汁鸭胸

墨西哥牛肉是一道典型的墨西哥菜，回口微辣、口味浓郁，牛肉高蛋白、低脂肪，适合老年人食用。

成菜标准

①色泽：暗红色；2. 芡汁：无芡；3. 味型：微辣；4. 质感：软烂；5. 成品重量：4800克。

举一反三

采用这种烹饪方法，可以做墨西哥羊肉、墨西哥鸡肉等。

蘑菇烩肉丸

| 制 作 人 | 侯德成（中国烹饪大师）
| 操作重点 | 煸炒时一定要将蘑菇的水汽炒干。
| 要领提示 | 肉丸要团得大小均匀。

原料组成

主料

猪肉馅 2000 克

辅料

白方面包一条 、洋葱碎100克、口蘑 1000 克

调料

牛奶 750 毫升、黄油 100 克、面粉 150 克 、 奶油 300 克、盐 20 克、胡椒粉 5 克、清鸡汤 200 毫升、白兰地酒 50 毫升、香叶 2 片、鸡蛋 3 个、黄汁粉 150 克（黄汁粉 100 克 + 温水 50 毫升）

营养成分

（每 100 克营养素参考值）

能量 .... 327.3 千卡
蛋白质 .... 14.5 克
脂肪 .... 23.4 克
碳水化合物 .... 14.5 克
膳食纤维 .... 3.5 克
维生素 A .... 34.1 微克
维生素 C .... 0.2 毫克
钙 .... 64.1 毫克
钾 .... 741.1 毫克
钠 .... 231.9 毫克
铁 .... 4.7 毫克

加工制作流程

1. **初加工**：洋葱去皮、洗净，口蘑洗净。

2. **原料成形**：白方面包切去四边，切成 1 厘米见方的小丁；洋葱切碎末；口蘑切 0.2 厘米厚的片。

3. **腌制流程**：用牛奶 750 毫升泡面包，把面包中的牛奶挤干，将泡过牛奶的面包放入到猪肉馅中，加入鸡蛋 3 个、盐 10 克、胡椒粉 3 克，搅拌均匀备用。

4. **配菜要求**：将主料、辅料及调料依次放在器皿中。

5. **工艺流程**：和肉馅→煮肉丸→炝锅烹制→放入口蘑煸炒→投入调料调味→加入肉丸小火煮开→点缀西红柿即可出锅装盘。

6. **烹调成品菜**：①煮肉丸：把肉丸煮熟，备用。②锅烧热，放入黄油 80 克、洋葱碎 100 克炒香，放入口蘑片，烹入白兰地酒 50 毫升，点燃翻炒均匀，煸干水汽，加入面粉 150 克增稠，加入清鸡汤 150 毫升、香叶 2 片调味，放入黄汁粉 150 克收汁，撒入胡椒粉 2 克搅

拌均匀，放入盐10克调味，最后放入奶油300克，搅拌均匀。煮开后倒入肉丸，翻拌均匀，小火煮开，倒入盘中，点缀西红柿即可。③锅上火烧热，放入黄油20克，放入雕花口蘑煎制出水，淋入清鸡汤50毫升小火烧开，放入盘中点缀。

7. **成品菜装盘（盒）**：菜品采用“盛入法”装入盘（盒）中，呈自然堆落状。

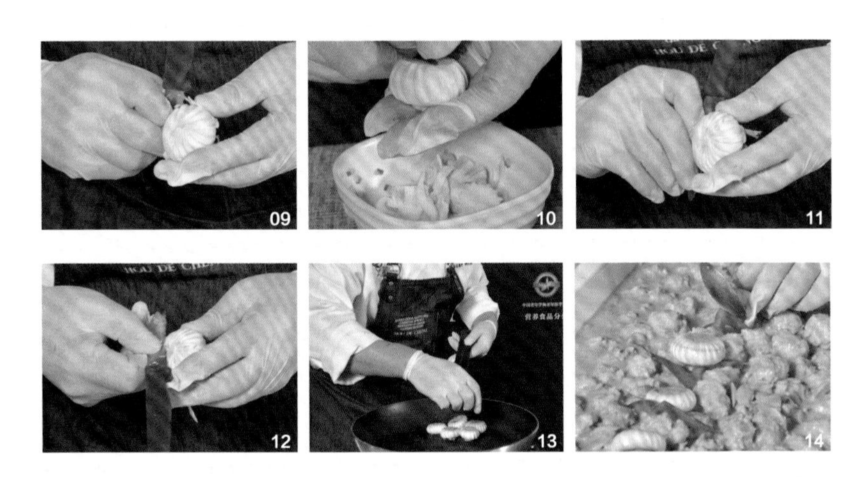

蘑菇烩肉丸，这是一道典型的俄式菜品。肉丸鲜香，蘑菇滑嫩，含有丰富的蛋白质、维生素和氨基酸等营养成分。

成菜标准

①色泽：乳白色；②味型：口味咸鲜；③质感：鲜嫩；④成品重量：3150克。

举一反三

采用这种烹饪方法，可以做烩小牛肉、烩鸡片。

奶油烤土豆

| 制 作 人 | 侯德成（中国烹饪大师）
| 操作重点 | 煮牛奶时要加些豆蔻粉，口感更好。
| 要领提示 | 土豆蒸制时间要掌握好，蒸至软烂。

原料组成

主料

土豆 3500 克

辅料

蛋黄 100 克、牛奶 1200 毫升、奶油 200 克

调料

黄油 60 克、豆蔻粉 5 克、马苏里拉奶酪 150 克、盐 20 克、法香 10 克

营养成分

（每 100 克营养素参考值）

能量	126.4 千卡
蛋白质	3.5 克
脂肪	6.9 克
碳水化合物	12.6 克
膳食纤维	0.8 克
维生素 A	30.2 微克
维生素 C	9.6 毫克
钙	55.4 毫克
钾	273.3 毫克
钠	190.9 毫克
铁	0.7 毫克

加工制作流程

1. 初加工： 土豆去皮，洗净；法香洗净。

2. 原料成形： 蛋黄加凉水搅拌均匀，法香切碎。

3. 腌制流程： 无。

4. 配菜要求： 将土豆、蛋黄、牛奶、奶油、调料分别装在器皿中备用。

5. 工艺流程： 食材处理→烹制熟化食材→出锅装盘。

6. 烹调成品菜： ①土豆 3500 克放入锅中蒸熟，压碎成泥备用。②锅烧热，倒入牛奶 1200 毫升、盐 20 克、豆蔻粉 5 克、黄油 60 克煮

开，倒入土豆泥中搅拌均匀，再倒入奶油200克继续搅拌。③将土豆泥倒入烤盘中，用抹刀抹平，切出纹路，将调好的蛋黄液倒入，撒入马苏里拉奶酪150克，放入万能蒸烤箱，选择“烤”模式，温度200℃，湿度0%，烤制10分钟取出，撒入法香碎10克点缀即可。

7. **成品菜装盘（盒）**：菜品采用“盛入法”装入盘（盒）中，呈自然堆落状。

奶油烤土豆是西餐中比较常见的菜品，软糯可口，奶香浓郁，含有丰富的蛋白质和钙，更适合老年人食用。

12

13

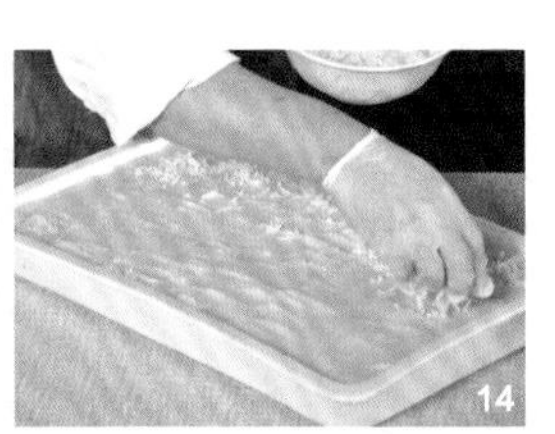
14

15

16

17

成菜标准

①色泽：金黄；②芡汁：无；③味型：奶香；④质感：软糯、细腻；⑤成品重量：4700克。

举一反三

采用这种烹饪方法，可以烤土豆片。

意大利肉酱面

| 制 作 人 | 侯德成（中国烹饪大师）
| 操作重点 | 牛肉刚下锅时不要急于翻动，待煎制上色后再翻炒。
| 要领提示 | 牛肉要浆好，质地要嫩一些。

原料组成

主料

意大利面 750 克、牛肉 1000 克

辅料

洋葱1000克、去皮番茄1000克、胡萝卜 500 克、芹菜 500 克、口蘑 250 克

调料

橄榄油 200 毫升、蒜 200 克、香叶 3 片、番茄酱 380 克、罗勒叶 44 克、意大利干奶酪碎 8 克、法香 15 克、面粉 30 克、盐 50 克、胡椒粉 8 克、水 2000 毫升、植物油 200 毫升

营养成分

（每 100 克营养素参考值）

能量..................128.5 千卡
蛋白质......................7.2 克
脂肪..........................4.5 克
碳水化合物.............14.7 克
膳食纤维...................1.4 克
维生素 A............. 36.5 微克
维生素 C.............. 5.3 毫克
钙....................... 25.9 毫克
钾..................... 342.8 毫克
钠..................... 378.3 毫克
铁......................... 2.3 毫克

加工制作流程

1. **初加工：**牛肉洗净，泡水；洋葱去皮；胡萝卜去皮；芹菜去叶，洗净；口蘑洗净；蒜去皮，洗净。

2. **原料成形：**口蘑切片，胡萝卜、芹菜、洋葱分别切碎，蒜切末，牛肉剁成馅。

3. **腌制流程：**无。

4. **配菜要求：**将牛肉、意大利面、洋葱、去皮番茄、胡萝卜、芹菜、口蘑、调料分别装在器皿中备用。

5. **工艺流程：**食材处理→烹制熟化食材→出锅装盘。

6. **烹调成品菜：**①锅中放水烧开，加入橄榄油 10 毫升、盐 15 克，放入意大利面 750 克，煮 9 分钟，捞出过冰水备用。②锅烧热，放入

橄榄油 90 毫升烧热，放入牛肉馅 1000 克炒干炒香，放入香叶 3 片继续煸炒，放入洋葱丁 1000 克、胡萝卜碎 500 克、芹菜碎 500 克继续翻炒，放入蒜末 200 克翻炒均匀，依次放入番茄酱 380 克、去皮番茄 1000 克翻炒，放入面粉 30 克增稠，放入水 2000 毫升、罗勒叶 44 克搅拌均匀，放入胡椒粉 4 克调味，小火煮 35 分钟。③将口蘑 250 克放入肉酱中，加入盐 15 克、胡椒粉 2 克调味，翻拌均匀即可。④锅上火烧热，放入橄榄油 100 毫升，放入意大利面，撒入盐 20 克、胡椒粉 2 克，淋入水翻炒均匀，倒入盘中，将肉酱浇在面条上，撒上意大利干奶酪碎 8 克、法香 15 克即可。

7. 成品菜装盘（盒）： 菜品采用"盛入法"装入盘（盒）中，呈自然堆落状。

意大利肉酱面是意大利比较经典的一款面条，牛肉风味浓郁，微酸可口。牛肉中含有丰富的蛋白质，搭配其中的蔬菜，营养更加丰富。

成菜标准

①色泽：红褐色；②芡汁：无；③味型：微酸，番茄味浓；④质感：面条筋道；⑤成品重量：4100 克。

举一反三

这道菜可以做成西西里的风味，也可以加入奶油。

火腿奶酪炸猪排

| 制 作 人 | 侯德成（中国烹饪大师）
| 操作重点 | 炸制时油温要掌握好，七成热即可。
| 要领提示 | 原材料要选择新鲜的猪肉。

原料组成

主料

猪通脊 2800 克

辅料

方火腿片 500 克、马苏里拉奶酪 300 克、面粉 400 克、鸡蛋液 500 克、面包糠 500 克

调料

柠檬 3 个、胡椒粉 10 克、盐 20 克、植物油 2000 毫升、法香 5 克

营养成分

（每 100 克营养素参考值）

能量.................. 194.3 千卡
蛋白质 ....17.9 克
脂肪........................10.3 克
碳水化合物...............7.3 克
膳食纤维...................0.2 克
维生素 A .... 39.6 微克
维生素 C .... 0.7 毫克
钙 .... 67.1 毫克
钾 .... 257.7 毫克
钠 .... 361.7 毫克
铁 .... 1.6 毫克

成菜标准

①色泽：金黄；②芡汁：无；③味型：咸鲜，鲜香；④质感：外酥里嫩；⑤成品重量：3000 克。

加工制作流程

01

02

03

04

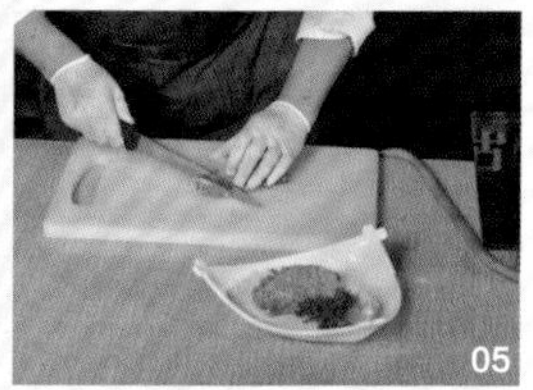
05

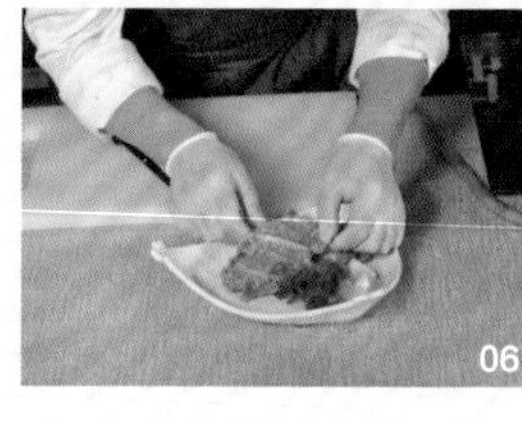
06

07

08

1. **初加工**：猪通脊洗净，鸡蛋打散，法香洗净。
2. **原料成形**：猪通脊切片，用锤子锤成薄片；柠檬切片。
3. **腌制流程**：每片猪通脊上撒 0.2 克胡椒粉、0.4 克盐，备用。
4. **配菜要求**：将猪通脊片、方火腿片、马苏里拉奶酪、面粉、鸡蛋液、面包糠、调料分别装在器皿中备用。
5. **工艺流程**：食材处理→烹制熟化食材→出锅装盘。
6. **烹调成品菜**：①将一片猪通脊放在案板上，依次放上一片方火腿、一层马苏里拉奶酪，再盖一片猪通脊，用肉锤砸紧四周，备用；②锅上火烧热，倒入植物油 2000 毫升，油温七成热，猪排依次裹一层面粉、鸡蛋液、面包糠，放入油锅中炸至金黄。③将炸好的猪排切成段，摆在盘中，用柠檬片、法香 5 克点缀即可。
7. **成品菜装盘（盒）**：菜品采用“盛入法”装入盘（盒）中，呈自然堆落状。

火腿奶酪炸猪排是一道典型的法国炸菜，也叫哥伦布猪排、蓝带猪排，外焦里嫩，猪肉中含有丰富的蛋白质、维生素等营养成分。

举一反三

可以做火腿奶酪炸鸡排、火腿奶酪炸鱼、火腿奶酪炸虾。

红花汁手打春三鲜

｜制 作 人｜霍彬虎（中国烹饪大师）
｜操作重点｜蒸制的时间不宜过长，否则颜色会变，口感也会不好。
｜要领提示｜肉馅一定要摔打上劲，摔出黏性后再加入其他辅料。

原料组成

主料

五花肉馅 1700 克

辅料

春笋 500 克、蛋清 400 克、荠菜 500 克、虾仁 500 克、枸杞 20 粒

调料

藏红花水 100 毫升、盐 30 克、味精 15 克、鸡汁 6 克、清鸡汤 1000 毫升、葱 30 克、姜 20 克、水淀粉 160 毫升（生粉 80 克 + 水 80 毫升）、胡椒粉 5 克、玉米淀粉 50 克、植物油 30 毫升

营养成分

（每 100 克营养素参考值）

能量	149.7 千卡
蛋白质	8.2 克
脂肪	10.8 克
碳水化合物	4.8 克
膳食纤维	0.5 克
维生素 A	11.9 微克
维生素 C	4.1 毫克
钙	45.8 毫克
钾	160.9 毫克
钠	376.8 毫克
铁	1.4 毫克

加工制作流程

1. **初加工**：藏红花温水泡 1 分钟，留用红花汁，荠菜洗净；春笋去皮，洗净剁碎；虾仁去虾线，洗净；葱姜去皮洗净。
2. **原料成形**：春笋切碎，虾仁剁碎；荠菜切碎，葱姜切末。
3. **腌制流程**：将五花肉馅倒入大盆中，加入盐 20 克、味精 10 克、葱末 30 克、姜末 10 克、清鸡汤 300 毫升、胡椒粉 5 克搅拌均匀，蛋清 300 克、水淀粉 30 毫升、玉米淀粉 50 克抓匀后放入肉馅中，搅拌均匀，摔打上劲，放入春笋 500 克、虾仁 500 克、荠菜 500 克拌匀。用水淀粉 30 毫升、蛋清 100 克调制成浆备用。
4. **配菜要求**：把主料、辅料、调料分别摆放在器皿中。
5. **工艺流程**：蒸丸子→调味→出锅装盘。

6. **烹调成品菜：**①取一蒸盘，盘底刷油，每次取肉馅40克，团成丸子，裹一层浆，放在蒸盘中，放入万能蒸烤箱，选择“蒸”模式，温度100℃，湿度100%，蒸制15分钟。②锅上火，倒入清鸡汤700毫升，加入盐10克、鸡汁6克、味精5克、藏红花水100毫升、姜末10克搅拌均匀，烧开后捞出姜末，淋入水淀粉100毫升勾芡，盛出浇在盘底。③将蒸好的丸子摆在汤汁上，点缀枸杞即可。
7. **成品菜装盘（盒）：**菜品采用“盛入法”装入盘（盒）中，呈自然堆落状。

红花汁手打春三鲜，这是由淮扬菜狮子头演变而来的一道春季时令菜。色泽亮丽，营养丰富；藏红花具有很高的营养价值和滋养功效，是天然的补品。

成菜标准

①色泽：色彩分明；②芡汁：少许藏红花汁；③味型：咸鲜清香；④质感：口感软嫩、鲜脆；⑤成品重量：2640克。

举一反三

采用这种烹饪方法，可以做荠菜汁春笋狮子头。

马莲草烧方肉

| 制 作 人 | 霍彬虎（中国烹饪大师）
| 操作重点 | 捆草时间要掌握好，捆早的话肉收缩，马莲草会散开。
| 要领提示 | 收汁的时候要晃动锅，以免粘锅。

原料组成

主料

五花肉 4400 克

配料

马莲草 1 把、油菜心 500 克

调料

海鲜酱 75 克、排骨酱 75 克、冰糖 50 克、盐 30 克、味精 5 克、老抽 120 毫升、花椒 5 克、大料 5 克、桂皮 30 克、香叶 3 克、小茴香 10 克、葱 50 克、姜 30 克、料酒 100 毫升、植物油 3000 毫升

营养成分

（每 100 克营养素参考值）

能量	296.6 千卡
蛋白质	11.4 克
脂肪	25.9 克
碳水化合物	4.5 克
膳食纤维	0.3 克
维生素 A	8.2 微克
维生素 C	0.1 毫克
钙	20.4 毫克
钾	172.6 毫克
钠	484.7 毫克
铁	1.4 毫克

加工制作流程

01

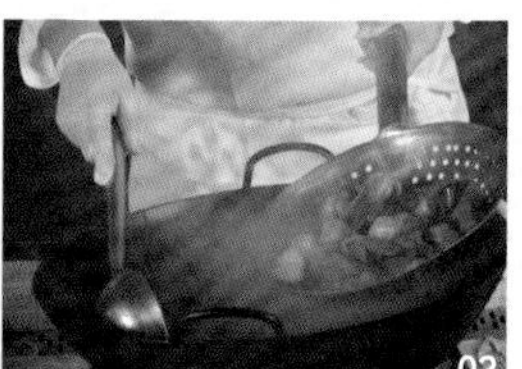
02

03

04

05

06

07

08

1. **初加工：**五花肉洗净，去除表皮的毛，用火烧制后，用温水泡一下，洗净；马莲草用 20℃温水泡软；小油菜去掉多余的根叶，留住菜胆；葱姜去皮，洗净。
2. **原料成形：**五花肉切成 5 厘米见方的块，葱切段，姜切片。
3. **腌制流程：**无。
4. **配菜要求：**把主料、辅料、调料分别摆放在器皿中。
5. **工艺流程：**煮肉→炸肉→调味→浇汁→蒸制→出锅装盘。
6. **烹调成品菜：**①锅中放水烧开，放入五花肉 4400 克，大火烧开后，

09

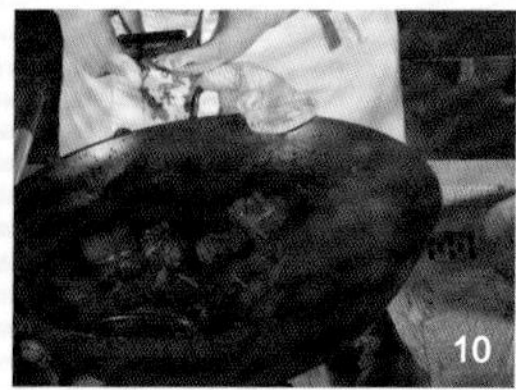
10

11

下入料酒50毫升、大料2克、花椒5克、葱姜各20克、老抽50毫升、盐10克，转小火，炖制30分钟，留原汤备用，五花肉捞出放入盆中，再放入老抽20毫升上色备用。②锅上火，倒入植物油，烧至七成热，下入五花肉炸至金黄，捞出控油。用泡软的马莲草将方肉捆扎，捆好放入碗中备用。③锅上火，倒入少许植物油，放入冰糖50克炒化，放入排骨酱75克、海鲜酱75克、老抽50毫升、料酒50毫升、小茴香10克、大料3克、葱30克、姜10克、香叶3克、桂皮30克，熬至枣红色，加入原汤，加入盐20克、味精5克，浇在方肉上，放入万能蒸烤箱，选择“蒸”模式，温度100℃，湿度100%，蒸制1小时至软糯取出。④锅中放水烧开，放入油菜心500克焯水过凉，摆在盘四周即可。⑤将方肉倒回锅中，大火收汁至浓稠，出锅摆盘即可。

7. **成品菜装盘（盒）**：菜品采用“盛入法”装入盘（盒）中，呈自然堆落状。

马莲草烧方肉，这是一道由淮扬菜稻草烧肉演变而来的菜肴；软糯香甜，肥而不腻，含有丰富的蛋白质以及维生素等营养成分。

成菜标准

①色泽：红亮；②芡汁：少许；③味型：咸鲜、甘甜；④质感：软糯，肥而不腻；⑤成品重量：3540克。

举一反三

采用这种烹饪方法，可以做干豆角烧方肉。

梅干菜烧牛小排

| 制 作 人 | 霍彬虎（中国烹饪大师）
| 操作重点 | 梅干菜适量，不能太多。
| 要领提示 | 牛肉在制作之前要煎制或者炸制一下，锁住牛肉的营养和水分。

原料组成

主料

去骨牛小排 2700 克

辅料

梅干菜 250 克、芦笋 830 克、三色堇 1 盒

调料

盐 35 克、味精 5 克、白糖 70 克、蚝油 110 毫升、生抽 65 毫升、柱候酱 100 克、鱼胶片 200 克、五香粉 5 克、十三香 5 克、大料 5 克、芹菜 100 克、香菜 50 克、洋葱 100 克、葱段 30 克、姜片 30 克、香叶 3 克、桂皮 13 克、白蔻 15 克、花雕酒 115 毫升、水 1500 毫升、植物油 3000 毫升

营养成分

（每 100 克营养素参考值）

能量……106.2 千卡
蛋白质……12.5 克
脂肪……4.3 克
碳水化合物……4.2 克
膳食纤维……0.5 克
维生素 A……6.1 微克
维生素 C……2.2 毫克
钙……24.5 毫克
钾……231.4 毫克
钠……621.1 毫克
铁……2.3 毫克

加工制作流程

1. **初加工：**牛小排洗净、去筋膜；香菜去黄叶、去根，洗净；洋葱去皮，洗净；芹菜洗净；梅干菜要反复清洗，清除杂质，以免有沙子、石粒。
2. **原料成形：**牛小排切成 5 厘米大小的正方形块；香菜、芹菜、洋葱切成 5 厘米的段；芦笋去根留住笋头；梅干菜剁碎。
3. **腌制流程：**取一个器皿，放入切好的牛小排，加入花雕酒 55 毫升、盐 10 克、白糖 20 克、五香粉 3 克、十三香 3 克、柱候酱 40 克、蚝油 60 毫升、生抽 30 毫升、洋葱 100 克、香菜 50 克、芹菜 100 克、姜片 10 克抓匀，腌制 30 分钟，捡出牛肉备用。
4. **配菜要求：**把主料辅料、调料分别摆放在器皿中。

5. 工艺流程：炙锅→滑牛肉→调味→压制→出锅装盘。

6. 烹调成品菜：①锅上火，倒入植物油，油温六成热，下入去骨牛小排 2700 克炸制外表起干金黄、捞出控油。②锅上火烧热，倒入植物油，放入大料 5 克、白蔻 15 克、香叶 3 克、桂皮 13 克、葱段 30 克、姜片 20 克煸香、捞出，放入料包袋中，留底油，放入去骨牛小排煸炒，煸出油，放入梅干菜 250 克，煸炒均匀，加入花雕酒 60 毫升、白糖 50 克、生抽 35 毫升、柱候酱 60 克、十三香 2 克、五香粉 2 克、味精 5 克、盐 20 克、蚝油 50 毫升翻炒均匀，再加入水 1500 毫升，没过牛肉烧开即可，倒入高压锅中，加入鱼胶片 200 克、包好的料包，小火压制 20 分钟。③锅中放水烧开，加入油、盐 5 克，放入芦笋 830 克焯水，捞出过凉，摆在盘底备用。④把压好的牛小排倒入锅中，大火收汁，汁芡浓稠，淋入明油，盛出放在芦笋上即可。⑤出锅后点缀三色堇。

7. 成品菜装盘（盒）：菜品采用“盛入法”装入盘（盒）中，呈自然堆落状。

11

12

13

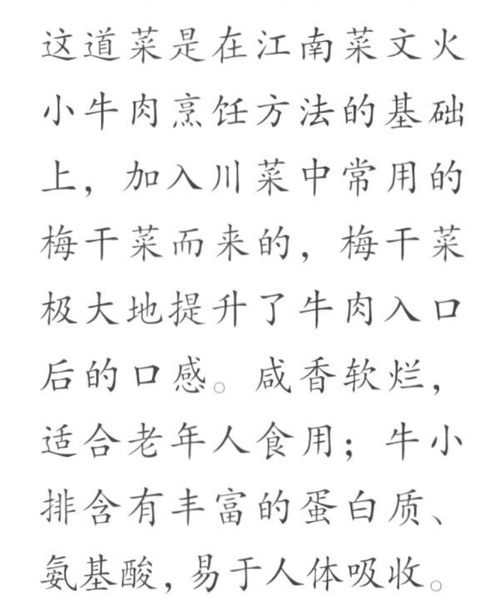

梅干菜烧牛小排，这道菜是在江南菜文火小牛肉烹饪方法的基础上，加入川菜中常用的梅干菜而来的，梅干菜极大地提升了牛肉入口后的口感。咸香软烂，适合老年人食用；牛小排含有丰富的蛋白质、氨基酸，易于人体吸收。

成菜标准

①色泽：浓油赤酱，明亮；②芡汁：少量芡汁；③味型：香浓、咸鲜；④质感：软糯，入口松软；⑤成品重量：2120 克。

滑蛋蒸南己山大黄鱼

| 制 作 人 | 霍彬虎（中国烹饪大师）
| 操作重点 | 掌握好蒸制鱼和蛋羹融合的时间和火候。
| 要领提示 | 蛋羹的比例要掌握好。

原料组成

主料

南己山大黄鱼 1250 克

辅料

土鸡蛋 1000 克、豌豆 50 克、红椒 50 克

调料

花雕酒 250 毫升、清鸡汤 1000 毫升、盐 30 克、味精 15 克、干生粉 20 克、葱姜水 400 毫升、水淀粉 150 毫升（生粉 80 克 + 水 70 毫升）、葱段 30 克、姜片 30 克

营养成分

（每 100 克营养素参考值）

能量 ...... 93.4 千卡
蛋白质 ...... 10.2 克
脂肪 ...... 3.2 克
碳水化合物 ...... 5.8 克
膳食纤维 ...... 0.1 克
维生素 A ...... 65.6 微克
维生素 C ...... 1.9 毫克
钙 ...... 39.7 毫克
钾 ...... 137.3 毫克
钠 ...... 629.4 毫克
铁 ...... 0.9 毫克

加工制作流程

01

02

03

04

05

06

07

08

1. **初加工**：南己山大黄鱼去鳞、去内脏，洗净；红椒去蒂、去粒，洗净。
2. **原料成形**：洗好的南己大黄鱼开背去背骨，切成 2 厘米宽的条状；红椒切末。
3. **腌制流程**：南己山大黄鱼加入葱段、姜片各 30 克、盐 10 克、味精 5 克、花雕酒 100 毫升、干生粉 20 克抓匀，腌制 15 分钟。
4. **配菜要求**：把主料、辅料、调料分别摆放在器皿中。
5. **工艺流程**：调蛋液→蒸蛋液→调味→出锅装盘。

09

10

11

6. 烹调成品菜：①土鸡蛋1000克打入容器，放入葱姜水400毫升、盐10克、花雕酒150毫升打散，加入清鸡汤1000毫升搅拌均匀，过筛。②将蛋液倒入容器，封上保鲜膜，用牙签扎几个洞，放入蒸箱蒸制7分钟，取出，将黄鱼依次码入盘中，再淋上蛋液蒸制5分钟。③锅上火，倒入鸡汤，加入盐、味精各10克调味，盛出一勺烫一下红椒，放入豌豆50克，淋入水淀粉150毫升，盛出浇在蛋羹上，最后撒入红椒50克点缀即可。

7. 成品菜装盘（盒）：菜品采用“盛入法”装入盒中，呈自然堆落状。

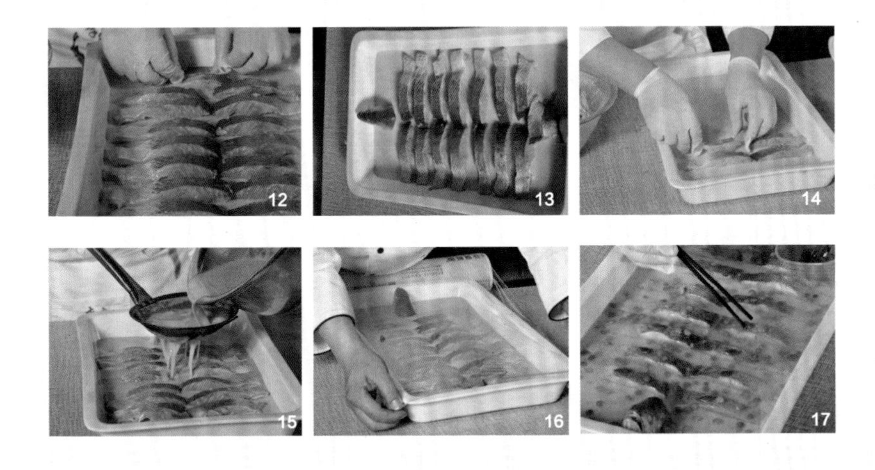

十五年花雕滑蛋蒸南己山大黄鱼选用新鲜的南己山驯化大黄鱼，运用粤菜拆件蒸的手法，辅以土鸡蛋蒸制的滑蛋羹垫底，两者搭配，鱼肉的鲜味和鸡蛋的滑嫩的口感相融合，是一道非常适合老年人食用的清淡鲜美的入口菜品。造型美观，颜色搭配鲜亮；南己山大黄鱼中含有丰富的蛋白质、维生素以及碳水化合物等营养成分。

成菜标准

①色泽：金黄、黄绿相间；②芡汁：少量鸡汤；③味型：咸鲜、甘甜；④质感：爽口嫩滑；⑤成品重量：5020克。

太湖三鲜煮台州豆腐

| 制 作 人 | 霍彬虎（中国烹饪大师）

| 操作重点 | 鸡汤的调制。

| 要领提示 | 豆腐炖制时要掌握好火候，火候不宜过大。

原料组成

主料

台州盐卤豆腐 3000 克

辅料

春笋 300 克、 咸肉 250 克 、太湖白虾 500 克 、青蒜 250 克

调料

鸡汤 200 毫升、盐 10 克、味精 10 克、鸡汁 20 克、胡椒粉 5 克、南瓜蓉 20 克、姜片 30 克、蒜片 30 克、开水 2000 毫升、植物油 50 毫升

营养成分

（每 100 克营养素参考值）

能量 .... 92.1 千卡
蛋白质 .... 7.5 克
脂肪 .... 5.5 克
碳水化合物 .... 3.0 克
膳食纤维 .... 0.6 克
维生素 A .... 9.2 微克
维生素 C .... 1.3 毫克
钙 .... 57.8 毫克
钾 .... 163.2 毫克
钠 .... 146.8 毫克
铁 .... 1.4 毫克

加工制作流程

1. **初加工**：咸肉、太湖白虾、青蒜洗净；春笋去皮，洗净。
2. **原料成形**：将台州盐卤豆腐掰成约 5 厘米无规则块状，用开水烫一下备用；将咸肉切成 0.5 厘米的厚片；青蒜叶切成 3 厘米的段；春笋切成 4 厘米长、大小均匀的滚刀块。
3. **腌制流程**：无。
4. **配菜要求**：把台州盐卤豆腐、春笋、咸肉、太湖白虾、青蒜、调料分别摆放在器皿中。
5. **工艺流程**：炙锅→焯水食材→烹制食材→调味→出锅装盘。
6. **烹调成品菜**：锅上火烧热，倒入植物油 50 毫升，放入咸肉 250 克、

姜片 30 克、蒜片 30 克煸香，依次放入太湖白虾 500 克、春笋 300 克翻炒均匀，再放入鸡汤 200 毫升、开水 2000 毫升烧开，加入味精 10 克、盐 10 克、胡椒粉 5 克、鸡汁 20 克、南瓜蓉 20 克调味，放入台州盐卤豆腐 3000 克烧开收汁，放入青蒜 250 克，即可出锅。

7. 成品菜装盘（盒）： 菜品采用“盛入法”装入盘（盒）中，呈自然堆落状。

12

13

14

太湖三鲜煮台州豆腐的食材选用当前餐饮界比较受欢迎的台州盐卤豆腐，配上江南三鲜：春笋、太湖白虾、农家晾制的土猪咸肉，加入炖制八小时的高汤，小火慢炖，炖至豆腐软嫩入味。鲜香浓郁，含有丰富的蛋白质、氨基酸等营养成分。

成菜标准

①色泽：汤色金黄、加以青蒜提味点缀；②芡汁：宽汤；③味型：咸鲜浓香；④质感：口味浓香，口感软嫩；⑤成品重量：4670 克。

举一反三

采用这种烹饪方法，可以做海杂贝炖台州豆腐。

茴香扣肉

| 制 作 人 | 李建国（中国烹饪大师）
| 操作重点 | 将肉切成夹刀片，不要太薄，但也不能太厚。
| 要领提示 | 五花肉不能煮过火，八成熟较好。

原料组成

主料

净五花肉 2500 克

配料

净茴香 1000 克、净胡萝卜 500 克、净泡发的木耳 500 克、红椒 200 克

调料

植物油 300 毫升、盐 30 克、葱段 70 克、姜片 28 克、蒜片 20 克、料酒 90 毫升、味精 20 克、生抽 65 毫升、糯米粉 850 克、大料 20 克、老抽 100 毫升、水淀粉 60 毫升（生粉 30 克 + 水 30 毫升）、蚝油 190 毫升、白糖 15 克、桂皮 8 克、香叶 1 克、高汤 2000 毫升、水淀粉 60 毫升

营养成分

（每 100 克营养素参考值）

能量	206.2 千卡
蛋白质	6.8 克
脂肪	12.4 克
碳水化合物	16.8 克
膳食纤维	2.0 克
维生素 A	66.9 微克
维生素 C	8.0 毫克
钙	38.3 毫克
钾	143.3 毫克
钠	576.9 毫克
铁	1.9 毫克

加工制作流程

1. **初加工**：五花肉烫皮洗净，放入冷水加葱段、姜片各 20 克、料酒 30 毫升大火烧开改小火，煮 25 分钟捞出。将冷却好的五花肉擦干肉皮，用牙签多扎几个眼，然后刷老抽 20 毫升，晾 1 小时后，放入油锅中炸至深红色，捞出备用。
2. **原料成形**：将炸好的五花肉切成夹刀片；茴香切 0.3 厘米长的段；胡萝卜擦成丝再切成同茴香相同大小的段；泡发木耳切丝、红椒切碎。
3. **腌制流程**：五花肉中放入老抽 30 毫升、蚝油 40 毫升抓拌均匀，撒入糯米粉 850 克搅拌均匀，将切好的茴香碎 1000 克放在大盆中，依次加入盐 5 克、白糖 5 克、胡萝卜丝 500 克、木耳丝 500 克搅拌均匀。

4. 配菜要求：将五花肉片、茴香碎、胡萝卜丝、木耳丝、红椒碎及调料分别摆放在器皿中。

5. 工艺流程：食材腌制→夹馅→制汁→蒸制→出锅装盘。

6. 烹调成品菜：①肉片中夹入制好的茴香馅，肉皮朝上码入盘中。②锅上火烧热，倒入植物油300毫升，下入大料20克、桂皮8克、葱段50克、姜片8克、蒜片20克煸香，加入高汤2000毫升、香叶1克、老抽50毫升、蚝油150毫升、味精15克、白糖10克、料酒60毫升、生抽65毫升、盐20克煮开，捞去料渣，勾入水淀粉60毫升，淋入明油，倒入盛有五花肉的盘中，封上保鲜膜，放入万能蒸烤箱，选择“蒸”模式，温度100℃，湿度100%，蒸60分钟。③锅上火烧热，倒入红椒碎200克、盐5克、味精5克快速翻炒出锅，点缀在肉片上即可。

7. 成品菜装盘（盒）：菜品采用“摆入法”装入盘（盒）中。

茴香扣肉是由梅菜扣肉演变而来的一道美食，操作简单，好吃下饭，肥而不腻，茴香味突出。五花肉含有优质蛋白，容易被人体消化和吸收，茴香中的胡萝卜素和钙的含量很高。

成菜标准

①色泽：枣红色；②芡汁：薄芡；③味型：咸鲜；④质感：肉质软糯，香味突出；⑤成品重量：3500克。

举一反三

茴香可以换成西葫芦、紫菜、红豆等。

三色鸭丝

| 制 作 人 | 李建国（中国烹饪大师）
| 操作重点 | 熟化过程中，先放胡萝卜和鸭丝，最后放豆芽和青笋。
| 要领提示 | 鸭丝、胡萝卜丝、笋丝的刀工要均匀；鸭肉腌制时上浆饱满，但也要避免上浆过厚。

原料组成

主料

净鸭胸肉 3000 克

辅料

净绿豆芽 1000 克、净胡萝卜 500 克、净莴笋 500 克

调料

盐 30 克、白胡椒粉 5 克、玉米淀粉 70 克、味精 15 克、料酒 75 毫升、葱姜各 30 克、白醋 20 毫升、高汤 200 毫升、水淀粉 130 毫升（生粉 65 克 + 水 65 毫升）、鸡蛋清 100 克、植物油 1500 毫升

营养成分

（每 100 克营养素参考值）

能量 .... 68.8 千卡
蛋白质 .... 9.1 克
脂肪 .... 0.8 克
碳水化合物 .... 6.1 克
膳食纤维 .... 0.4 克
维生素 A .... 33.1 微克
维生素 C .... 2.3 毫克
钙 .... 12.8 毫克
钾 .... 117.6 毫克
钠 .... 293.7 毫克
铁 .... 2.6 毫克

加工制作流程

1. **初加工**：鸭胸肉用白醋 10 毫升洗净，攥干水分；葱姜、胡萝卜、莴笋去皮，洗净；绿豆芽洗净。

2. **原料成形**：鸭胸肉、胡萝卜、莴笋均切成长 10 厘米、宽 0.5 厘米见方丝，葱姜切末。

3. **腌制流程**：把攥干的鸭胸肉放入容器中，加入味精 5 克、盐 5 克、料酒 60 毫升、白醋 20 毫升抓均，放入鸡蛋清 100 克搅拌均匀，放入水继续搅拌，分次放入玉米淀粉 70 克，封油腌制 10 分钟；胡萝卜丝、绿豆芽、莴笋丝分别用葱油、盐 10 克、味精 5 克搅拌均匀。

4. **配菜要求**：将鸭胸丝、胡萝卜丝、莴笋丝、绿豆芽、胡萝卜丝、调料分别摆放在器皿中。

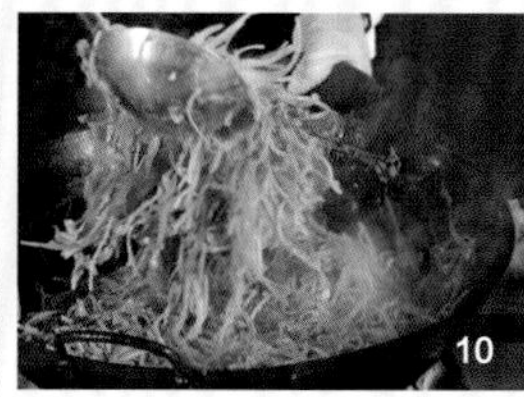

三色鸭丝是从淮扬菜三色鱼丝演变而来的菜品，深受美食爱好者的欢迎。色泽鲜艳，口感清脆，鸭肉中蛋白质含量很高，但脂肪含量极低，胡萝卜中含有丰富的胡萝卜素。

5. 工艺流程：食材腌制→食材处理→烹饪熟化食材→出锅装盘。

6. 烹调成品菜：①把腌制好的胡萝卜丝、绿豆芽、莴笋丝放入万能蒸烤箱中，选择“蒸”模式，温度105℃，湿度100%，分别蒸制4分钟、2分钟、1分钟。②锅上火烧热，锅中放入植物油1000毫升，油温五成热时，下入鸭胸肉丝3000克，滑熟捞出，控油。③调碗汁：把葱姜各30克、盐15克、胡椒粉5克、味精5克、料酒15毫升、高汤200毫升、水淀粉130毫升放入碗中搅拌均匀。④锅上火烧热，锅中放入植物油50毫升，下入胡萝卜丝，炒出水汽，放入鸭丝继续翻炒均匀，放入豆芽，烹入碗汁翻炒均匀，最后倒入笋丝勾芡即可。

成菜标准

①色泽：白、绿、红相间；②芡汁：包汁利芡；③味型：咸鲜；④质感：鸭肉鲜嫩，素菜清爽；⑤成品重量：4800克。

举一反三

采用这种烹饪方法，可以做三色肉丝、三色鸡丝。

酸辣袈裟肉

| 制 作 人 | 李建国（中国烹饪大师）
| 操作重点 | 蛋皮饼改刀切条时，要用剁刀法成形更好；炸肉条时，要在五成热时下锅，效果更佳。
| 要领提示 | 摊鸡蛋皮要加入一定量的湿淀粉，抹肉馅时要薄厚均匀，封口时要刷点水淀粉。

原料组成

主料

净鸡蛋液 2800 克

配料

净猪肉馅 1000 克、土豆条 1000 克

调料

盐 15 克、蚝油 70 毫升、胡椒粉 15 克、葱姜各 30 克、鸡蛋液 200 克、水淀粉 450 毫升（生粉 225 克 + 水 225 毫升）、干辣椒段 15 克、五香粉 5 克、味精 10 克、料酒 75 毫升、酸醋 100 毫升、生抽 40 毫升、高汤 500 毫升、植物油 2000 毫升

营养成分

（每 100 克营养素参考值）

能量 .... 180.1 千卡
蛋白质 .... 10.1 克
脂肪 .... 11.1 克
碳水化合物 .... 9.9 克
膳食纤维 .... 0.3 克
维生素 A .... 126.2 微克
维生素 C .... 2.5 毫克
钙 .... 35.0 毫克
钾 .... 200.0 毫克
钠 .... 353.0 毫克
铁 .... 1.7 毫克

加工制作流程

1. **初加工**：葱、姜去皮，洗净。
2. **原料成形**：葱、姜切成米粒大小。
3. **腌制流程**：在猪肉馅中加入料酒 30 毫升、五香粉 5 克、盐 5 克、味精 5 克、胡椒粉 10 克、蚝油 70 毫升拌匀，放入姜 10 克，鸡蛋液 200 克拌匀，放入生抽 10 毫升抓匀，最后放入葱花 10 克抓匀备用。
4. **配菜要求**：将蛋液、猪肉馅、土豆条、调料分别摆放在器皿中。
5. **工艺流程**：食材腌制→食材处理→烹饪熟化食材→出锅装盘。

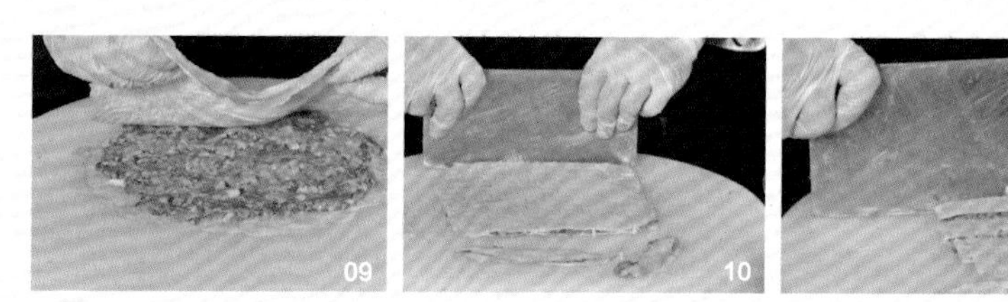

6. 烹调成品菜：①土豆条1000克放入盐5克、味精5克，放入蒸盘中，放入万能蒸烤箱，选择“蒸”模式，温度100℃，湿度100%，蒸2分钟。②将鸡蛋液2800克放入碗中打散后，加入水淀粉100毫升。③锅上火烧热，放入植物油，将鸡蛋液摊成鸡蛋皮。④将鸡蛋皮铺平，抹一层水淀粉，铺上肉馅抹平后，上面再铺上一张蛋皮拍平；将夹肉蛋皮饼拍平后用刀切成条。⑤锅上火烧热，锅中放入植物油，油温六成热时，下入土豆条炸熟捞出。油温五成热时，下入肉条炸熟，再过一次油后捞出。⑥锅上火烧热，放入植物油，下入葱、姜米各20克、干辣椒段15克、下入高汤500毫升、生抽30毫升、料酒45毫升、盐5克、酸醋100毫升、胡椒粉5克、蚝油70毫升，用水淀粉50毫升勾芡，下入肉条翻炒均匀即可。

7. 成品菜装盘（盒）：菜品采用“盛入法”装入盘（盒）中，呈自然堆落状。

12

13

14

酸辣架浆肉是西北的一道传统名菜，也是当地过年过节时家家必做的一道菜，受到广大食客的好评。外酥里嫩，肉馅鲜香，含有丰富的蛋白质。

成菜标准

①色泽：红黄绿相间；②芡汁：薄芡；③味型：酸辣可口；④质感：外酥里嫩；⑤成品重量：4500克。

举一反三

茴香可以换成西葫芦、紫菜、红豆等。

虾仁芦笋炒鸭丁

| 制 作 人 | 李建国（中国烹饪大师）
| 操作重点 | 熟化过程中，先放素菜，提升温度，下入鸭丁、虾仁、鸡蛋后，迅速烹汁，缩短烹调时间。
| 要领提示 | 鸭丁刀工均匀；虾仁上浆要饱满，鸡蛋不能炒太老。

原料组成

主料

净鸭胸肉 2000 克

辅料

净虾仁1500克、鸡蛋液500克、净芦笋 500 克、红椒 50 克

调料

盐 30 克、胡椒粉 10 克、玉米淀粉 120 克、味精 10 克、料酒 130 毫升、葱花 30 克、姜米 7 克、蒜片 10 克、水淀粉 26 克（生粉 13 克 + 水 13 毫升）、鸡蛋清 213 克、蚝油 120 毫升、白醋 20 毫升、高汤 300 毫升、植物油 3000 毫升

营养成分

（每 100 克营养素参考值）

能量	117.9 千卡
蛋白质	19.4 克
脂肪	2.1 克
碳水化合物	5.4 克
膳食纤维	0.4 克
维生素 A	28.2 微克
维生素 C	1.7 毫克
钙	161.8 毫克
钾	264.4 毫克
钠	166.64 毫克
铁	5.0 毫克

加工制作流程

01

03

04

05

06

07

08

1. **初加工：**鸭胸肉用白醋 20 毫升洗净，擦干水分；葱、姜、蒜去皮，洗净；鸡蛋打入碗中加入盐 5 克搅拌均匀；芦笋去皮，洗净；虾仁洗净，沥干水分。
2. **原料成形：**鸭胸肉切成 1.5 厘米见方丁，芦笋切成长 2 厘米段。
3. **腌制流程：**把擦干的鸭胸肉丁放入容器中，加入味精 3 克，盐 5 克、料酒 50 毫升抓匀，放入鸡蛋液继续抓拌，再放入胡椒粉 3 克、玉米淀粉 60 克搅拌上浆，封油腌制 10 分钟；虾仁放入容器中，加入盐 5 克、味精 2 克、胡椒粉 3 克、料酒 30 毫升搅拌均匀，放入鸡蛋清 213 克抓匀，再放入玉米淀粉 60 克，封油腌制 10 分钟；芦笋丝中加入料酒 20 毫升、盐 5 克、味精 1 克搅拌均匀。

09

10

11

4. 配菜要求：将鸭胸肉丁、鸡蛋液、芦笋丁、虾仁、红椒、调料分别摆放在器皿中。

5. 工艺流程：食材腌制→食材处理→烹饪熟化食材→出锅装盘。

6. 烹调成品菜：①锅上火烧热，锅中放入植物油，油温五成热时，分别下入虾仁 1500 克、鸭胸肉丁 2000 克，轻轻推动，滑熟捞出，控油。②锅上火烧热，锅中放入植物油，倒入鸡蛋液炒至蓬松，捞出备用。③锅中放水烧开，加盐 5 克，放入芦笋 500 克焯水，焯熟后捞出控水备用。④调碗汁：把盐 5 克、味精 4 克、胡椒粉 4 克、料酒 30 毫升、葱花 30 克、姜米 7 克、蒜片 10 克、蚝油 120 毫升、高汤 300 毫升、水淀粉 26 克放入碗中搅拌均匀。⑤锅上火烧热，锅中放入植物油 50 毫升，下入芦笋煸炒，下入鸭胸肉丁、虾仁继续翻炒均匀，烹入碗汁，放入鸡蛋翻炒均匀，出锅即可。⑥锅上火烧热，倒入色拉油，放入红椒 50 克煸炒成熟，出锅撒在成品菜上即可。

7. 成品菜装盘（盒）：菜品采用“盛入法”装入盘（盒）中，呈自然堆落状。

12

13

14

虾仁芦笋炒鸭丁是以鲁菜——鸡里蹦为基础演变而来的一道菜，用虾仁、鸭丁、鸡蛋、芦笋来制作，不仅色泽美观，而且营养丰富，是一道深受大家欢迎的家常菜。软嫩鲜香，多种食材搭配，含有丰富的维生素和蛋白质。

成菜标准

①色泽：白、黄、绿、红相间；②芡汁：包汁利芡；③味型：咸鲜；④质感：鸭丁肉质软嫩，鸡蛋鲜香，芦笋清香；⑤成品重量：4500 克。

举一反三

采用这种烹饪方法，可以做虾仁芦笋炒肉丁、虾仁芦笋炒羊肉丁。

鳕鱼烧豆腐

| 制 作 人 | 李建国（中国烹饪大师）
| 操作重点 | 要先炖豆腐，待豆腐入味后再放入鳕鱼。
| 要领提示 | 炸豆腐的油温要六成热，炸鳕鱼的油温要六成热。

原料组成

主料

净鳕鱼 2000 克

配料

净北豆腐 2000 克，净青、红尖椒各 500 克

调料

盐 25 克 、胡椒粉 5 克、面粉 200 克、味精 15 克、料酒 80 毫升、葱姜蒜末各 30 克、干红椒段 2 克、黄豆酱 50 克、生抽 40 毫升、老抽 5 毫升、豆豉 50 克、白糖 10 克、水淀粉 260 克、高汤 300 毫升、植物油 2000 毫升

营养成分

（每 100 克营养素参考值）

能量................. 100.8 千卡
蛋白质 ....11.7 克
脂肪..........................3.3 克
碳水化合物................6.2 克
膳食纤维...................0.6 克
维生素 A .... 7.9 微克
维生素 C .... 23.0 毫克
钙 .... 57.9 毫克
钾 .... 202.8 毫克
钠 .... 355.5 毫克
铁 .... 1.1 毫克

加工制作流程

1. **初加工**：青、红尖椒去蒂，洗净。
2. **原料成形**：北豆腐切成长 2 厘米块，鱼肉切成长 3 厘米块，青红尖椒顶刀切圈。
3. **腌制流程**：鳕鱼块加入盐 10 克、胡椒粉 5 克、味精 5 克、料酒 30 毫升抓匀，放入面粉 200 克，腌制 10 分钟。
4. **配菜要求**：将主料、配料、调料分别摆放在器皿中。
5. **工艺流程**：食材腌制→食材处理→烹饪熟化食材→出锅装盘。

鳕鱼烧豆腐是一道东北炖菜，主要材料有鳕鱼、豆腐等，既健康又补钙，适合所有人食用，鲜香四溢，鳕鱼低脂肪、高蛋白质，营养价值很高。

6. **烹调成品菜：**①锅上火烧热，放入植物油，油温六成热时，下入北豆腐 2000 克，炸至浅黄色，捞出控油备用。待油温重新降至五成热，下入鳕鱼块 2000 克，炸至金黄，捞出控油备用。②锅上火烧热，锅中放入植物油，放入葱姜蒜末各 30 克、干红椒段 2 克炒香，放入豆豉 50 克、黄豆酱 50 克炒香，加入白糖 10 克、高汤 300 毫升、盐 15 克、味精 10 克、料酒 50 毫升、生抽 40 毫升、老抽 5 毫升烧开，放入北豆腐炖 5 分钟后，放入鳕鱼块炖熟，放入水淀粉 260 克勾芡即可。③锅上火烧热，倒入色拉油，放入青红尖椒各 500 克，炒至断生，出锅撒在豆腐上。
7. **成品菜装盘（盒）：**菜品采用“盛入法”装入盘（盒）中，呈自然堆落状。

成菜标准

①色泽：红绿相间；②芡汁：汁芡饱满；③味型：咸鲜；④质感：豆腐软嫩、鳕鱼鲜香；⑤成品重量：4800 克。

举一反三

可以把鳕鱼换成其他鱼。

东江釀豆腐

| 制 作 人 | 林进（中国烹饪大师）
| 操作重点 | 蒸制时间不要太长，掌握好火候。
| 要领提示 | 豆腐最好选择卤水豆腐，改刀前先加入底味汆烫一下；干咸鱼要提前用温水浸泡 30 分钟。

原料组成

主料

猪肉末 300 克（肥瘦比例 7:3）、豆腐 2500 克

辅料

干咸鱼 200 克、香葱 50 克、鸡蛋液 100 克

调料

葱末 20 克、姜末 30 克、盐 25 克、胡椒粉 5 克、生抽 30 毫升、料酒 50 毫升、葱姜水 100 毫升、鸡汤 300 毫升、水淀粉 70 毫升（生粉 30 克 + 水 40 毫升）、玉米淀粉 30 克

营养成分

（每 100 克营养素参考值）

能量	118.9 千卡
蛋白质	8.7 克
脂肪	7.1 克
碳水化合物	5.1 克
膳食纤维	0.3 克
维生素 A	8.1 微克
维生素 C	0.2 毫克
钙	63.6 毫克
钾	122.8 毫克
钠	380.3 毫克
铁	1.4 毫克

加工制作流程

1. **初加工**：锅上火烧热，放入水烧开，加盐 5 克，放入豆腐 2500 克煮两分钟后捞出晾凉；干咸鱼 200 克泡水半小时，取肉剁碎。
2. **原料成形**：煮后的豆腐切成 4 厘米长、2 厘米宽、1 厘米厚的块。
3. **腌制流程**：猪肉末 300 克放入生食盒中，加入盐 10 克、料酒 30 毫升、胡椒粉 2 克、生抽 20 毫升搅拌均匀，加入葱末 20 克、姜末 30 克摔打上劲，之后加入葱姜水 100 毫升（分次加入，1 斤肉馅加入 1 两葱姜水）摔打上劲。再加入鸡蛋液 100 克、玉米淀粉 20 克和干咸鱼碎 200 克拌匀，挤成 15 克每个的小丸子。
4. **配菜要求**：把准备好的主料、辅料和调料分别放在器皿中。

5. 工艺流程：食材腌制→食材处理→烹饪熟化食材→出锅装盘。

6. 烹调成品菜：①在切好的豆腐上挖一个小圆坑放入蒸盘中，均匀撒上盐 5 克、胡椒粉 1 克、玉米淀粉 10 克，沾水轻轻把小丸子摁在豆腐坑中，封上保鲜膜扎眼。②放入万能蒸烤箱中，选择“蒸”模式，温度 100℃，湿度 100%，蒸制 15 分钟取出。③把蒸豆腐的汤汁倒入锅中，加入鸡汤 300 毫升、生抽 10 毫升、盐 5 克、胡椒粉 2 克、料酒 20 毫升烧开后，加入水淀粉 70 毫升勾芡，浇在豆腐丸子上即可，撒上香葱花 50g。

7. 成品菜装盘（盒）：菜品采用“码放法”装入盘（盒）中，整齐划一。

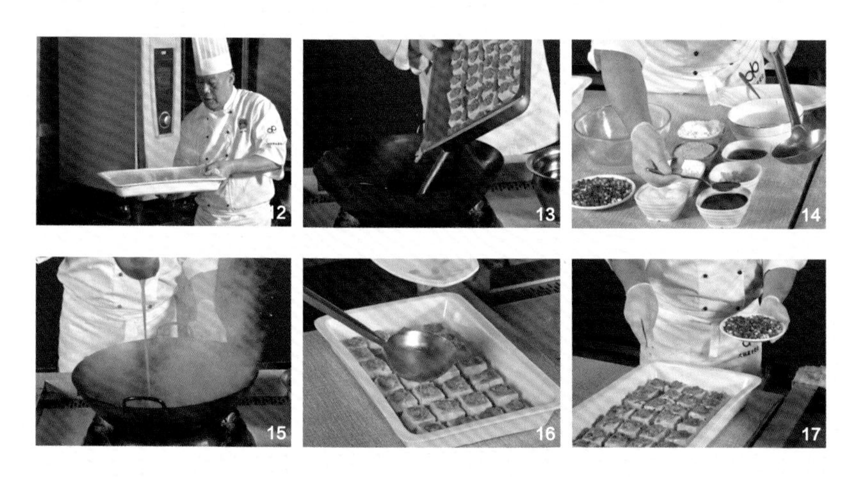

东江釀豆腐是由广东客家菜演变而来的菜品，颜色明亮，豆腐口感软滑，咸鱼气味清香，含有丰富的蛋白质、氨基酸、矿物质等营养成分。

成菜标准

①色泽：色泽明亮；②芡汁：薄汁靓芡；③味型：气味清香；④质感：口感软滑；⑤成品重量：2700 克。

举一反三

采用这种烹饪方法，可以做肉圆子、虾丸子。

粉蒸牛肉

| 制　作　人 | 林进（中国烹饪大师）
| 操作重点 | 炒制豆瓣酱时，要炒出红油，炒至酥香。
| 要领提示 | 炒制米粉时，要炒至酥香，在粉碎时要有颗粒状；牛肉顶刀切片。

原料组成

主料

牛里脊 3500 克

辅料

香葱 50 克、香菜 50 克、糯米 500 克、大米 300 克、蛋清 80 克

调料

葱末 30 克、姜末 30 克、盐 4 克、胡椒粉 3 克、酱油 63 毫升、豆瓣酱 300 克、花椒 10 克、桂皮 5 克、花椒面 5 克、辣椒面 5 克、葱姜水 240 毫升、葱油 140 毫升、植物油 300 毫升

营养成分

（每 100 克营养素参考值）

能量	182.3 千卡
蛋白质	16.1 克
脂肪	6.4 克
碳水化合物	15.1 克
膳食纤维	0.4 克
维生素 A	9.7 微克
维生素 C	0.6 毫克
钙	27.3 毫克
钾	230.0 毫克
钠	499.1 毫克
铁	3.7 毫克

加工制作流程

1. **初加工**：牛里脊、香葱、香菜洗净备用。
2. **原料成形**：牛里脊切 3 厘米长、2 厘米宽、0.5 厘米厚的片，香葱和香菜切末。
3. **腌制流程**：牛里脊中放入酱油 63 毫升搅拌均匀，放入姜末 30 克、葱末 30 克搅拌，再放入盐 4 克、胡椒粉 3 克搅拌均匀，分次加入葱姜水 240 毫升打匀，腌制 15 分钟备用。
4. **配菜要求**：把准备好的主料、辅料和调料分别放在器皿中。
5. **工艺流程**：食材腌制→食材处理→烹饪熟化食材→出锅装盘。

6. 烹调成品菜：①糯米 500 克和大米 300 克加桂皮 5 克、大料 5 克小火慢慢炒至金黄，放入花椒 10 克，一起磨碎成颗粒状，取 300 克备用。②豆瓣酱 300 克剁碎，用植物油 150 毫升小火炒至香酥，倒出放凉。③腌制好的牛里脊片加入炒好的豆瓣酱、蛋清 80 克搅拌，放入炒好的米粉 300 克拌至均匀，放入葱油 140 毫升，码放到蒸盘上，放入万能蒸烤箱中，选择“蒸”模式，温度 100℃，湿度 100%，蒸制 30 分钟取出，撒上辣椒面 5 克、花椒面 5 克。④锅上火烧热，放入植物油 150 毫升，油温烧到 210℃至 240℃时，浇在花椒面、辣椒面上，撒上香葱 50 克、香菜 50 克即可。

7. 成品菜装盘（盒）：菜品采用“盛入法”装入盘（盒）中，呈自然堆落状。

粉蒸牛肉由云南菜演变而成，牛肉软糯滑嫩，米粉干香，微麻辣，牛肉中含有丰富的蛋白质、氨基酸等营养成分。

成菜标准

①色泽：红亮；②芡汁：无；③味型：咸鲜，微麻辣；④质感：牛肉软糯滑嫩，米粉干香；⑤成品重量：3610克。

举一反三

采用这种烹饪方法，可以做粉蒸肉、粉蒸鸡肉。

煎烹鸡腿

| 制 作 人 | 林进（中国烹饪大师）
| 操作重点 | 鸡腿肉煎制三成熟，烤制时要注意时间和火候。
| 要领提示 | 鸡腿肉片薄厚均匀，要轻轻剞刀，斩断筋膜。

原料组成

主料

去骨鸡腿 3000 克

辅料

洋葱 1000 克、胡萝卜 300 克、芹菜 300 克、土豆 600 克、西红柿 600 克

调料

黑胡椒碎 13 克、盐 35 克、红酒 180 毫升、酱油 40 毫升、植物油 1500 毫升

营养成分

（每 100 克营养素参考值）

能量………………94.9 千卡
蛋白质………………11.0 克
脂肪………………3.8 克
碳水化合物………………4.3 克
膳食纤维………………0.4 克
维生素 A………………32.5 微克
维生素 C………………5.0 毫克
钙………………7.9 毫克
钾………………210.7 毫克
钠………………313.2 毫克
铁………………1.2 毫克

加工制作流程

1. **初加工**：鸡腿洗净；洋葱、胡萝卜、土豆去皮，洗净；芹菜洗净，去叶；西红柿去蒂，洗净。
2. **原料成形**：洋葱、胡萝卜、芹菜切成长 5 厘米、宽 0.5 厘米丝，土豆切成长 5 厘米、宽 2 厘米斜刀块，西红柿切滚刀块。
3. **腌制流程**：把鸡腿肉片放入生食盒中，加入盐 35 克、黑胡椒碎 13 克、红酒 100 毫升、加入三分之一洋葱丝、胡萝卜丝 300 克、芹菜丝 300 克搅拌均匀，腌制 20 分钟，挑出洋葱丝、胡萝卜丝、芹菜丝，铺在烤盘上备用。
4. **配菜要求**：把准备好的主料、辅料和调料分别放在器皿中。

5. **工艺流程**：食材腌制→食材处理→烹饪熟化食材→出锅装盘。

6. **烹调成品菜**：①锅上火烧热，放入植物油，油温六成热时，放入土豆块，炸至定型，捞出控油。待油温升到七成热时，复炸土豆块，炸成金黄色，捞出控油，放在烤盘上。②平底锅上火烧热，加入底油，油温四至五成热时，下入鸡腿肉片，鸡腿肉片带皮的一面朝下，当皮紧缩时，把鸡腿肉片翻面（看到微微上一点颜色），两面的颜色差不多时盛出，皮朝上，码在胡萝卜丝、芹菜丝、洋葱丝烤盘上面，剩余的油倒在烤盘里面。③把带鸡腿的烤盘放入烤箱烤中，选择“烤”模式，温度240℃至250℃，湿度40%，烤制10至15分钟取出，留下鸡腿，挑出胡萝卜丝、洋葱丝、芹菜丝。④把西红柿、土豆烤盘放入烤箱中烤，选择“烤”模式，温度240℃至250℃，湿度40%，烤制3分钟取出。⑤平底锅上火，放入底油烧热，放入2/3洋葱丝煸香，放入鸡腿肉片，加入红酒80毫升、沿锅边烹入酱油40毫升翻炒均匀，挑出鸡腿肉，改刀切块。⑥把洋葱放入布菲盘底部，把鸡腿肉块码放在洋葱丝上面，土豆、西红柿围边即可。

7. **成品菜装盘（盒）**：菜品采用“码放法”装入盘（盒）中，整齐划一。

煎烹鸡腿是一道中西结合的菜品，色泽红亮，味道干香，口感滑嫩，含有丰富的蛋白质、氨基酸、矿物质等营养成分。

成菜标准

①色泽：色泽红亮；②芡汁：无；③味型：味道干香；④质感：口感滑嫩；⑤成品重量：3440克。

举一反三

食材选用牛肉、鱼肉都可以。

元宝肉

| 制　作　人 | 林进（中国烹饪大师）
| 操作重点 | 蒸制的火候和时间要把握好。
| 要领提示 | 调馅时，口味适中。

原料组成

主料

猪肉馅 2000 克、鹌鹑蛋 500 克

辅料

香葱 50 克、荸荠 500 克

调料

大葱 50 克、姜 30 克、盐 20 克、胡椒粉 3 克、料酒 100 毫升、生抽 10 毫升、葱姜水 200 毫升、高汤 380 毫升、蛋清 100 克、水淀粉 100 克、玉米淀粉 60 克

营养成分

（每 100 克营养素参考值）

能量 .... 250.9 千卡
蛋白质 .... 9.2 克
脂肪 .... 20.7 克
碳水化合物 .... 7.1 克
膳食纤维 .... 0.2 克
维生素 A .... 59.0 微克
维生素 C .... 1.1 毫克
钙 .... 14.7 毫克
钾 .... 172.0 毫克
钠 .... 304.2 毫克
铁 .... 1.6 毫克

加工制作流程

1. **初加工：**香葱洗净。
2. **原料成形：**荸荠剁碎，大葱、姜切末，香葱切葱花。
3. **腌制流程：**将猪肉馅 2000 克放入生食盒中拌匀，加入大葱末 50 克、姜末 30 克、盐 20 克、胡椒粉 3 克、料酒 100 毫升、生抽 10 毫升打匀至上劲，加入荸荠碎 500 克继续摔打上劲，再加入葱姜水 200 毫升、蛋清 100 克、玉米淀粉 60 克摔打上劲，腌制备用。
4. **配菜要求：**把准备好的主料、辅料和调料分别放在器皿中。
5. **工艺流程：**食材腌制→食材处理→烹饪熟化食材→出锅装盘。

6. **烹调成品菜：**①将腌制好的猪肉馅做成 50 克每个的丸子，整齐摆放在蒸盘上，轻轻按扁，在丸子上按一个小坑，将鹌鹑蛋打入丸子的小坑内。②放入万能蒸烤箱中，选择“蒸”模式，温度 100℃，湿度 100%，蒸制 15 分钟取出。③把蒸盘中的汤汁倒入锅中，加入水淀粉 100 克勾芡，浇在元宝肉上，撒入香葱花 50 克即可。

7. **成品菜装盘（盒）：**菜品采用“盛入法”装入盘（盒）中，呈自然堆落状。

12

13

14

元宝肉是一道家常菜，这道菜的做法有很多，这里是把鸡蛋换成鹌鹑蛋，采用蒸的方法制作。色泽淡红，口感软嫩，入口即化，老少皆宜，含有丰富的蛋白质、氨基酸等营养成分。

成菜标准

①色泽：色泽淡红；②芡汁：玻璃芡；③味型：咸鲜；④质感：软嫩，入口即化，老少皆宜；⑤成品重量：2430 克。

举一反三

食材换成虾、牛肉、豆腐均可制作。

芝士烤巴沙鱼

| 制 作 人 | 林进（中国烹饪大师）
| 操作重点 | 打奶油汁时，掌握好面粉和黄油的比例，注意稀稠度。
| 要领提示 | 巴沙鱼解冻后，要沥干水分，水分不要太大。

原料组成

主料

巴沙鱼 4000 克

辅料

圆葱 300 克、胡萝卜 300 克、芹菜 300 克、牛奶 1700 毫升、鸡蛋液 500 克、芝士粉 140 克、白葡萄酒 370 毫升、面粉 500 克、白面包糠 20 克

调料

盐 30 克、胡椒粉 5 克、黄油 500 克、植物油 200 毫升

营养成分

（每 100 克营养素参考值）

能量	101.5 千卡
蛋白质	10.9 克
脂肪	3.1 克
碳水化合物	7.6 克
膳食纤维	0.2 克
维生素 A	38.4 微克
维生素 C	1.1 毫克
钙	60.3 毫克
钾	230.1 毫克
钠	59.7 毫克
铁	1.2 毫克

加工制作流程

01

02

03

04

05

06

07

08

1. **初加工：**巴沙鱼解冻洗净；圆葱、胡萝卜去皮、去根，洗净；芹菜去叶、去根，洗净。
2. **原料成形：**将解冻洗净的巴沙鱼沥干水分，用吸水纸巾沾干，改刀 8 厘米长、2 厘米厚的鱼块；圆葱、胡萝卜、芹菜切丝。
3. **腌制流程：**将巴沙鱼块放入生食盒中，加入盐 10 克、胡椒粉 2 克、白葡萄酒 150 毫升搅拌均匀，再加入二分之一的圆葱丝、二分之一的胡萝卜丝、二分之一的芹菜丝，放入鱼块中，继续搅拌均匀，腌制 15 分钟，分别挑出配料和鱼片。
4. **配菜要求：**将准备好的主料、辅料和调料分别放在器皿中。
5. **工艺流程：**食材腌制→食材处理→烹饪熟化食材→出锅装盘。

09

10

11

6. 烹调成品菜：①调糊：在鸡蛋液 500 克中加入盐 5 克打散，加入面粉 500 克顺时针搅拌均匀，调成鸡蛋面糊备用。②将巴沙鱼块 4000 克均匀沾裹鸡蛋面糊拌匀。平底锅上火，锅中放入植物油，油温四成热时，放入鱼块，煎至两面金黄色（八成熟），码放在布菲盘中。③锅上火烧热，锅中放入黄油，小火炒面粉炒至淡黄色（炒熟，炒香），慢慢加入开水拌匀，加入牛奶 1700 毫升继续拌匀，加盐 15 克、胡椒粉 3 克、白葡萄酒 220 毫升，调成浓稠汁浇在鱼上。均匀地撒上芝士粉 140 克和白面包糠 20 克，淋入预热后的黄油 500 克，放进万能蒸烤箱中，选择“烤”模式，温度 280℃，烤制 6 分钟至两面金黄，出锅即可。

7. 成品菜装盘（盒）：菜品采用“码放法”装入盘（盒）中，整齐划一。

芝士烤巴沙鱼是由俄式“芝士烤鱼”演变而来的菜品，芝士奶香浓郁，口感软滑，含有丰富的蛋白质、氨基酸、矿物质等营养成分。

成菜标准

①色泽：色泽金黄；②芡汁：无；③味型：芝士奶香浓郁；④质感：口感软滑，老少皆宜；⑤成品重量：6450 克。

举一反三

采用这种烹饪方法，可以做芝士烤大虾、芝士烤菜花。

菠萝咕咾鱼片

| 制 作 人 | 刘建民（中国烹饪大师）
| 操作重点 | 鱼片炸制时，一定要复炸，炸至外焦里嫩。
| 要领提示 | 鱼片一定要腌制入味；汁芡要浓稠些。

原料组成

主料

鲈鱼片 3500 克

配料

菠萝 1000 克、胡萝卜 200 克、青椒 300 克

调料

番茄酱 100 克、盐 25 克、白糖 150 克、白醋 50 毫升、水淀粉 200 毫升（生粉 100 克 + 水 100 毫升）、干玉米淀粉 50 克、胡椒粉 15 克、料酒 50 毫升、葱段 20 克、姜片 20 克、水 600 毫升、植物油 1500 毫升

营养成分

（每 100 克营养素参考值）

能量 .... 98.6 千卡
蛋白质 .... 12.0 克
脂肪 .... 2.2 克
碳水化合物 .... 7.7 克
膳食纤维 .... 0.4 克
维生素 A .... 25.1 微克
维生素 C .... 10.7 毫克
钙 .... 92.6 毫克
钾 .... 183.7 毫克
钠 .... 275.6 毫克
铁 .... 1.6 毫克

加工制作流程

1. **初加工：**鲈鱼片洗净备用，菠萝、胡萝卜、黄瓜去皮洗净备用。
2. **原料成形：**将菠萝、胡萝卜、黄瓜切成滚刀块。
3. **腌制流程：**将鲈鱼片 3500 克放入生食盒中，加入盐 10 克、胡椒粉 5 克、料酒 20 毫升、葱段、姜片各 20 克抓匀，腌制 10 分钟。
4. **配菜要求：**将鲈鱼片、菠萝、胡萝卜、青椒及调料分别放在器皿中。
5. **工艺流程：**腌制鱼片→炸制鱼片和辅料→调汁→熟化食材→出锅装盘。
6. **烹调成品菜：**①在腌好的鲈鱼片中加入水淀粉 100 毫升抓匀，挑出

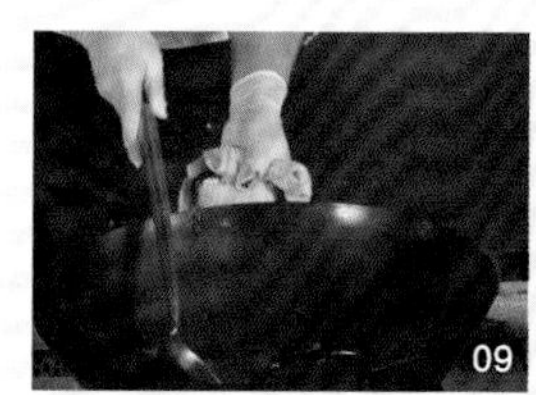

葱姜，滚入干玉米淀粉 50 克拌匀，抖去多余的淀粉备用。②锅上火烧热，放入植物油，油温六成热时，下入鲈鱼片炸熟后，捞出备用。待油温重新升到八成热时，放入炸熟的鱼片，炸至金黄，捞出控油。分别放入胡萝卜 200 克、菠萝 1000 克、青椒 300 克余油，捞出备用。③锅上火烧热，放入植物油，放入番茄酱 100 克煸炒出红油，加入水 600 毫升，加入料酒 30 毫升，盐 15 克、胡椒粉 10 克、白糖 150 克、白醋 50 毫升烧开，加入水淀粉 100 毫升勾芡，淋入明油，倒入炸好的鱼片、胡萝卜、青椒、菠萝翻炒均匀，出锅即可。

7. **成品菜装盘（盒）：** 菜品采用“盛入法”装入盘（盒）中，呈自然堆落状。

菠萝咕咾鱼片是从菠萝咕咾肉演变而来的一道地方风味菜肴，深受广大群众喜爱。酸甜鲜香，酥脆可口，色泽美观，鲈鱼中含有蛋白质、维生素、钙、镁、锌等营养元素，菠萝开胃健脾、助消化。

成菜标准

①色泽：红黄相间；②芡汁：浓郁；③味型：酸甜鲜香；④质感：鱼肉鲜嫩，菠萝酸甜可口；⑤成品重量：3500 克。

举一反三

用这种方法，可以做糖醋排骨、糖醋里脊。

得莫利炖鱼

| 制 作 人 | 刘建民（中国烹饪大师）
| 操作重点 | 鱼肉过油时，火候不宜过大，鱼和粉条分别烧制效果更佳。
| 要领提示 | 鱼肉要提前腌制，挂糊过油，粉条提前冷水泡软。

原料组成

主料

去骨鲈鱼 2500 克

辅料

北豆腐 1200 克、水发粉条 1300 克、五花肉 200 克

调料

干黄酱 80 克，盐 30 克、味精 15 克、料酒 50 毫升、生抽 30 毫升、老抽 20 毫升、胡椒粉 5 克、白糖 10 克、葱段 30 克、姜片 30 克、蒜瓣 20 克、大料 20 克、玉米淀粉 60 克、干面粉 60 克、高汤 300 毫升、水 500 毫升、植物油 2000 毫升

营养成分

（每 100 克营养素参考值）

能量	173.8 千卡
蛋白质	11.4 克
脂肪	4.4 克
碳水化合物	22.2 克
膳食纤维	0.3 克
维生素 A	10.1 微克
维生素 C	0.1 毫克
钙	94.6 毫克
钾	139.7 毫克
钠	412.6 毫克
铁	2.7 毫克

加工制作流程

06

07

08

1. **初加工：** 鲈鱼去骨洗净，北豆腐洗净，粉条泡水，五花肉洗净。
2. **原料成形：** 鲈鱼洗净切片，豆腐切至宽 4 厘米、长 6 厘米、厚 1.5 厘米的大片，五花肉切片，粉条剪长段。
3. **腌制流程：** 将鲈鱼片 2500 克放置到盆中，放入盐 10 克、味精 5 克、胡椒粉 5 克、料酒 30 毫升、玉米淀粉 60 克、干面粉 60 克挂薄糊。
4. **配菜要求：** 把主料、辅料及调料分别装在器皿中备用。
5. **工艺流程：** 北豆腐飞水→炸鱼片→煸炒五花肉→炖豆腐粉条→蒸烤箱蒸制→炖鱼片→装盘。
6. **烹调成品菜：** ①北豆腐 1200 克放入万能蒸烤箱，蒸制 5 分钟取出。②锅上火，倒入植物油，油温四成热时下入腌制好的鲈鱼片，炸至浅黄色捞出控油备用。③锅上火烧热，放底油，下入五花肉片 200

得莫利炖鱼是一道东北特色菜，“得莫利”一词是俄罗斯语的音译，得莫利村位于黑龙江省，这个村北靠近松花江，这里的村民主要靠打鱼来维持生计，得莫利炖鱼是村里的特色菜肴。软烂鲜香，含有丰富的蛋白质、维生素等营养成分。

克煸香，倒入葱段、姜片各10克，倒入干黄酱40克炒出香味，加入料酒20毫升、高汤300毫升、生抽20毫升、老抽10毫升，下入北豆腐片1200克、粉条1300克，加入盐10克、味精3克，大火烧开，倒入蒸盘中，放入万能蒸烤箱，选择“蒸”模式，温度160℃，湿度100℃，蒸制10分钟取出，捡出葱姜，垫在盘底。④锅上火烧热，倒入植物油，放入大料，葱段、姜片蒜瓣各20克煸香，再放入干黄酱40克，最后放入水500毫升、生抽10毫升、老抽10毫升、味精7克、盐10克、白糖10克大火烧开，捞出残渣，放入鱼块，大火烧开转小火，炖5分钟，盛出放在北豆腐和粉条上即可。

7. 成品菜装盘（盒）： 菜品采用“盛入法”装入盘（盒）中，呈自然堆落状。

成菜标准

①色泽：浅黄；②芡汁：自然汁；③味型：咸鲜、酱香浓郁；④质感：鱼肉软烂，鲜嫩；⑤成品重量：5300克。

举一反三

可以做鲈鱼烧土豆、鲈鱼烧肉。

锅塌鱼

| 制 作 人 | 刘建民（中国烹饪大师）
| 操作重点 | 控制塌制时间，不宜过长。
| 要领提示 | 米粉炒制时要炒至酥香，在粉碎时要有颗粒状；牛肉顶刀切片。

原料组成

主料

净鲈鱼肉 5000 克

辅料

香菜 100 克、鸡蛋液 300 克、净油菜心 200 克

调料

盐 30 克、糖 10 克、料酒 25 毫升、香油 25 毫升、葱末姜末各 25 克、面粉 200 克、植物油 2000 毫升

营养成分

（每 100 克营养素参考值）

能量.................113.7 千卡
蛋白质....................16.9 克
脂肪..........................3.8 克
碳水化合物...............2.8 克
膳食纤维...................0.2 克
维生素 A............ 29.5 微克
维生素 C.............. 0.8 毫克
钙.................... 124.8 毫克
钾.................... 198.7 毫克
钠.................... 329.7 毫克
铁........................ 1.9 毫克

加工制作流程

1. **初加工**：鲈鱼去骨，去内脏，洗净；油菜去老叶，只留菜心；香菜择洗干净。
2. **原料成形**：净鲈鱼肉切成厚 1 厘米、长 6 厘米、宽 4 厘米的片，油菜根部切十字刀，香菜留叶。
3. **腌制流程**：鲈鱼肉中加入料酒 15 毫升、盐 10 克、葱姜末各 10 克，腌制 10 分钟。
4. **配菜要求**：把鲈鱼片、油菜、香菜、鸡蛋液及调料分别摆放在器皿中备用。
5. **工艺流程**：腌制鱼肉→裹粉炸至金黄装盘→调汁淋在鱼肉上即可。

6. 烹调成品菜：①将腌好的鱼肉均匀沾上一层面粉，裹一层蛋液。锅上火烧热，倒入植物油，油温四成热时，下入鲈鱼肉片，炸至金黄色捞出。放入万能蒸烤箱，选择“蒸”模式，温度100℃，湿度100%，蒸10分钟，码入盘中，撒上香菜100克。②另起锅，锅留底油，下入葱姜末各15克煸香，加入料酒10毫升、盐20克、糖10克、香油25毫升，淋在鱼肉上即可。

7. 成品菜装盘（盒）：菜品采用“盛入法”装入盘（盒）中，呈自然堆落状。

锅塌鱼，这道菜采用鲁菜的传统技法来制作；汤汁鲜美、鱼肉软烂清淡，鱼肉中含有丰富的蛋白质、矿物质、氨基酸等营养元素。

成菜标准

①色泽：金黄；②芡汁：清汁、不勾芡；③味型：鲜咸；④质感：软嫩；⑤成品重量：4750克。

举一反三

用此技法还可以制作锅塌豆腐、锅塌里脊等菜肴。

干蒸鱼

| 制 作 人 | 刘建民（中国烹饪大师）
| 操作重点 | 调汁要准确。
| 要领提示 | 原材料要选择鲜活的鲈鱼。

原料组成

主料

鲈鱼 4000 克

辅料

绿豆芽 1000 克

调料

酱油 250 毫升、香油 60 毫升、料酒 50 毫升、盐 30 克、白糖 20 克、姜片 30 克、姜米 20 克、葱段 30 克、葱油 30 毫升、水 350 毫升

营养成分

（每 100 克营养素参考值）

能量	98.8 千卡
蛋白质	14.2 克
脂肪	4.1 克
碳水化合物	1.2 克
膳食纤维	0.3 克
维生素 A	14.1 微克
维生素 C	0.8 毫克
钙	105.1 毫克
钾	176.5 毫克
钠	509.1 毫克
铁	1.7 毫克

加工制作流程

1. 初加工：鲈鱼去鳞、去鳃、去内脏洗净，再去大骨、大刺；豆芽择洗干净。

2. 原料成形：将鲈鱼肉切成 6 厘米长、4 厘米宽的块，中间切一字刀。

3. 腌制流程：无。

4. 配菜要求：把鲈鱼块、绿豆芽及调料分别摆放在器皿中备用。

5. 工艺流程：炖鱼→兑碗汁→鱼块和碗汁送入万能蒸烤箱→豆芽飞水→装盘。

6. 烹调成品菜：①锅中放水烧开，放入料酒 30 毫升、盐 15 克，放入鱼块，烫一下即可捞出，码入盘中，撒上葱段 30 克、姜片 30 克，

备用。②兑碗汁：碗中加入酱油250毫升、料酒20毫升、香油60毫升、盐10克，搅匀后放入姜米20克、水350毫升、白糖20克，搅拌均匀备用。③将鲈鱼块和碗汁放入万能蒸烤箱，选择“蒸”模式，温度100℃，湿度100%，蒸15分钟。④在豆芽1000克中放入葱油30毫升、盐5克搅拌均匀，放入万能蒸烤箱，选择“蒸”模式，温度100℃，湿度100%，蒸1分钟，取出铺在盘底。⑤将蒸好的鲈鱼块放在绿豆芽上，再将碗汁浇在鱼块上即可。

7. 成品菜装盘（盒）：菜品采用“摆放法”装入盘（盒）中，呈自然堆落状。

干蒸鱼，采用山东鲁菜的传统技法制作的菜肴，软嫩可口，鱼肉中含有丰富的蛋白质、矿物质、氨基酸等营养元素。

成菜标准

①色泽：红色；②芡汁：清汁，不勾芡；③味型：鲜咸；④质感：鱼肉鲜嫩；⑤成品重量：4160克。

举一反三

用此方法还可做鱼、虾等菜肴。

烩两鸡丝

| 制 作 人 | 刘建民（中国烹饪大师）
| 操作重点 | 勾芡时不能大开锅，芡汁要浓稠适宜，不能过薄或过稠。
| 要领提示 | 鸡丝不能太粗。

原料组成

主料

鸡胸肉 1500 克、熏鸡肉 1500 克

辅料

鲜豌豆 200 克、枸杞 10 克

调料

葱姜末各 20 克、盐 25 克、一品鲜酱油 20 毫升、料酒 50 毫升、蛋清 30 克、玉米淀粉 60 克、水淀粉 80 毫升（生粉 40 克 + 水 40 毫升）、葱油 150 毫升、植物油 1000 毫升

营养成分

（每 100 克营养素参考值）

能量……163.0 千卡
蛋白质……16.4 克
脂肪……8.6 克
碳水化合物……4.9 克
膳食纤维……0.2 克
维生素 A……100.7 微克
维生素 C……0.9 毫克
钙……27.5 毫克
钾……221.6 毫克
钠……331.6 毫克
铁……1.6 毫克

加工制作流程

1. **初加工**：将鸡胸肉去皮、去筋、洗净；鲜豌豆洗净；枸杞洗净。
2. **原料成形**：将鸡胸肉切成二粗丝，熏鸡肉撕成丝。
3. **腌制流程**：鸡胸肉中加入盐 10 克、料酒 20 毫升、蛋清 30 克抓匀，放入玉米淀粉 60 克上浆，封油。
4. **配菜要求**：把鸡胸肉、熏鸡胸肉、鲜豌豆、枸杞及调料分别摆放在器皿中备用。
5. **工艺流程**：辅料和熏鸡肉丝焯水→腌制好的鸡丝过油→主辅料炒制调味出锅。

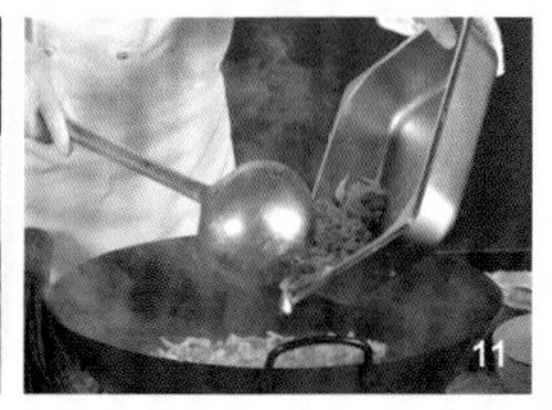

6. 烹调成品菜：①锅中放水烧开，放入盐5克，下入鲜豌豆200克焯水，捞出过凉备用。放入熏鸡肉丝1500克焯水，焯熟后捞出备用。②锅上火烧热，倒入植物油200毫升，油温四成热时将鸡胸肉丝1500克分散下入，拨散滑至八成熟，捞出控油备用。③锅上火烧热，注入高汤，放入葱段姜片各20克、料酒30毫升、一品鲜酱油20毫升、盐10克，下入熏鸡肉丝，撇净浮沫，放入水淀粉80毫升勾芡，盛出熏鸡肉丝垫底。锅中再放入焯水后的鸡胸肉丝、鲜豌豆200克，淋入葱油150毫升，浇在熏鸡肉丝上即可。

7. 成品菜装盘（盒）：菜品采用“盛入法”装入盘（盒）中，呈自然堆落状。

12

13

14

烩两鸡丝，这是一道传统鲁菜，选用熟鸡肉和生鸡肉来制作，滑嫩可口，鸡肉中富含丰富的蛋白质和氨基酸。

成菜标准

①色泽：白、红、绿相间；②芡汁：薄芡、二流芡；③味型：鲜咸；④质感：滑嫩；⑤成品重量：5210克。

举一反三

用此技法可做不同原料口味烩菜，如：烩两丁、烩乌鱼蛋、烩三鲜等。

鸡里蹦

| 制 作 人 | 刘建民（中国烹饪大师）
| 操作重点 | 火候要求急火快炒，汁包主料。
| 要领提示 | 操作要求快，工具调料要干净，食后盘里只留一层薄油，不能留汁。

原料组成

主料

鸡脯肉 3000 克、净虾仁 1000 克

配料

鲜豌豆 500 克、胡萝卜 500 克

调料

料酒 50 毫升、盐 30 克、蛋清 100 克、醋 15 毫升、白糖 15 克、净葱 20 克、净姜 20 克、净蒜 10 克、花椒 2 克、玉米淀粉 120 克、水淀粉 100 毫升（生粉 50 克 + 水 50 毫升）、水 100 毫升、植物油 2000 毫升

营养成分

（每 100 克营养素参考值）

能量.................131.6 千卡
蛋白质....................18.5 克
脂肪.........................1.7 克
碳水化合物.............10.6 克
膳食纤维...................0.4 克
维生素 A............ 33.6 微克
维生素 C.............. 2.5 毫克
钙...................... 22.9 毫克
钾.................... 282.6 毫克
钠.................... 302.9 毫克
铁........................ 1.1 毫克

加工制作流程

1. **初加工**：鸡脯肉去皮、去筋膜，洗净；净虾仁去虾线，洗净；胡萝卜去皮，洗净。
2. **原料成形**：鸡脯肉切成 1.5 厘米见方丁，胡萝卜切成 0.8 厘米粒，葱切成豆瓣状，蒜切片，姜切末。
3. **腌制流程**：鸡脯肉丁 3000 克中加入盐 10 克、料酒 20 毫升拌匀，再加入蛋清 50 克、玉米淀粉 60 克抓匀上浆备用。净虾仁 1000 克中加入盐 5 克、料酒 20 毫升拌匀，再加入蛋清 50 克、玉米淀粉 60 克上浆备用。
4. **配菜要求**：把鸡脯肉丁、净虾仁、鲜豌豆、胡萝卜及调料分别摆放在器皿中备用。

5. 工艺流程：炸制葱椒油→辅料氽水→兑碗汁→鸡丁、虾仁分别过油→主辅料下锅调味出锅即可。

6. 烹调成品菜：①炸葱椒油：放油，放花椒 2 克，油温不能太急，花椒变色后放入姜末 10 克，葱 10 克，小火炸至葱变色，沥出油备用。②锅上火烧热，倒入凉水烧开，放入盐 5 克，下入胡萝卜 500 克、鲜豌豆 500 克氽水，捞出过凉备用。③兑碗汁：加入料酒 10 毫升、醋 15 毫升、盐 10 克、白糖 15 克、葱 10 克、姜末 10 克、蒜片 10 克、水 100 毫升、水淀粉 100 毫升搅拌均匀备用。④锅上火烧热，倒入植物油，油温四成热时下入浆好的鸡脯肉丁，滑至八成熟，捞出控油备用。油温升至五成热时下入虾仁，滑透捞出控油，备用。⑤锅上火烧热，倒入葱椒油，下入鸡脯肉丁、虾仁、胡萝卜丁 500 克、鲜豌豆 500 克，翻炒均匀，倒入兑好的碗汁，翻炒均匀，淋入葱椒油出锅即可。

7. 成品菜装盘（盒）：菜品采用“盛入法”装入盘（盒）中，呈自然堆落状。

12

13

14

鸡里蹦是一道典型的鲁菜，将鸡肉和虾仁组合在一起，形似虾仁在鸡肉里面蹦，所以被命名为鸡里蹦。鸡丁软嫩，虾仁清脆，营养丰富，适宜老幼，富含丰富的蛋白质和维生素。

成菜标准

①色泽：白里透粉红；②芡汁：立汁抱芡；③味型：咸鲜爽口；④质感：鸡丁软嫩，虾仁清脆；⑤成品重量：4460 克。

举一反三

用此技法可以制作油爆类菜品，如油爆鸡肝丁、油爆双脆等。

番茄口蘑菜瓜

| 制 作 人 | 刘广东（中国烹饪大师）
| 操作重点 | 蒜片、姜片、葱片要煸炒出香味，芡汁不宜过多，薄汁亮芡。
| 要领提示 | （1）西葫芦改刀大小薄厚均匀，沸水时间不宜过长，断生即可；
（2）口蘑要先煸炒出香味，不宜焯水。

原料组成

主料

菜瓜 4000 克

辅料

西红柿 500 克、口蘑 500 克

调料

植物油 350 毫升、盐 40 克、鸡粉 15 克、白糖 30 克、生抽 90 毫升、鲜姜 100 克、大葱 100 克、大蒜 120 克、香油 30 毫升、葱油 50 毫升、高汤 200 毫升、湿淀粉 120 克（生粉 50 克 + 水 70 毫升）、味精 5 克

营养成分

（每 100 克营养素参考值）

能量 .... 101.2 千卡
蛋白质 .... 3.8 克
脂肪 .... 6.6 克
碳水化合物 .... 6.4 克
 膳食纤维 .... 1.8 克
维生素 A .... 4.2 微克
维生素 C .... 9.3 毫克
钙 .... 31.1 毫克
钾 .... 375.9 毫克
钠 .... 365.0 毫克
铁 .... 2.2 毫克

加工制作流程

1. **初加工**：菜瓜、西红柿、口蘑清洗干净；葱姜蒜去皮，洗净。

2. **原料成形**：菜瓜去皮，改刀四瓣，再去瓜瓤，切成 0.6 厘米斜刀花片；口蘑改刀成 0.6 厘米片状；番茄改刀成 1.5 厘米见方的丁；鲜姜切成片；大葱切 2 厘米段；大蒜改刀成 0.4 厘米片状。

3. **腌制流程**：菜瓜 4000 克中加入盐 20 克、味精 5 克抓匀腌制 10 分钟。

4. **配菜要求**：将改刀的菜瓜、西红柿、口蘑及调料分别摆放器皿中。

5. **工艺流程**：起锅→菜瓜沸水断生→口蘑拉油→煸炒姜葱蒜→放入西红柿→加入熟化食材→辅助调味→勾芡制熟→放入香油→装盘即可。

6. **烹调成品菜**：①将腌制好的菜瓜 4000 克放入万能蒸烤箱，选择“蒸”

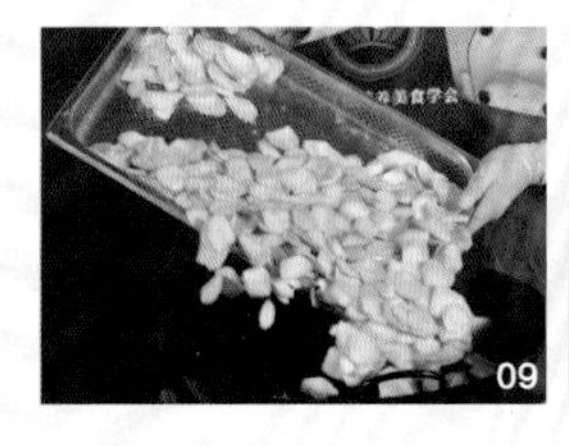

模式，温度100℃，湿度100%，蒸制2分钟取出。②另起锅，倒入植物油150毫升，放入口蘑500克煸炒出香味，断生捞出备用。③锅上火烧热，加入植物油200毫升，放入蒜片120克、姜片100克、葱段100克煸炒出香味，烹入生抽90毫升，放入菜瓜4000克，翻炒均匀，加入盐20克、白糖30克、鸡粉15克、高汤200毫升翻炒均匀，放入口蘑500克、西红柿500克，翻炒均匀，勾芡淋入香油30毫升、葱油50毫升出锅，装盘即可。

7. 成品菜装盘（盒）：菜品采用“盛入法”装入盘（盒）中，呈自然堆落状。

番茄口蘑菜瓜是结合粤式小炒而制作的大锅菜，南方粤菜也将西葫芦叫做菜瓜。脆嫩爽口，含有丰富的蛋白质、维生素等营养成分。

成菜标准

①色泽：色泽鲜艳；②芡汁：明汁亮芡；③味型：咸鲜，回酸微甜；④质感：脆嫩爽口；⑤成品重量：4700克。

举一反三

可以做番茄口蘑三鲜、番茄口蘑牛腩。

红根里脊炒粉

| 制 作 人 | 刘广东（中国烹饪大师）
| 操作重点 | 原料改刀保持粗细、大小均匀，便于成熟、美观。
| 要领提示 | （1）猪里脊丝腌制加底味，打水保证肉丝的嫩度，上浆后放冰箱静置15分钟，能有效防止滑油时脱浆；（2）沸水食材断生即可，不宜过火。

原料组成

主料

红根2000克

辅料

猪里脊肉1000克、水晶粉条500克、木耳1000克、韭菜600克

调料

精盐40克、白糖20克、胡椒粉10克、鸡粉20克、生抽150毫升、老抽20毫升、料酒30毫升、高汤300毫升、鲜姜50克、大葱50克、香油30毫升、葱油50毫升、生粉100克、水300毫升、泡打粉2克、鸡蛋50克、植物油3000毫升

营养成分

（每100克营养素参考值）

能量......97.5千卡
蛋白质......4.5克
脂肪......2.9克
碳水化合物......13.2克
膳食纤维......1.1克
维生素A......130.2微克
维生素C......4.8毫克
钙......27.1毫克
钾......164.9毫克
钠......502.5毫克
铁......2.2毫克

加工制作流程

01

02

03

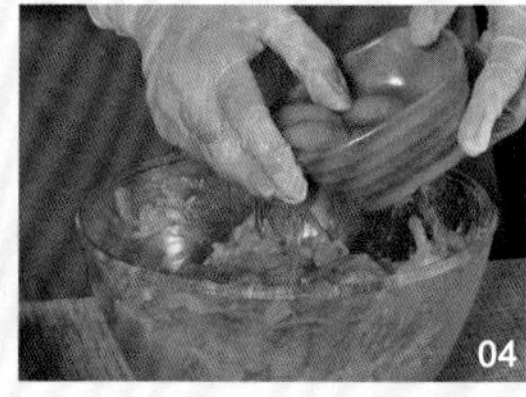
04

05

06

07

08

1. **初加工**：猪里脊肉冲洗干净，红根洗净去皮，水晶粉条泡发，木耳、韭菜洗净备用。
2. **原料成形**：猪里脊肉、红根改刀成0.3厘米宽、6厘米左右长的丝，韭菜改刀成4厘米的段，鲜姜、大葱切成末备用。
3. **腌制流程**：将猪里脊肉丝1000克放入器皿加水30毫升、精盐10克、白糖5克、胡椒粉3克、生抽20毫升、料酒15毫升、鸡蛋50克、泡打粉2克、生粉100克搅拌均匀，封油150克，腌制15分钟备用。
4. **配菜要求**：将腌制好的猪里脊丝、红根丝、水晶粉条、木耳、韭菜段及调料分别摆放器皿中。

09

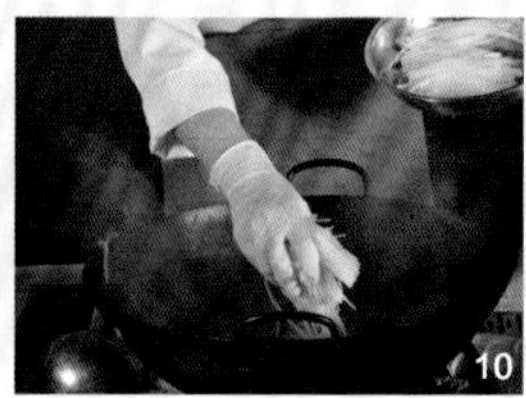
10

11

5. **工艺流程**：炙锅→猪里脊丝滑油→煸炒姜葱→放入熟化食材→辅助调味→成熟装盘即可。

6. **烹调成品菜**：①锅中放水烧开，放入木耳 1000 克焯水，水再次烧开后放入红根丝 2000 克、盐 5 克、植物油焯水，捞出沥干备用。锅中重新放水烧开，放入水晶粉条 500 克、盐 5 克焯水沥干备用。②制碗汁：碗中放入盐 20 克、白糖 15 克、胡椒粉 7 克、料酒 15 毫升、鸡粉 20 克、生抽 130 毫升、老抽 20 毫升、高汤 300 毫升搅匀备用。③锅上火烧热，倒入植物油 3000 毫升，油温四成热时，下入腌制好的猪里脊丝 1000 克滑熟倒出，控油备用。④烹制：锅上火烧热炙锅，留底油 150 毫升，放入姜末 50 克、葱末 50 克煸炒至香，下入里脊丝、淋入料水、红根丝、木耳丝、水晶粉条，翻炒均匀，最后放入韭菜段 600 克炒熟，淋入香油 30 毫升出锅，装盘即可。

7. **成品菜装盘（盒）**：菜品采用“盛入法”装入盘（盒）中，呈自然堆落状。

12

13

14

红根里脊炒粉这道菜融合了西北菜和北方菜的特点，食材有韭菜、粉条，类似于炒合菜。咸鲜、香嫩脆弹，色泽诱人；含有丰富的蛋白质、碳水化合物以及多种微量元素。

成菜标准

①色泽：色泽鲜明；②味型：咸鲜；③质感：香嫩脆弹，口感丰富；④成品重量：4700 克。

举一反三

可以做红根香芹豆干、红根鱼香鸡丝。

金汁托烧豆腐

| 制 作 人 | 刘广东（中国烹饪大师）
| 操作重点 | 南瓜蓉最后放入原汤中开锅调味后再勾芡，颜色更佳。
| 要领提示 | （1）豆腐粘粉托蛋液前需要腌制底味，炸制时，油温不宜过高，以防脱糊，油温控制在五成左右；（2）蒸制 25 分钟，时间过长会影响质感。

原料组成

主料

北豆腐 4000 克

配料

青豆仁 250 克、胡萝卜 200 克、南瓜 200 克、小油菜 350 克

调料

植物油 3000 毫升、鸡蛋 650 克、精盐 35 克、鸡汁 80 克、鲜姜 150 克、大葱 200 克、高汤 2800 毫升、香油 50 毫升、葱油 60 毫升、裹粉 450 克（玉米淀粉 300 克 + 面粉 150 克）、水淀粉 250 毫升（生粉 50 克 + 水 200 毫升）

营养成分

（每 100 克营养素参考值）

能量………………116.5 千卡
蛋白质………………4.5 克
脂肪………………7.2 克
碳水化合物………………6.5 克
膳食纤维………………0.7 克
维生素 A………………33.1 微克
维生素 C………………0.8 毫克
钙………………63.9 毫克
钾………………98.9 毫克
钠………………309.5 毫克
铁………………1.4 毫克

加工制作流程

1. **初加工**：北豆腐沥干水分，胡萝卜、小油菜清洗干净，南瓜清洗干净去皮。
2. **原料成形**：豆腐改刀成长 0.5 厘米、宽 0.5 厘米、厚 0.8 厘米的块，胡萝卜切成 0.6 厘米见方丁，鲜姜切成 1 厘米菱形片、大葱切为 2 厘米段，南瓜成块入蒸箱制熟，小油菜头部剞十字花刀备用，鸡蛋 650 克打散备用。
3. **腌制流程**：将豆腐片平铺托盘中撒入精盐 20 克腌制 2 分钟；将面粉和玉米淀粉混合；熟南瓜放入搅拌机打制成蓉，小油菜入沸水中加入盐味和油制熟备用。

4. **配菜要求**：豆腐大小、薄厚要均匀，所需原食材、调味料分别摆放在器皿中。

5. **工艺流程**：炙锅→入底油→煸炒姜葱→加高汤调味→倒入摆放豆腐的托盘中→蒸制 25 分钟→倒出汤汁加南瓜蓉勾芡→淋油浇汁装盘→小油菜点缀即可。

6. **烹调成品菜**：①锅上火烧热，倒入植物油，油温五成热时，取豆腐裹上一层干粉，再裹一层蛋液，炸制金黄色捞出，倾斜码在托盘中，倒出多余的油。②锅上火烧热，留底油 150 毫升，放入葱段 200 克、姜片 150 克炒香，加入高汤 2800 毫升、鸡汁 80 克、精盐 15 克调好味，倒入码放豆腐的托盘内，放入万能蒸烤箱，选择“蒸”模式，温度 100℃，湿度 100%，蒸制 25 分钟。青豆仁 250 克、胡萝卜 200 克、小油菜 350 克加盐焯水制熟备用。③制汁：锅上火把豆腐原汁倒入锅中，加入南瓜蓉、青豆仁、胡萝卜，开锅加入水淀粉 50 克勾芡，淋香油 50 毫升、葱油 60 毫升，均匀浇入豆腐上点缀小油菜即可。

7. **成品菜装盘（盒）**：菜品采用“码摆法”装入菜盘中，非自然堆落状。

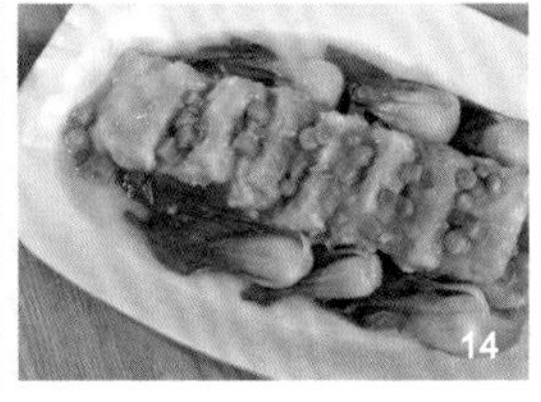

金汁托烧豆腐是一道由传统鲁菜锅塌豆腐改良而来适合大锅制作的菜品。豆腐软嫩香滑，汁香浓郁，含有丰富的蛋白质和碳水化合物。

成菜标准

①色泽：色泽金黄，红绿相间，老少皆宜；②芡汁：浓汁亮芡；③味型：咸鲜、嫩滑、汁香浓郁；④质感：豆腐软嫩香滑，营养搭配丰富，色泽黄亮；⑤成品重量：6300 克。

举一反三

用此技法可以做金汁托烧茄盒、金汁三鲜龙眼。

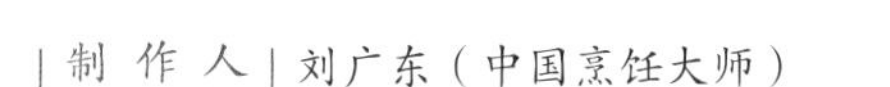

南瓜菌菇滑鸡

红根里脊炒粉

| 制 作 人 | 刘广东（中国烹饪大师）

| 操作重点 | 炸制鸡腿肉掌握好油温 120℃到 150℃，二次复炸 180℃，时间不宜过长，保证肉质口感。

| 要领提示 | 腌制鸡腿肉需加入底味再炸制；南瓜要在锅中煸炒出香味，汤色口感更佳。

原料组成

主料

净鸡腿肉 3000 克

辅料

南瓜 1200 克、红枣 100 克、滑子菇 250 克、草菇 250 克、油菜 200 克

调料

植物油 4120 毫升、鸡蛋 200 克、盐 40 克、白糖 20 克、鸡汁 80 克、鲜姜 80 克、大葱 100 克、大蒜 60 克、花椒粉 10 克、胡椒粉 6 克、熟菜籽油 150 毫升、高汤 4000 毫升、香油 30 毫升、炸糊［玉米淀粉 300 克、红薯淀粉 200 克（加水 150 毫升溶解）］、清水 80 毫升

营养成分

（每 100 克营养素参考值）

能量…………86.6 千卡
蛋白质…………7.3 克
脂肪…………5.6 克
碳水化合物…………1.8 克
膳食纤维…………0.3 克
维生素 A…………23.4 微克
维生素 C…………3.7 毫克
钙…………10.8 毫克
钾…………102.5 毫克
钠…………358.8 毫克
铁…………0.9 毫克

加工制作流程

1. 初加工：净鸡腿肉冲洗干净，南瓜去皮、去瓤，滑子菇、草菇冲洗干净，小油菜清洗干净备用。

2. 原料成形：净鸡腿肉改刀长 3.5 厘米、宽 0.7 厘米左右长条，南瓜切成 1 厘米 ×1.5 厘米长条块，鲜姜、大葱、大蒜切成末，草菇改刀成 0.5 厘米厚片，油菜切成 2 厘米的段备用。

3. 腌制流程：将改刀后的鸡腿肉 3000 克放入器皿加葱末 40 克、蒜末 60 克、姜末 40 克、花椒粉 10 克、白糖 10 克、盐 20 克抓拌均匀，加入清水 80 毫升，抓拌均匀后加入鸡蛋 200 克，继续搅拌均匀，加入用 150 毫升水溶解的红薯淀粉 200 克、玉米淀粉 300 克拌匀后，再加入熟菜籽油 150 毫升静置备用。

4. 配菜要求：将净鸡腿肉、南瓜、滑子菇、草菇、红枣、油菜及调料分别摆放在器皿中。

5. 工艺流程：起锅→入底油→煸炒南瓜、姜葱末→加高汤调味→放入熟化食材→调味→放入油菜段→煮熟装盘。

6. 烹调成品菜：①炸制：起锅上火烧热，加入植物油4000毫升，油温五成热时，依次下入腌制好的鸡腿肉炸至定型成熟，油温升至六成热，回锅复炸至外酥里嫩、色泽金黄，捞出控油。锅中放水烧开，放入滑子菇250克、草菇250克分别焯水备用。②烹制：锅上火烧热，入底油120毫升，放入南瓜1200克煸炒出香味，放姜末40克、葱末60克煸香，加入高汤4000毫升、胡椒粉6克、白糖10克、盐20克、鸡汁80克调味，下入草菇、滑子菇、红枣100克、油菜段200克、鸡腿肉煮熟，淋入香油30毫升，装盘即可。

7. 成品菜装盘（盒）：菜品采用“盛入法”装入盘（盒）中，呈自然堆落状。

12

13

14

南瓜菌菇滑鸡，这是由四川地方的特色菜品改良而来的一道菜。鸡肉软嫩、菌菇爽滑、口感丰富。含有丰富的蛋白质、膳食纤维及多种微量元素。

成菜标准

①色泽：色泽鲜明；②汤汁：汤汁鲜香；③味型：咸鲜；④质感：鸡肉软嫩、菌菇爽滑、口感丰富；⑤成品重量：6000克。

举一反三

用此技法可以做南瓜菌菇全家福、南瓜养生山药排。

时蔬野菜蛋卷

| 制 作 人 | 刘广东（中国烹饪大师）

| 操作重点 | 炸制时油要放宽点，控制好油温，油温过低容易窝油，定型后再翻动蛋卷炸至金黄色。

| 要领提示 |（1）制馅时要沥干水分，再加入调味料，放熟猪油和葱油能提升野菜的鲜香味；
（2）蛋皮烙制要薄厚均匀，卷菜时要卷紧，用玉米水淀粉封口，菜肴品相更佳。

原料组成

主料

鸡蛋 2200 克

辅料

荠菜 1000 克、油菜 1200 克、胡萝卜 400 克、木耳 300 克、雪花面包糠 500 克

调料

盐 18 克、鸡粉 15 克、胡椒粉 3.5 克、十三香 2 克、香油 20 毫升、鲜姜 12 克、大葱 50 克、熟猪油 50 克、葱油 50 毫升、白糖 6 克、玉米淀粉 350 克、玉米水淀粉 150 克（玉米淀粉 80 克 + 水 70 毫升）、植物油 4000 毫升

营养成分

（每 100 克营养素参考值）

能量	111.6 千卡
蛋白质	5.9 克
脂肪	5.6 克
碳水化合物	9.4 克
膳食纤维	0.7 克
维生素 A	138.1 微克
维生素 C	13.9 毫克
钙	98.8 毫克
钾	163.4 毫克
钠	202.4 毫克
铁	2.2 毫克

加工制作流程

1. **初加工**：鸡蛋去壳打成蛋液，荠菜、油菜、胡萝卜、木耳分别清洗干净备用。

2. **原料成形**：荠菜、油菜改刀切 2 厘米的段、木耳、胡萝卜改刀成 0.2 厘米的丝，鲜姜、大葱切末备用。

3. **腌制流程**：无。

4. **配菜要求**：荠菜、油菜沸水断生即可，不宜过火，胡萝卜丝粗细要均匀；所需原食材、调料分别摆放器皿中。

5. **工艺流程**：起锅入植物油→放入蛋卷依次炸制成熟→捞出控油→改刀成型→装盘即可。

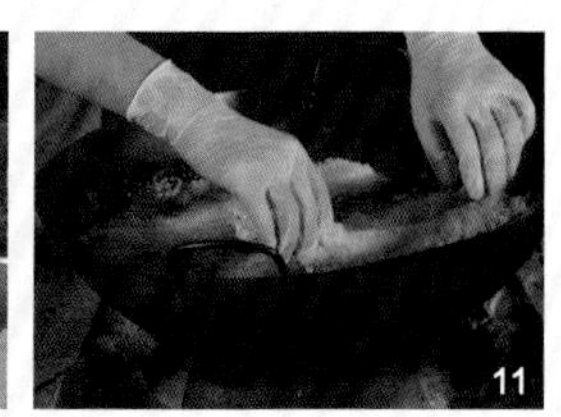

6. **烹调成品菜**：①制皮：玉米淀粉100克加水100克稀释，与鸡蛋液1700克融合搅拌均匀，用电饼铛或平底锅摊制成蛋皮备用。②锅中放水烧开，加入胡萝卜400克、木耳300克、盐3克、植物油20毫升，焯水，捞出过凉备用。分别放入油菜1200克、荠菜1000克焯水，焯熟后捞出过凉，挤干水分备用。③将荠菜、油菜、胡萝卜、木耳放入盆中，加姜末12克、葱末50克、熟猪油50克，盐15克、白糖6克、十三香2克、胡椒粉3.5克、鸡粉15克、葱油50毫升、香油20毫升搅拌均匀备用。④制卷：把拌制好的野菜馅料用鸡蛋皮卷成卷，用玉米水淀粉封口裹均匀，沾一层玉米淀粉，均匀裹住鸡蛋液，再依次裹匀面包糠。⑤熟制：锅上火烧热，加入植物油4000毫升，油温烧至六成热时下入野菜蛋卷先定型，再均匀翻动炸至外酥里嫩，呈金黄色时捞出控干油分，改斜刀成菱形段码摆入盘中即可。

7. **成品菜装盘（盒）**：菜品采用“码摆法”装入盘（盒）中，整齐划一。

12

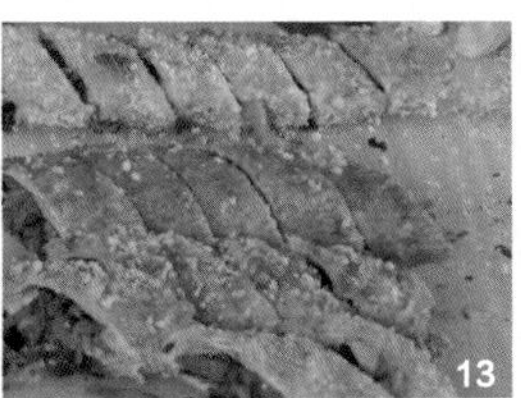

13

14

时蔬野菜蛋卷是一道京鲁菜，运用传统的制作手法，加入野菜等食材，更加适合老年人食用。外酥里嫩、口感丰富，含有丰富的蛋白质、维生素、碳水化合物等营养元素。

成菜标准

①色泽：色泽金黄；②味型：咸鲜、酥脆、清香；③质感：外酥里嫩、口感丰富、回味悠长；④成品重量：4100克。

举一反三

用此技法可以做韭香银牙蛋卷、黄金香薰鸭卷。

罐焖牛肉

| 制　作　人 | 孟宪斌（中国烹饪大师）
| 操作重点 | 面一定要炒香，牛肉汤逐步一点点加入。
| 要领提示 | 牛肉一定要煮熟、煮烂。

原料组成

主料

牛五花肉 3000 克

辅料

土豆 1500 克、胡萝卜 1500 克、洋葱 500 克、红枣 250 克、口蘑 250 克、芹菜 250 克、青蒜 500 克

调料

盐 35 克、白兰地酒 70 毫升、番茄酱 430 克、黄油 120 克、花生油 110 毫升、香叶 2 克、黑胡椒粒 3 克、面粉 180 克、水 3000 毫升、植物油 2000 毫升

营养成分

（每 100 克营养素参考值）

能量……………… 120.7 千卡
蛋白质……………………9.5 克
脂肪………………………4.3 克
碳水化合物…………10.9 克
膳食纤维………………1.4 克
维生素 A…………64.9 微克
维生素 C………… 6.1 毫克
钙…………………… 27.7 毫克
钾………………… 349.3 毫克
钠………………… 209.1 毫克
铁……………………… 2.2 毫克

加工制作流程

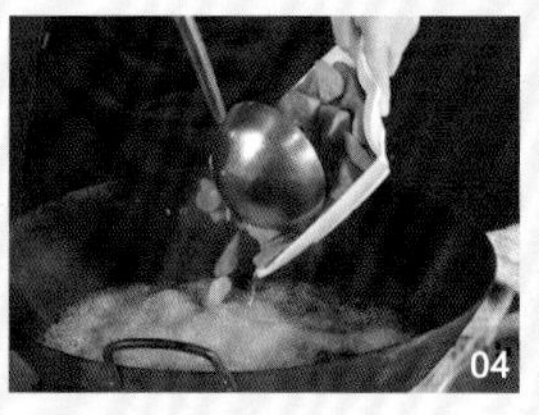

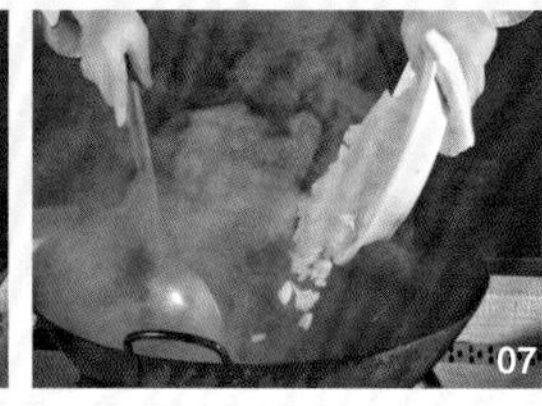

1. **初加工：**牛五花肉出水洗净，土豆、胡萝卜、洋葱去皮洗净，口蘑、青蒜、红枣洗净备用。
2. **原料成形：**牛五花肉切成 3 厘米的方块，土豆、胡萝卜切成滚刀块，洋葱切成 1 厘米的小片，口蘑切片，青蒜切成半厘米的小片。
3. **腌制流程：**无。
4. **配菜要求：**把牛五花肉、土豆、胡萝卜、洋葱、口蘑、芹菜、红枣、青蒜及调料分别摆放在器皿中备用。
5. **工艺流程：**焯牛肉→炸土豆、胡萝卜、蘑菇→调味→烹制食材→调味。

6. 烹调成品菜：①锅上火烧热，锅中加入冷水3000毫升，放入牛五花肉3000克大火烧开后，焖制5分钟，用凉水清洗干净。②锅上火烧热，倒入植物油，油温100℃，下入土豆1500克，待土豆表面呈金黄色时，放入胡萝卜1500克炸熟，捞出控油。待油温升到160℃至180℃时，放入口蘑250克炸熟，（约20秒左右），捞出控油。③锅上火烧热，加入花生油、黄油30克炒香，加入500克洋葱炒香，炒软炒黄，沿锅边淋入白兰地酒盛出备用。④锅上火烧热，放入水、牛肉（水没过牛肉）、芹菜250克、胡萝卜1500克、洋葱、黑胡椒粒3克、香叶（7至8片）2克烧开，放入高压锅中，上汽后压制25至30分钟，捞出，挑出胡萝卜、芹菜、洋葱、香叶。⑤锅上火烧热，锅中放入花生油110毫升，黄油90克，放入面粉180克小火慢慢炒制，炒香，炒成黄色。加入番茄酱430克炒香，再加入牛肉汤（汤汁一点点加入），慢慢搅动烧开，放入土豆、口蘑、红枣250克、牛五花肉大火烧开，小火烧制10分钟，放入洋葱500克，加入盐35克、白兰地酒翻炒均匀，出锅装盘，撒入青蒜500克即可。

7. 成品菜装盘（盒）：菜品采用“盛入法”装入盘（盒）中，呈自然堆落状。

12

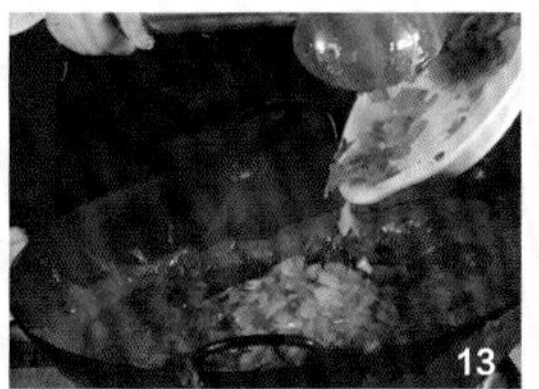

13

14

罐焖牛肉属于半西餐类菜品。色泽红亮，牛肉软烂，茄汁鲜香，含有丰富的蛋白质、脂肪、氨基酸、番茄红素等营养成分。

成菜标准

①色泽：红亮；②芡汁：无；③味型：有番茄和牛肉香味；④质感：牛肉软糯，土豆、胡萝卜清香；⑤成品重量：3940克。

举一反三

用此技法可以做罐焖鸭、罐焖羊排。

玛瑙鱼丸

| 制 作 人 | 孟宪斌（中国烹饪大师）
| 操作重点 | 氽鱼丸时，一定要冷水下锅，掌握好水温。
| 要领提示 | 鱼刺和鱼筋一定要去除干净，鱼肉一定要打上劲。

原料组成

主料

白鲢鱼（2 斤左右）

辅料

樱桃西红柿 400 克、青豆 100 克

调料

葱油 30 毫升、水淀粉 270 毫升（生粉 130 克 + 水 140 毫升）、盐 40 克、味精 10 克、葱姜水 2100 毫升（葱 100 克、姜 100 克 + 水 1900 毫升）、鸡清汤 2100 毫升、植物油 30 毫升

营养成分

（每 100 克营养素参考值）

能量	93.2 千卡
蛋白质	14.1 克
脂肪	3.2 克
碳水化合物	1.9 克
膳食纤维	0.2 克
维生素 A	17.1 微克
维生素 C	1.4 毫克
钙	44.6 毫克
钾	232.0 毫克
钠	257.3 毫克
铁	1.2 毫克

加工制作流程

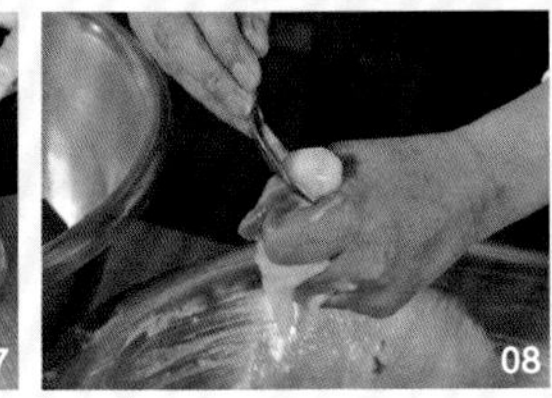

1. **初加工：**白鲢鱼去骨去皮取肉，用清水洗净，泡出血水后再换清水，放进冰箱 1 至 2 小时，葱、姜拍一下加水 250 克制成葱姜水。
2. **原料成形：**樱桃西红柿用开水烫一下去皮。
3. **腌制流程：**把鱼肉从冰箱取出放进粉碎机加入适量葱姜水粉碎，过箩。把过好箩的鱼肉加入盐 20 克、味精 5 克朝一个方向打上劲，呈粘稠状（抓在手上不要往下掉），加入水淀粉 150 毫升，加入葱油 30 毫升，再次搅拌上劲。
4. **配菜要求：**鱼肉、青豆、樱桃西红柿、调料分别摆放在器皿中。
5. **工艺流程：**水氽鱼丸→调味→烹制食材→浇汁。

6. **烹调成品菜：**①盆中加清水2500毫升，把打好的鱼肉蓉挤成鱼丸，每个25至30克，放入凉水中，上火加热烧至80℃左右为好，下勺推动时，慢慢推，用勺压一下鱼丸，使两面受热均匀，加入盐5克搅拌均匀，静放10分钟即可。②锅上火烧热，倒入鸡清汤2100毫升，加入盐15克、味精5克烧开，加入青豆100克、樱桃西红柿400克，再加入水淀粉120克勾芡，淋入明油，把刚才做好的鱼丸捞进去搅拌均匀装盘即可。

7. **成品菜装盘（盒）：**菜品采用“盛入法”装入盘（盒）中，呈自然堆落状。

玛瑙鱼丸是由清汤鱼丸演变而来的菜品，增加了樱桃西红柿、青豆，色泽艳丽，营养全面。鱼丸滑嫩，口味鲜美，含有丰富的鱼肉蛋白、氨基酸等营养成分。

成菜标准

①色泽：色泽艳丽；②芡汁：芡汁明亮；③味型：鲜香；④质感：鱼丸滑嫩，口味鲜美；⑤成品重量：2440克。

举一反三

用此方法也可以做鱼糕、鱼面。

什锦虾包

| 制 作 人 | 孟宪斌（中国烹饪大师）
| 操作重点 | 炒馅时，水分不要过大，否则不容易包裹。
| 要领提示 | 制馅时，冬菇、冬笋刀工要均匀，不能太大。

原料组成

主料

净虾肉 3000 克

配料

冬菇 300 克、冬笋 300 克、韭菜 200 克、咸面包 250 克

调料

盐 25 克、玉米淀粉 50 克、味精 3 克、鸡粉 5 克、生抽 35 毫升、蛋清 60 克、老抽 13 毫升、葱油 100 毫升、水淀粉 80 克（生粉 40 克 + 水 40 毫升）、胡椒粉 1 克、水（鸡汤）、植物油 3000 毫升

营养成分

（每 100 克营养素参考值）

能量	144.6 千卡
蛋白质	13.9 克
脂肪	2.9 克
碳水化合物	8.2 克
膳食纤维	0.4 克
维生素 A	37.4 微克
维生素 C	0.2 毫克
钙	32.3 毫克
钾	288.3 毫克
钠	481.3 毫克
铁	2.3 毫克

加工制作流程

01

02

03

04

05

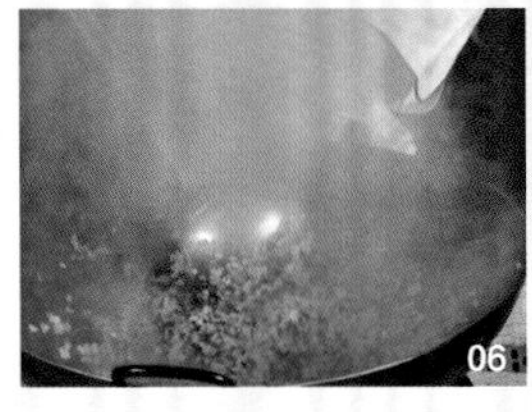
06

07

08

1. **初加工**：虾肉自然解冻洗净，冬菇、冬笋、韭菜洗净。
2. **原料成形**：虾肉剁成馅（粉碎机粉碎），冬菇、冬笋切成绿豆粒大小，韭菜切成末，咸面包去皮切成绿豆大小的方丁。
3. **腌制流程**：剁好的虾馅中加入盐 10 克、玉米淀粉 20 克，做成虾丸放入盘中备用。
4. **配菜要求**：把虾肉馅、冬菇粒、冬笋粒、韭菜末、咸面包丁及调料分别摆放在器皿中备用。
5. **工艺流程**：食材焯水→调味→挤虾球→裹馅料→炸制→出锅装盘。

09

10

11

6. 烹调成品菜：①锅上火烧热，放入水，加入冬菇300克、冬笋300克开锅后，捞出控水。②锅上火烧热，放入葱油100毫升烧热，放入冬菇、冬笋炒香，加入盐10克、味精3克、鸡粉5克、老抽13毫升、生抽35毫升、胡椒粉1克继续炒香，加入水（鸡汤）烧开，倒入水淀粉80克勾芡，放入盘中晾凉，加入韭菜200克搅拌均匀，制成每个15克左右的小球，放入冰箱中冷冻。③把剁好的虾馅放入生食盒中（用纱布挤干净），加入盐5克打上劲，加入玉米淀粉30克（撒着加），挤成虾球（1斤出10个球），摆放在蒸盘中备用。④手上沾些蛋清，把虾球捏出小坑放入馅料包好，沾上咸面包丁包裹均匀，用手摁一下，包成椭圆形，放入浅盘中备用。⑤锅上火烧热，倒入植物油，油温烧至120℃至130℃，放入虾包（一个一个下，或者推进去），轻轻推动油，全部漂起来，炸成金黄色，捞出控油，出锅装盘。

7. 成品菜装盘（盒）：菜品采用“盛入法”装入盘（盒）中，呈自然堆落状。

12

13

14

什锦虾包是由炸虾球演变而来的菜品，这道菜的精华是加入冬菇、冬笋做成馅，再用虾肉包裹，外围沾上面包丁，口感松脆，外酥里嫩，虾肉鲜香，含有丰富的蛋白质、氨基酸、矿物质等营养成分。

成菜标准

①色泽：色泽金黄；②芡汁：无；③味型：咸鲜；④质感：外酥里嫩，虾肉鲜香，冬菇、冬笋滑嫩；⑤成品重量：2410克。

举一反三

用此方法，可以做什锦鸡包、什锦鱼包。

水炒虾仁滑蛋

| 制 作 人 | 孟宪斌（中国烹饪大师）
| 操作重点 | 水炒时，开水一点点从锅边淋入。
| 要领提示 | 虾仁上浆味道要重些，加入一些胡椒粉。

原料组成

主料

虾仁1650克、鸡蛋1000克

辅料

韭菜500克、红椒200克

调料

盐35克、味精10克、白胡椒粉15克、料酒50毫升、鸡粉15克、玉米淀粉60克、蛋清50克、植物油3000毫升

加工制作流程

1. 初加工：虾仁去虾线，洗净；韭菜、红椒洗净。

2. 原料成形：虾仁切成段，鸡蛋打散，红椒切成小丁，韭菜切成2厘米的段。

3. 腌制流程：虾仁放入生食盒中，加入盐10克、料酒30毫升、味精3克、白胡椒粉5克搅拌均匀，加入蛋清50克、玉米淀粉60克，打上劲封油。

4. 配菜要求：把虾仁、鸡蛋、韭菜、红椒及调料分别摆放在器皿中备用。

营养成分

（每100克营养素参考值）

能量……145.8千卡
蛋白质……14.1克
脂肪……2.8克
碳水化合物……16.0克
膳食纤维……0.3克
维生素A……84.3微克
维生素C……7.5毫克
钙……61.1毫克
钾……226.5毫克
钠……655.3毫克
铁……1.0毫克

5. 工艺流程：滑虾仁→搅拌蛋液→烹制食材→调味→出锅装盘。

6. 烹调成品菜：①锅上火烧热，倒入植物油，油温在120℃时，放入虾仁1650克，滑熟捞出，控油备用。②打散的蛋液放入容器中，放入料酒20毫升、白胡椒粉5克、盐10克、味精5克、鸡粉15克、韭菜500克搅拌均匀。③锅上火烧热，放入植物油，溜锅后，倒入搅拌均匀的蛋液、虾仁，用木铲慢推几下，从锅边慢慢加入开水，鸡蛋定型为好，炖煮一会，加入盐15克、味精2克、白胡椒粉5克翻炒均匀后，撒上红椒粒200克装盘完成。

7. 成品菜装盘（盒）：菜品采用“盛入法”装入盘（盒）中，呈自然堆落状。

水炒虾仁滑蛋是由虾仁炒鸡蛋演变而来的菜品，改变了传统的烹调手法，由原来的油炒改为水炒。色泽艳丽，虾仁滑嫩，韭菜味浓，鸡蛋鲜香，含有丰富的蛋白质、氨基酸、维生素等营养成分。

成菜标准

①色泽：艳丽；②芡汁：无；③味型：咸鲜；④质感：虾仁滑嫩、韭菜浓香、鸡蛋鲜香；⑤成品重量：3660克。

举一反三

用此技法可以做水炒扇贝、水炒生蚝。

椰香芙蓉鸡片

| 制 作 人 | 孟宪斌（中国烹饪大师）
| 操作重点 | 蒸芙蓉时，一定要掌握好蒸箱的温度和时间。
| 要领提示 | 鸡片要提前去皮去筋，鸡片切成柳叶片，上浆。

原料组成

主料

鸡胸肉 2000 克

辅料

椰奶 10 克、椰汁 30 克、蛋清 1000 克、红腰豆 100 克、青豆 200 克

调料

盐 35 克、味精 7 克、葱油 110 毫升、玉米淀粉 10 克、水淀粉 430 毫升（生粉 210 克 + 水 220 毫升）、鸡清汤 1300 毫升

营养成分

（每 100 克营养素参考值）

能量	120.5 千卡
蛋白质	14.2 克
脂肪	3.6 克
碳水化合物	7.7 克
膳食纤维	0.6 克
维生素 A	3.9 微克
钙	14.5 毫克
钾	204.9 毫克
钠	435.4 毫克
铁	1.4 毫克

加工制作流程

1. **初加工**：先将鸡胸肉洗净，去筋去膜；红腰豆用开水浸泡；青豆自然解冻；鸡蛋打入盆中，过箩筛细。
2. **原料成形**：鸡胸肉切成柳叶刀片。
3. **腌制流程**：鸡胸肉用清水漂白洗净后，放入生食盒中，加入盐 20 克、味精 3 克搅拌均匀，加入小苏打，3 个鸡蛋清，玉米淀粉 10 克，封上葱油，放入冰箱冷藏 3 小时左右。
4. **配菜要求**：将鸡胸肉、蛋清、椰奶、红腰豆、青豆及调料分别摆放在器皿中备用。

5. 工艺流程：蒸制蛋清→焯水鸡肉→调味→烹制食材→出锅装盘。

6. 烹调成品菜：①把过箩的蛋清 1000 克，放入容器中，椰奶 10 克搅拌均匀后，加入水，水淀粉倒入蒸盘中（蒸盘底部包上保鲜膜），用刮板刮去气泡，封上保鲜膜扎眼。放入万能蒸烤箱中，选择“蒸”模式，温度 90℃，湿度 100%，蒸制 15 分钟，用勺片成小片，放入冷水中冷却，倒入漏勺中控水。②锅上火烧热，放入水烧开后，从冰箱取出鸡肉搅拌均匀，一片一片下入锅中，养熟捞出。③锅上火烧热，锅中放入鸡清汤 1300 毫升烧开，加入盐 15 克、味精 4 克、加入红腰豆 100 克、青豆 200 克、鸡胸肉片开锅后，水淀粉 430 克勾薄芡，淋入葱油 110 毫升，加入芙蓉，出锅。

7. 成品菜装盘（盒）：菜品采用“盛入法”装入盘（盒）中，呈自然堆落状。

12

13

14

椰香芙蓉鸡片是由广东菜芙蓉虾仁演变而来的菜品，增加了椰子香味。鸡片滑嫩，淡淡椰香，含有丰富的蛋白质、氨基酸、矿物质等营养成分。

成菜标准

①色泽：红、白、绿相间；②芡汁：宽汁宽芡；③味型：咸鲜；④质感：鸡片滑嫩、淡淡椰香、老少皆宜；⑤成品重量：4740 克。

举一反三

用此技法可做芙蓉鱼片，芙蓉里脊。

八珍豆腐

| 制 作 人 | 马志和（中国烹饪大师）
| 操作重点 | 焯制豆腐时要保持豆腐的完整，注重调汤。
| 要领提示 | 刀口要均匀。

原料组成

主料

嫩豆腐 4000 克

辅料

虾肉 200 克、鱿鱼 200 克、蟹柳 100 克、鲜贝 100 克、海参 100 克、玉米粒 100 克、甜豌豆 100 克、香菇 100 克

调料

盐 40 克、鸡粉 10 克、鸡汤 700 毫升、水淀粉 100 克、植物油 150 毫升

营养成分

（每 100 克营养素参考值）

能量.................... 81.8 千卡
蛋白质 ....6.7 克
脂肪..........................3.7 克
碳水化合物................5.2 克
膳食纤维 ....0.4 克
维生素 A .... 1.5 微克
维生素 C .... 0.5 毫克
钙 .... 66.1 毫克
钾 .... 116.9 毫克
钠 .... 578.4 毫克
铁 .... 1.0 毫克

加工制作流程

01

02

03

04

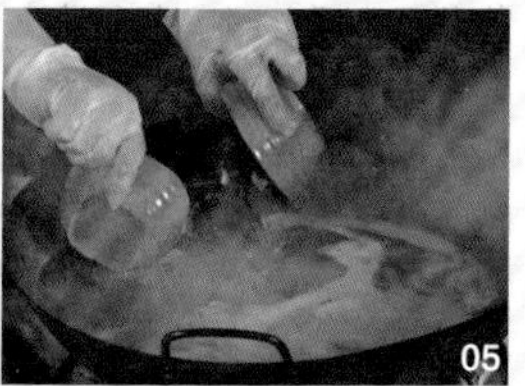
05

06

07

08

1. **初加工**：虾肉、鱿鱼、蟹柳、鲜贝、海参洗净控水，香菇去蒂洗净。
2. **原料成形**：嫩豆腐切丁，虾肉、鱿鱼、蟹柳、鲜贝、海参、香菇切丁。
3. **腌制流程**：无。
4. **配菜要求**：把准备好的主料、辅料和调料分别放在器皿中。
5. **工艺流程**：食材处理→烹制熟化食材→出锅装盘。
6. **烹调成品菜**：①起锅烧水，放入盐 20 克，放入嫩豆腐 4000 克焯水，

09

10

11

捞出控干水分，放在盘底备用。将切好的辅料放入锅中焯水，焯熟后捞出备用。②锅上火烧热，倒入植物油150毫升，放入焯水后的辅料煸炒，放入鸡汤700毫升、盐20克、鸡粉10克烧开，淋入水淀粉100克勾芡，淋入明油，盛出浇在豆腐上即可。

7. **成品菜装盘（盒）**：菜品采用“盛入法”装入盘（盒）中，呈自然堆落状。

八珍豆腐是一道特色清真菜，豆腐入口即化，八珍鲜美可口，豆腐含有丰富的蛋白质、维生素和矿物质等营养成分。

成菜标准

①色泽：白色；②芡汁：薄芡；③味型：鲜咸；④质感：滑嫩；⑤成品重量：5500克。

举一反三

采用这种蒸饪方法，可以做蟹黄豆腐。

扒牛舌

| 制　作　人 | 马志和（中国烹饪大师）
| 操作重点 | 切配时刀口要均匀，薄厚一致；勾芡时要小火，汁芡要均匀。
| 要领提示 | 要选择好的牛舌，牛舌要煮烂，蒸制时要摆放整齐，提前入味。

原料组成

主料

牛舌 5000 克

辅料

青蒜 200 克

调料

盐 10 克、香油 80 毫升、大料 10 克、桂皮 7 克、甜面酱 65 克、葱段 65 克、姜蒜片各 50 克、老抽 5 毫升、生抽 5 毫升、水 1000 毫升、水淀粉 60 毫升、植物油 150 毫升

营养成分

（每 100 克营养素参考值）

能量……196.6 千卡
蛋白质……15.4 克
脂肪……13.3 克
碳水化合物……3.7 克
膳食纤维……0.2 克
维生素 A……9.1 微克
维生素 C……0.7 毫克
钙……8.3 毫克
钾……226.9 毫克
钠……159.8 毫克
铁……2.9 毫克

加工制作流程

01

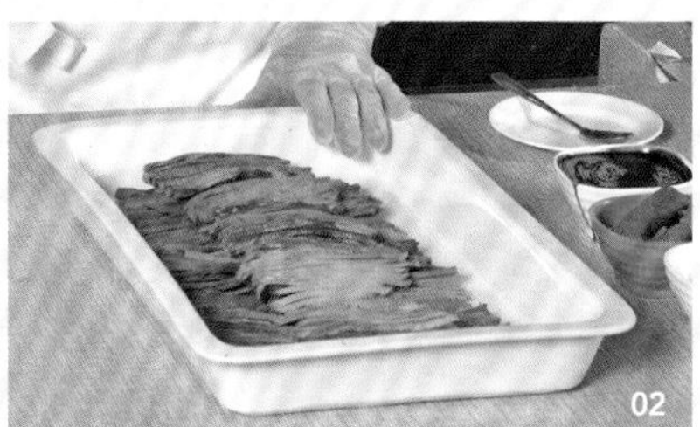
02

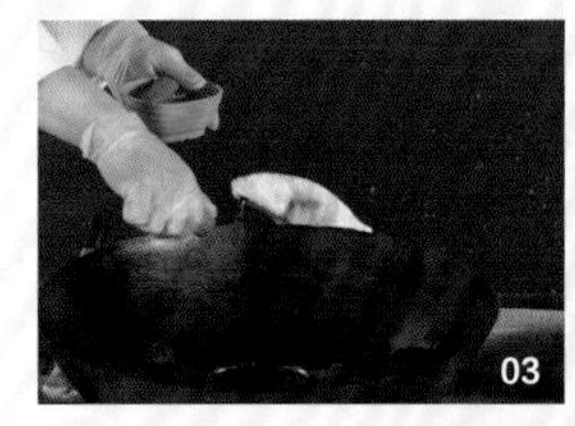
03

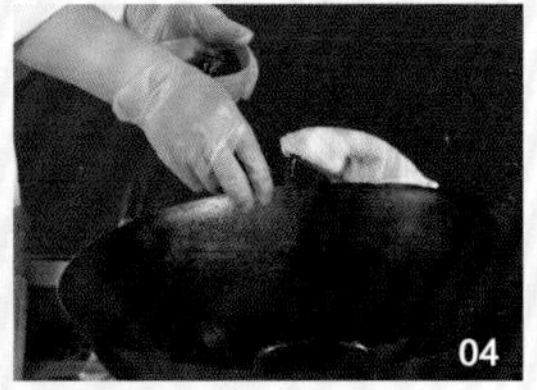
04

05

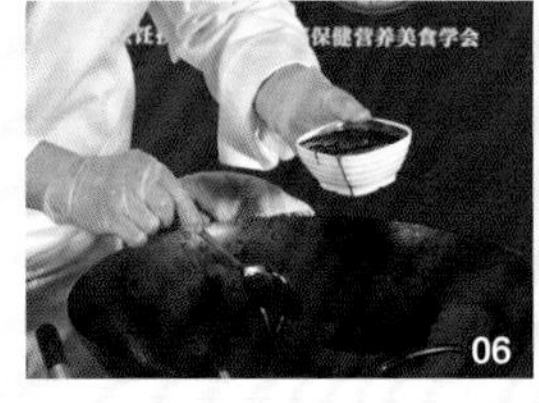
06

07

08

1. 初加工：牛舌煮熟，去掉硬皮；青蒜洗净。

2. 原料成形：牛舌切长 10 厘米、宽 2.5 厘米、厚 0.3 厘米的肉条，青蒜中间切开，再切成 3 厘米长的段。

3. 腌制流程：无。

4. 配菜要求：把准备好的主料、辅料和调料分别放在器皿中。

5. 工艺流程：牛舌煮熟→熬制料汁→蒸制→勾芡→青蒜点缀。

6. 烹调成品菜：①锅上火烧热，倒入植物油，放入大料 10 克、桂皮 7 克小火煸香，放入葱段 65 克、姜蒜片各 50 克继续煸香，放入甜

09

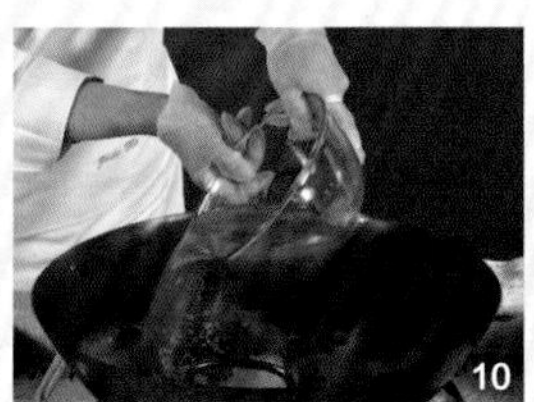
10

11

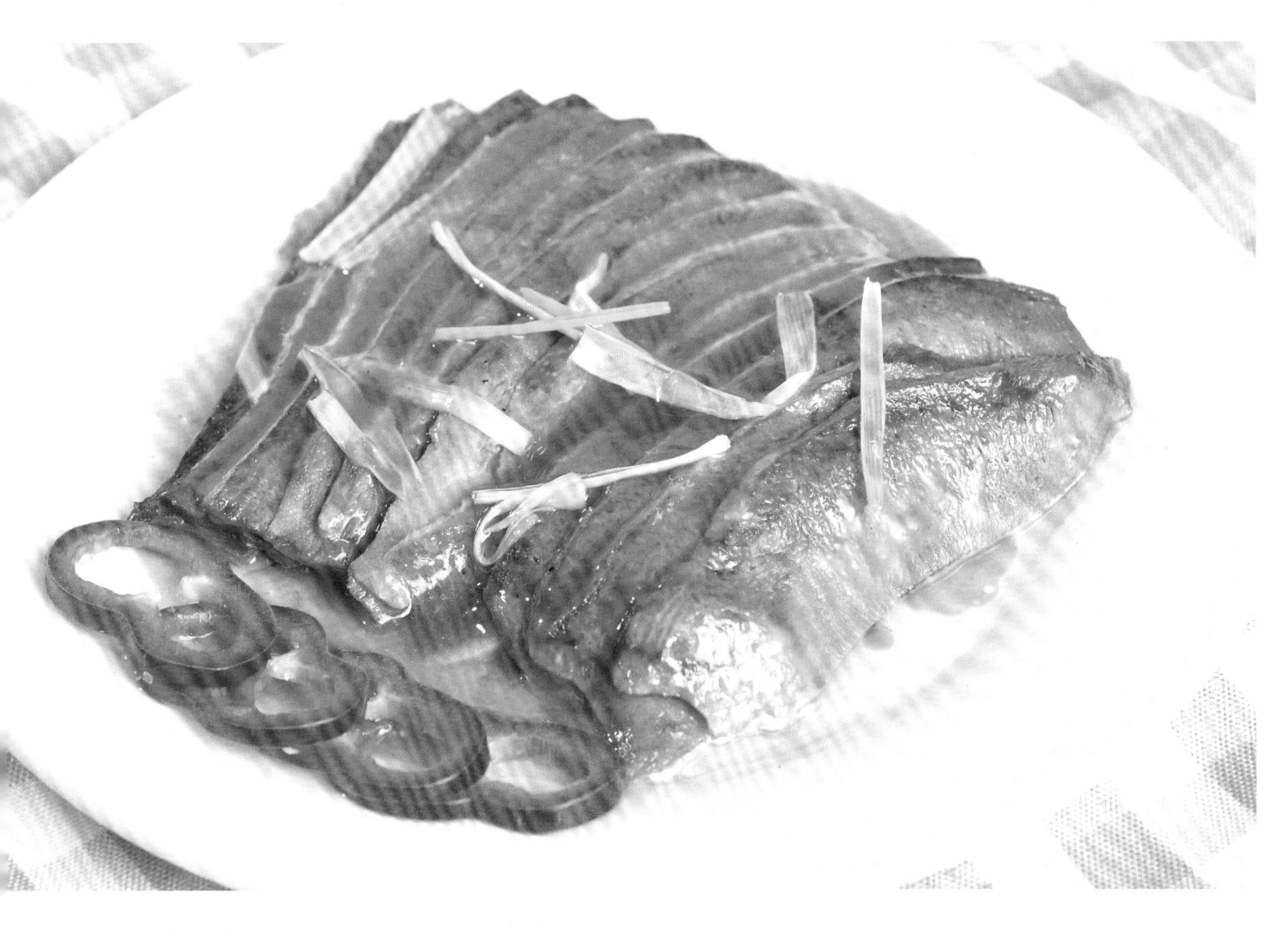

面酱 65 克、水 1000 毫升，小火熬制 20 分钟，盛出浇在牛舌上。②将牛舌放入万能蒸烤箱，选择“蒸”模式，温度 100℃，湿度 100%，蒸制 20 分钟取出，将原汤倒出。③锅烧热，倒入原汤，开小火，加入盐 10 克、生抽 5 毫升、老抽 5 毫升调味，打去浮沫，放入水淀粉 60 毫升勾芡，淋入香油 50 毫升，泼在牛舌上。④锅中剩余汤汁中加入香油 30 毫升，放入青蒜 200 克煸炒，盛出浇在牛舌上即可。

7. 成品菜装盘（盒）：菜品采用“盛入法”装入盘（盒）中，呈自然堆落状。

扒牛舌是一道传统的清真名菜，软烂鲜香，牛舌中含有丰富的蛋白质和维生素。

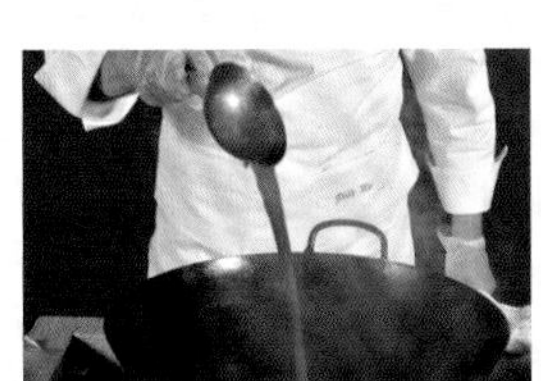

12

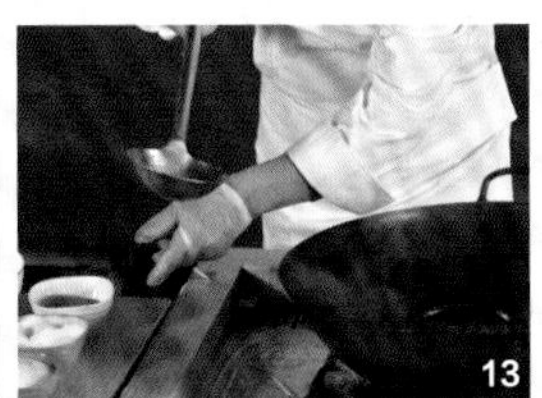

13

14

15

16

17

成菜标准

①色泽：红润；②芡汁：浓郁；③味型：咸鲜香；④质感：松烂可口；⑤成品重量：3600 克。

举一反三

用这种方法可以做扒牛肉，也可以换成微辣、微麻等口味。

锴炮羊肉

| 制 作 人 | 马志和（中国烹饪大师）
| 操作重点 | 羊肉要先炒至七成熟，煸出水汽。
| 要领提示 | 刀工要均匀，羊肉要提前腌制入味。

原料组成

主料

羊后腿肉 3500 克

辅料

大葱 1000 克、香菜 500 克

调料

盐 5 克、味精 5 克、白糖 10 克、胡椒粉 10 克、腐乳 5 克、酱油 130 毫升、老抽 20 毫升、鱼露 10 毫升、香油 5 毫升、姜蒜末各 30 克、植物油 150 毫升

加工制作流程

1. **初加工**：羊后腿肉洗净，大葱洗净，香菜洗净。
2. **原料成形**：羊后腿肉切成柳叶片，大葱切成滚刀斜葱，香菜切段。
3. **腌制流程**：将羊后腿肉 3500 克放到生食盆中，加入姜末 30 克、蒜末 30 克、酱油 130 毫升、老抽 20 毫升、鱼露 10 毫升、味精 5 克、胡椒粉 10 克、白糖 10 克、盐 5 克抓匀腌制。
4. **配菜要求**：把准备好的主料、辅料和调料分别放在器皿中。
5. **投料顺序**：食材腌制→烹饪食材→出锅装盘。

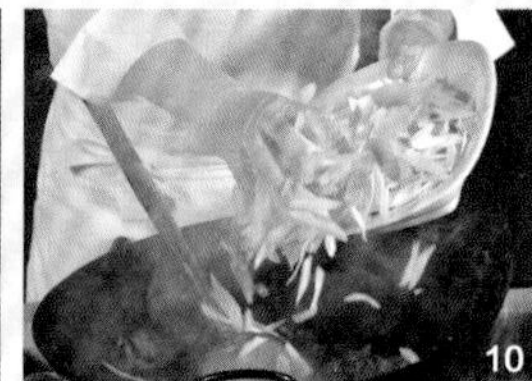

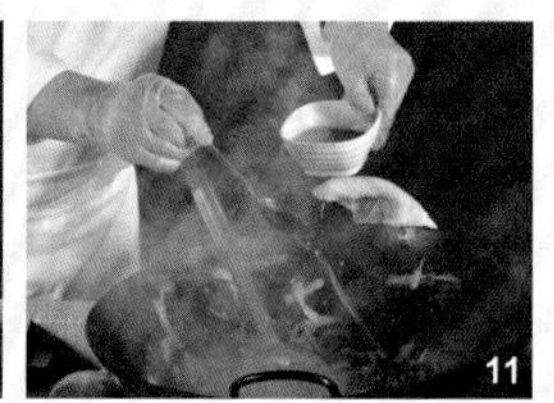

营养成分

（每 100 克营养素参考值）

能量	87.6 千卡
蛋白质	13.8 克
脂肪	2.5 克
碳水化合物	2.5 克
膳食纤维	0.6 克
维生素 A	15.6 微克
维生素 C	5.2 毫克
钙	27.0 毫克
钾	158.4 毫克
钠	238.7 毫克
铁	2.3 毫克

6. **烹调成品菜：**锅上火，放入底油，烧热后将羊后腿肉片下入，滑开煸炒，至肉片呈粉红色时下入大葱1000克煸炒，放入香油5毫升、腐乳5克，最后加入香菜500克，翻炒均匀。
7. **成品菜装盘（盒）：**菜品采用“盛入法”装入盘（盒）中，呈自然堆落状。

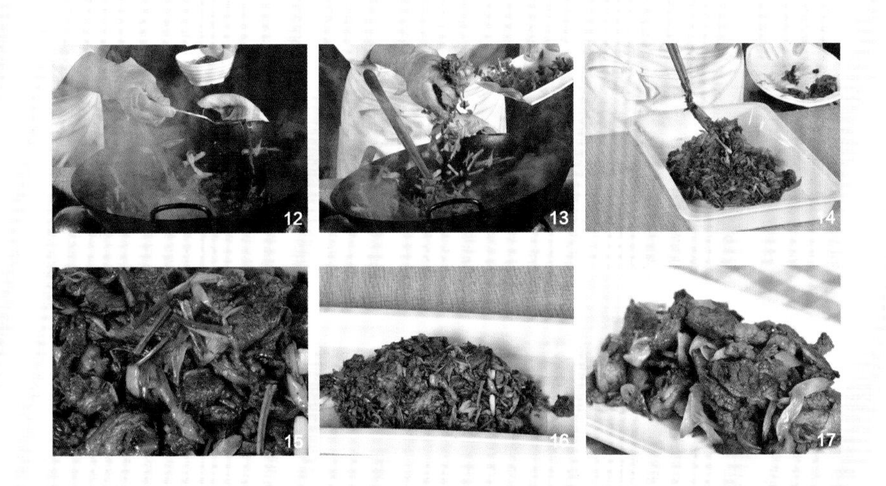

铛炮羊肉是一道传统的清真菜，焦香，羊肉中含有丰富的蛋白质和维生素。

成菜标准

①色泽：红润；②芡汁：无；③味型：焦香、咸鲜；④质感：干香；⑤成品重量：3200克。

举一反三

用此技法可以做葱爆羊肉、葱爆牛肉。

汗蒸羊肉

| 制 作 人 | 马志和（中国烹饪大师）
| 操作重点 | 羊肉提前腌制 10 个小时，去净血水。
| 要领提示 | 蒸制时间不宜过短，要一次成形。

原料组成

主料

羊前腿肉 4000 克

辅料

青椒 250 克、红椒 250 克、蒜米 500 克

调料

盐 65 克、味精 7 克、胡椒粉 3 克、花椒 6 克、香叶 3 克、洋葱丝 50 克、胡萝卜丝 50 克、芹菜段 50 克

营养成分

（每 100 克营养素参考值）

能量 .... 100.1 千卡
蛋白质 .... 14.8 克
脂肪 .... 2.5 克
碳水化合物 .... 4.5 克
膳食纤维 .... 0.3 克
维生素 A .... 11.8 微克
维生素 C .... 13.3 毫克
钙 .... 12.2 毫克
钾 .... 130.2 毫克
钠 .... 486.6 毫克
铁 .... 2.1 毫克

加工制作流程

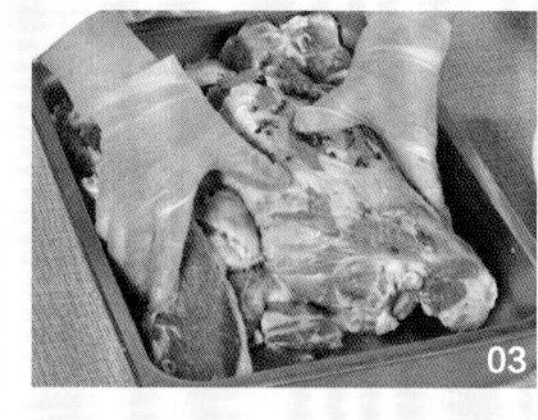

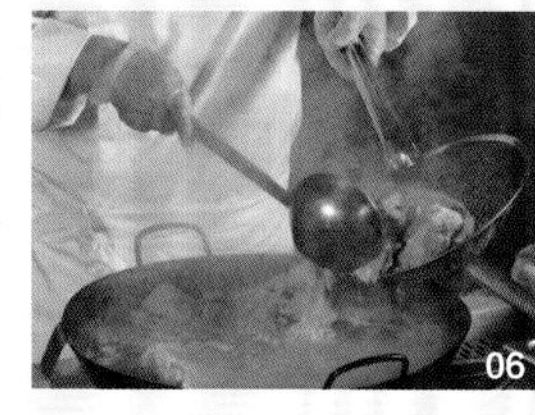

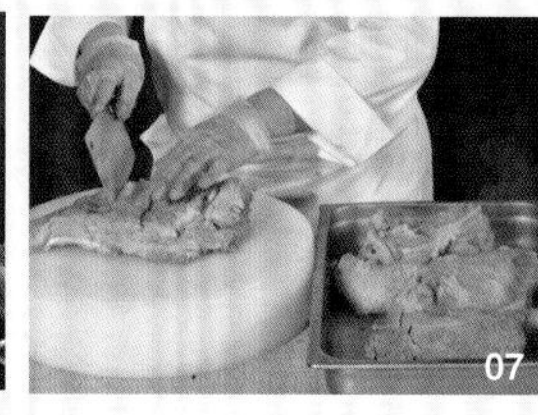

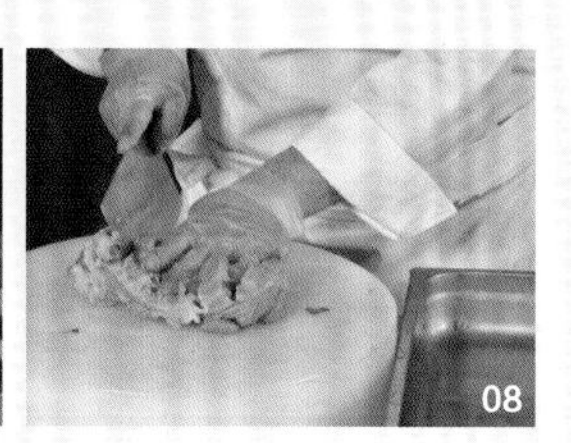

1. **初加工**：羊前腿肉去筋洗净，青椒、红椒洗净。
2. **原料成形**：将羊前腿肉去筋上锅蒸 1 小时 20 分钟，捞出改刀，切成 2 厘米宽、6 厘米长的条；青椒、红椒切成粒状。
3. **腌制流程**：羊前腿肉中放入盐 20 克、香叶 1 克、花椒 2 克拌匀，腌制 10 个小时。
4. **配菜要求**：将主料、辅料及调料分别摆放在器皿中备用。
5. **工艺流程**：腌制→焯水→改刀→制汁→蒸制→调汤→摆盘出锅。
6. **烹调成品菜**：①锅中放水烧开，放入羊前腿肉 4000 克焯水，撇去浮沫，捞出改刀，每隔 2 厘米划一刀，不切断，改好后放入蒸盘中，

撒上胡萝卜丝 50 克、洋葱丝 50 克、芹菜段 50 克备用。②锅上火烧热，加水烧开，放入香叶 2 克、花椒 4 克、盐 15 克，搅拌均匀，烧开后盛出浇在羊肉上。③将羊肉放入万能蒸烤箱，选择“蒸”模式，温度 100℃，湿度 100%，蒸制 1 小时 20 分钟取出，挑出胡萝卜丝、洋葱丝、芹菜段，倒出原汤。④锅烧热，倒入原汤，加入盐 20 克、味精 4 克、胡椒粉 3 克调味，大火烧开，盛出浇在羊肉上。⑤锅上火烧热，倒入色拉油，放入青椒红椒粒各 250 克煸炒，加入蒜米 500 克、盐 10 克、味精 3 克翻炒均匀，撒在羊肉即可。

7. 成品菜装盘（盒）： 菜品采用“盛入法”装入盘（盒）中，呈自然堆落状。

汗蒸羊肉是一道传统的清真菜，软烂可口，羊肉中含有丰富的蛋白质和维生素。

成菜标准

①色泽：白色；②芡汁：无；③味型：鲜咸；④质感：软烂；⑤成品重量：7900 克。

举一反三

用此技法可以做汗蒸全羊、汗蒸牛肋。

烧汁夹沙

| 制 作 人 | 马志和（中国烹饪大师）
| 操作重点 | 炸制时油温不宜过高。
| 要领提示 | 蛋皮要摊均匀。

原料组成

主料

牛仔盖肉 4000 克

配料

鸡蛋 1000 克、水发木耳 200 克、青红椒各 100 克

调料

味精 10 克、盐 40 克、十三香 30 克、老抽 20 毫升、玉米淀粉 600 克、葱姜水 300 毫升、蛋液 100 克、水淀粉 30 毫升、葱花 40 克、姜末 20 克、蒜末 40 克、植物油 4000 毫升

营养成分

（每 100 克营养素参考值）

能量 ………… 130.9 千卡
蛋白质 ………… 15.2 克
脂肪 ………… 5.3 克
碳水化合物 ………… 5.6 克
膳食纤维 ………… 0.2 克
维生素 A ………… 48.3 微克
维生素 C ………… 4.4 毫克
钙 ………… 26.5 毫克
钾 ………… 184.7 毫克
钠 ………… 370.7 毫克
铁 ………… 2.6 毫克

加工制作流程

1. **初加工：** 水发木耳洗净，青红椒洗净去蒂。
2. **原料成形：** 将牛仔盖肉去筋，剁成肉泥；鸡蛋打散；水发木耳切丝；青红椒去蒂切丝。
3. **腌制流程：** 牛仔盖肉馅中加入葱姜水 300 毫升、盐 30 克、味精 5 克、十三香 30 克、葱花 30 克、姜末 20 克、蒜末 20 克、蛋液 100 克搅匀，放入玉米淀粉 300 克，抓匀腌制。
4. **配菜要求：** 将主料、辅料及调料分别摆在器皿中。
5. **工艺流程：** 食材腌制→食材处理→烹饪熟化食材→出锅装盘。

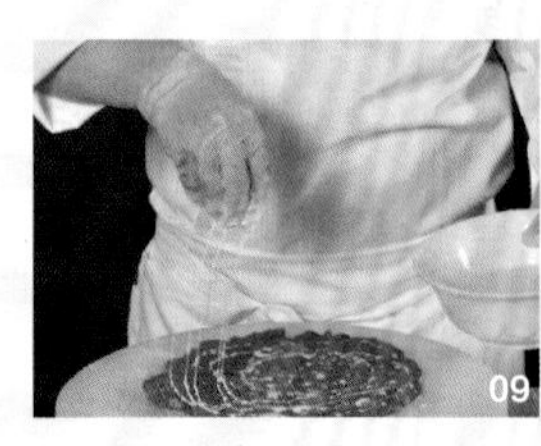
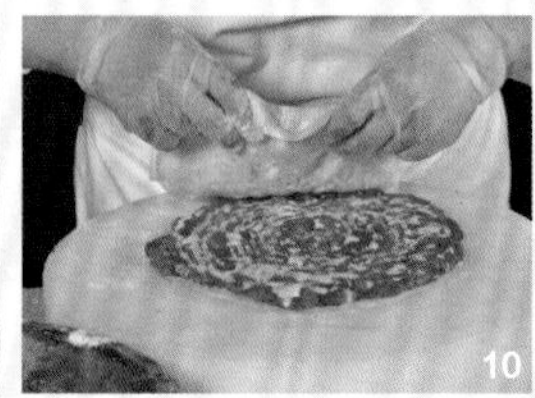
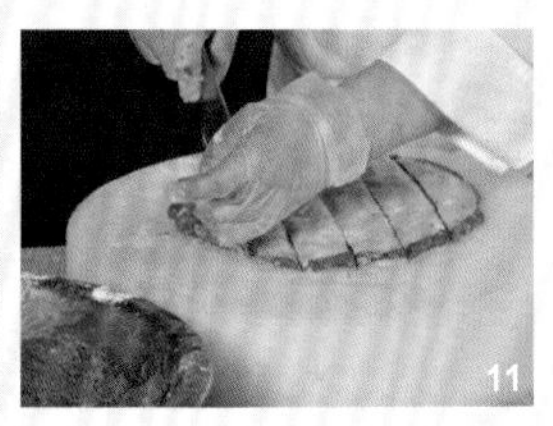

6. 烹调成品菜：①鸡蛋 1000 克打匀摊至蛋皮铺开，铺一层玉米淀粉 300 克，放上调好的肉泥约 1 厘米厚度，再盖上一层蛋皮，用手拍匀，改刀成 5 厘米宽的肉片。②锅上火烧热，倒入植物油，油温三成热，放入夹沙炸至金黄。③锅上火烧热，倒入植物油，放入蒜末 20 克、葱花 10 克煸香，下入红汤，放入盐 10 克、味精 5 克、老抽 20 毫升，淋入水淀粉 30 毫升勾芡，放入木耳丝 200 克、青红椒丝各 100 克，搅拌均匀，淋入明油，盛出浇在夹沙上即可。

7. 成品菜装盘（盒）：菜品采用“盛入法”装入盘（盒）中，呈自然堆落状。

烧汁夹沙是一道传统的清真菜，外焦里嫩，含有丰富的蛋白质和维生素。

醋溜肉片

成菜标准

①色泽：红亮；②芡汁：明汁亮芡；③味型：咸鲜；④质感：外焦里嫩；⑤成品重量：4320 克。

举一反三

用此技法可以做干炸夹沙、糖醋夹沙、酸辣夹沙。

酱汁扒鸡

| 制 作 人 | 马志和（中国烹饪大师）
| 操作重点 | 煮鸡肉时不能过老，炒酱汁时火候不宜过大。
| 要领提示 | 要突出酱香味，口味调成甜咸适中。

原料组成

主料

净整鸡 5000 克（约 10 只）

辅料

青蒜 200 克、油菜 200 克

调料

盐 40 克、白糖 35 克、八角 4 克、香油 40 毫升、鸡汁 12 克、甜面酱 110 克、葱姜蒜末各 40 克、水淀粉 150 克、开水 2000 毫升、植物油 150 毫升

加工制作流程

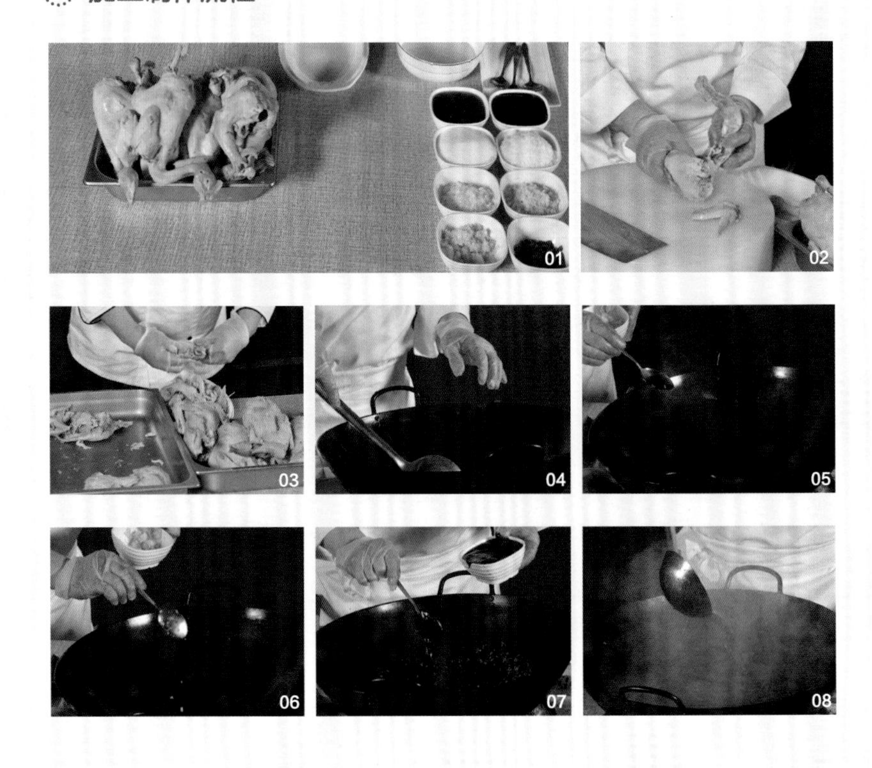

1. **初加工：**净整鸡、青蒜、油菜洗净。
2. **原料成形：**青蒜切成 3 厘米长段，油菜切十字。
3. **腌制流程：**无。
4. **配菜要求：**把准备好的主料、辅料和调料分别放在器皿中。
5. **工艺流程：**腌制→食材处理→烹制熟化食材→出锅装盘。

营养成分

（每 100 克营养素参考值）

能量	159.7 千卡
蛋白质	17.1 克
脂肪	8.9 克
碳水化合物	2.7 克
膳食纤维	0.2 克
维生素 A	46.8 微克
维生素 C	1.9 毫克
钙	15.5 毫克
钾	239.0 毫克
钠	372.1 毫克
铁	1.4 毫克

6. **烹调成品菜：**①将净整鸡 5000 克下入开水锅中煮熟，晾凉后整鸡去骨，切成段，码入盘中备用。②锅上火烧热，倒入植物油，放入八角 4 克煸香，放入葱姜蒜末各 40 克炒香，放入甜面酱 60 克煸香后放入开水 2000 毫升，放入盐 40 克、白糖 15 克调味，熬制 10 分钟，打去残渣，浇在鸡肉上，放入万能蒸烤箱，选择“蒸”模式，温度 100℃，湿度 100%，蒸制 40 分钟取出，将原汤倒出。③锅上火烧热，倒入植物油，放入甜面酱 50 克，倒入原汤，放入白糖 20 克、鸡汁 12 克调味，淋入水淀粉 150 克勾芡，盛出浇在鸡肉上。④锅中留酱汁，放入香油 40 毫升，放入青蒜 200 克煸炒，倒在鸡肉上即可。⑤最后将油菜 210 克焯水，围边装饰即可。
7. **成品菜装盘（盒）：**菜品采用“盛入法”装入盘（盒）中，呈自然堆落状。

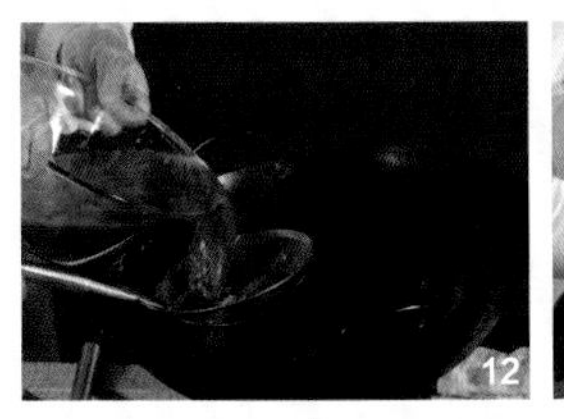
12

13

14

酱汁扒鸡是一道传统的清真菜，鸡肉嫩滑，酱香浓郁，鸡肉中含有丰富的蛋白质。

成菜标准

①色泽：红润；②芡汁：浓芡；③味型：甜咸适口；④质感：软烂；⑤成品重量：6800 克。

举一反三

用此技法可以做酱汁扒鸭、酱汁扒牛肉条。

扣松肉

|制 作 人|马志和（中国烹饪大师）
|操作重点|炸制时油温不宜过高。
|要领提示|肉段要切得大小一致。

原料组成

主料

牛肉馅 3500 克

辅料

土豆 1500 克、油豆皮 2 袋、鸡蛋 700 克

调料

五香粉 20 克、盐 35 克、葱花 30 克、姜末 30 克、玉米淀粉 800 克、生抽 280 毫升、水淀粉 200 毫升（生粉 100 克 + 水 100 毫升）、味精 7 克、胡椒粉 3 克、大料 3 克、桂皮 2 克、甜面酱 30 克、老抽 20 毫升、水 1500 毫升、植物油 3000 毫升

营养成分

（每 100 克营养素参考值）

能量	139.2 千卡
蛋白质	12.1 克
脂肪	3.0 克
碳水化合物	15.9 克
膳食纤维	0.3 克
维生素 A	27.0 微克
维生素 C	3.0 毫克
钙	23.2 毫克
钾	221.0 毫克
钠	547.8 毫克
铁	2.4 毫克

加工制作流程

1. 初加工：土豆洗净，鸡蛋打散。

2. 原料成形：土豆蒸熟，压成泥。

3. 腌制流程：将牛肉馅、土豆泥放入盆中加上五香粉 20 克、盐 20 克、味精 5 克、姜末葱花各 20 克、鸡蛋液 700 克、玉米淀粉 800 克，用手搅拌成很滋润的肉泥，备用。

4. 配菜要求：把准备好的主料、辅料和调料分别放在器皿中。

5. 工艺流程：食材腌制→食材处理→烹饪熟化食材→出锅装盘。

6. 烹调成品菜：①取一张油豆皮铺好，将拌好的牛肉土豆泥摊在油豆

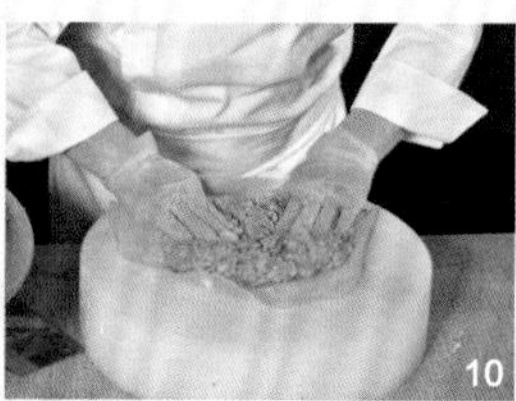

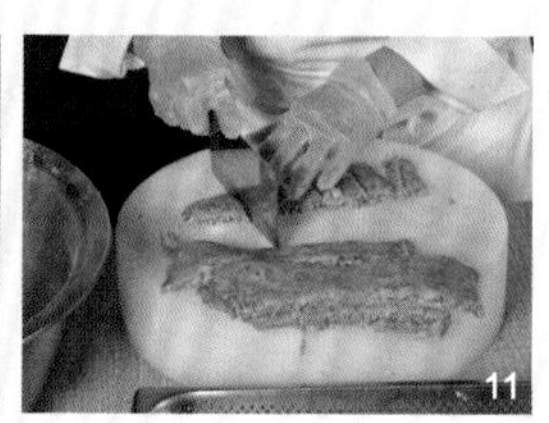

皮上，用手掌拍平，再盖上一张油豆皮，切成6至7厘米小段，备用。②锅上火烧热，放入植物油，烧至油温四成热，把包好的肉段放入锅中炸至金黄捞出，码入大碗，放入万能蒸烤箱，选择“蒸”模式，温度100℃，湿度100%，蒸制20分钟。③锅上火烧热，倒入植物油，放入大料3克、桂皮2克小火煸香，放入葱花姜末各10克继续煸香，放入甜面酱30克、水1500毫升，小火熬制20分钟，放入盐15克、味精2克、胡椒粉3克调味，放入老抽20毫升，生抽280毫升，放入水淀粉200毫升勾芡，淋入明油，盛出浇在肉段上即可。

7. 成品菜装盘（盒）：菜品采用“码入法”装入盘（盒）中，整齐美观。

扣松肉是一道传统的清真菜，软烂鲜香，牛肉中含有丰富的蛋白质、维生素和微量元素。

成菜标准

①色泽：红绿相间；②芡汁：薄芡；③味型：咸鲜；④质感：软烂可口；⑤成品重量：6300克。

举一反三

用此技法，食材可以换成羊肉、鸡肉等。

南煎丸子

| 制 作 人 | 马志和（中国烹饪大师）
| 操作重点 | 油温要控制好，不宜过高。
| 要领提示 | 丸子大小要均匀。

原料组成

主料

牛肉馅 5000 克

辅料

鸡蛋 20 个、油菜 200 克、荸荠 200 克、香菇 100 克

调料

葱姜水 300 毫升、五香粉 10 克、盐 45 克、大料 10 克、玉米淀粉 500 克、水淀粉 60 毫升、鸡蛋 150 克、老抽 25 毫升、植物油 3000 毫升

营养成分

（每 100 克营养素参考值）

能量	136.6 千卡
蛋白质	16.1 克
脂肪	4.2 克
碳水化合物	8.4 克
膳食纤维	0.2 克
维生素 A	40.5 微克
维生素 C	1.2 毫克
钙	30.2 毫克
钾	192.0 毫克
钠	354.8 毫克
铁	3.0 毫克

加工制作流程

1. **初加工：**油菜洗净，荸荠去皮洗净，香菇去蒂洗净。
2. **原料成形：**荸荠拍碎剁碎，香菇切碎。
3. **腌制流程：**牛肉馅中放入葱姜水 300 毫升、盐 30 克、五香粉 10 克、鸡蛋 150 克拌匀，放入香菇 100 克、荸荠 200 克继续拌匀，放入玉米淀粉 500 克，上下抓拌均匀备用。
4. **配菜要求：**把准备好的主料、辅料和调料分别放在器皿中。
5. **工艺流程：**食材腌制→食材处理→烹饪熟化食材→出锅装盘。
6. **烹调成品菜：**①锅上火烧热，倒入植物油，油温四成热，将牛肉馅挤成丸子，放入油锅，炸成金黄色，放入盘中。②将丸子放入万能

蒸烤箱，选择“蒸”模式，温度100℃，湿度100%，蒸制20分钟。③锅中放水烧开，放入植物油，放入油菜焯水，焯熟后捞出摆在盘四周备用。④锅上火烧热，倒入植物油，放入大料10克炒香，加入水500毫升，放入盐15克、老抽25毫升搅拌均匀，小火熬制15分钟，淋入水淀粉60毫升勾芡，淋入明油，浇在丸子上即可。

7. 成品菜装盘（盒）： 菜品采用“盛入法”装入盘（盒）中，呈自然堆落状。

南煎丸子是一道传统的清真菜，鲜美可口，牛肉中含有丰富的蛋白质、维生素。

成菜标准

①色泽：红亮；②芡汁：薄芡；③味型：咸鲜；④质感：软糯可口；⑤成品重量：5500克。

举一反三

可以换成羊肉馅、鸡肉馅。

清炖羊肉

| 制 作 人 | 马志和（中国烹饪大师）
| 操作重点 | 注意火候，低温烹制，达到原料软烂。
| 要领提示 | 要选择 18 个月以上的羊；羊肉要提前用花椒、香菜等浸泡 5-6 个小时，中间需要更换一次水。

原料组成

主料

羊前腿肉 5000 克

辅料

胡萝卜 200 克、山药 200 克、糯玉米 200 克、青蒜 200 克

调料

花椒 7 克、香叶 3 克、白芷 7 克、葱姜 180 克、小茴香 8 克、盐 25 克、胡椒粉 5 克、水 5000 毫升

营养成分

（每 100 克营养素参考值）

能量	90.6 千卡
蛋白质	16.8 克
脂肪	1.7 克
碳水化合物	1.9 克
膳食纤维	0.3 克
维生素 A	16.1 微克
维生素 C	1.8 毫克
钙	7.5 毫克
钾	314.4 毫克
钠	244.2 毫克
铁	2.7 毫克

加工制作流程

1. 初加工：羊前腿肉洗净，胡萝卜去皮洗净，山药去皮洗净，青蒜洗净。

2. 原料成形：羊前腿肉切成 8.5 厘米长、5 厘米宽的条；青蒜切成 2 厘米段，胡萝卜、山药切成滚刀片；糯玉米切成 3 厘米的厚段。香料包：花椒 7 克、香叶 3 克、白芷 7 克、小茴香 8 克装入煲汤袋中备用。葱姜料包：葱姜 180 克装入煲汤袋中备用。

3. 腌制流程：无。

4. 配菜要求：将主料、辅料及调料分别摆放在器皿中备用。

5. 工艺流程：食材处理→烹饪熟化食材→出锅装盘。

6. 烹调成品菜：①羊前腿肉冷水焯水。②锅中放水 5000 毫升烧开，

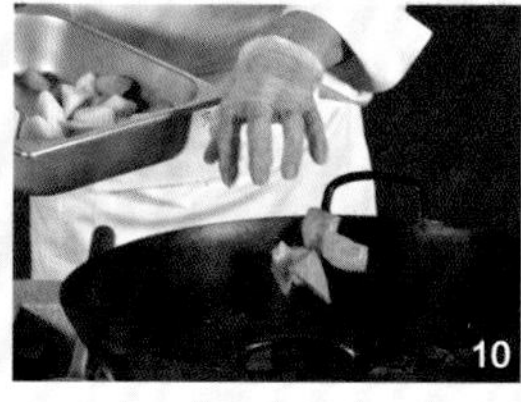

放入焯过水的羊前腿肉，放入葱姜料包和香料包煮开，撇去浮沫，倒出，放入万能蒸烤箱，选择“蒸”模式，温度100℃，湿度100%，蒸制1小时，取出，捡出料包。③锅中放水烧开，放入盐25克，分别放入胡萝卜200克、山药200克、糯玉米200克焯水，胡萝卜、山药捞出放入羊前腿肉中，糯玉米摆入盆中备用。④将蒸透的羊前腿肉、山药、胡萝卜放入盆中，原汤沥入炒锅中，烧开，放入胡椒粉5克，浇在羊肉上，上面撒上香菜即可。

7. **成品菜装盘（盒）：**菜品采用“盛入法”装入盘（盒）中，呈自然堆落状。

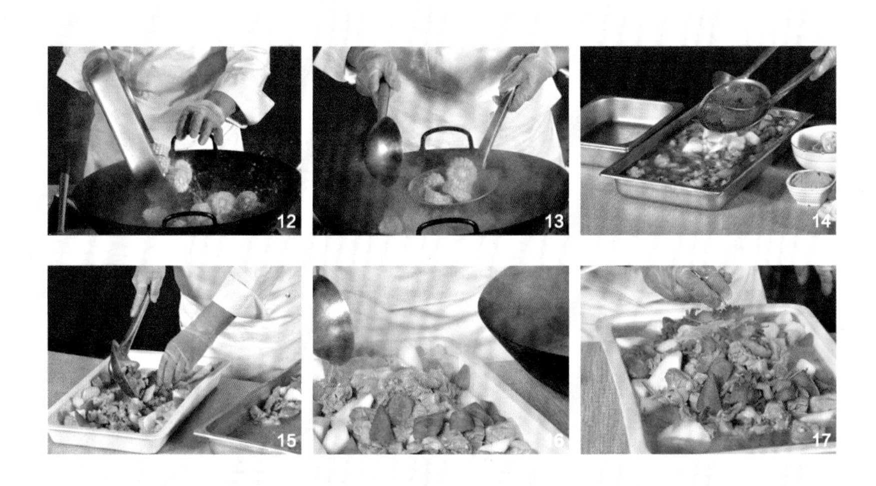

清炖羊肉是一道清真传统名菜，也是穆斯林比较喜欢的一道菜，酥烂可口，汤肥味香，羊肉中含有丰富的蛋白质和维生素，胡萝卜中含有丰富的维生素，山药具有润肺的作用，搭配玉米，营养更加丰富。

成菜标准

①色泽：红、黄、白、绿相间；②芡汁：无汁无芡；③味型：鲜咸；④质感：羊肉软烂；⑤成品重量：8200克。

举一反三

用此技法可以做清炖牛肉、清炖鸡肉。

糖熘卷果

| 制 作 人 | 马志和（中国烹饪大师）
| 操作重点 | 蒸制时馅料不宜过多。
| 要领提示 | 要选择含水少的山药，枣、山药和面粉的比例要合适；面粉要选择标准粉。

原料组成

主料

山药 4000 克

辅料

胡萝卜 500 克、空心大枣 1200 克、山楂糕 2 袋、油豆皮 2 张

调料

糖桂花 20 克、麦芽糖 100 克、白糖 10 克、面粉 1000 克、白芝麻 50 克、水淀粉 60 毫升、植物油 3000 毫升

加工制作流程

1. **初加工**：山药去皮，洗净；胡萝卜去皮，洗净；大枣洗净。
2. **原料成形**：山药拍碎，胡萝卜切丝，山楂糕切成丁。
3. **腌制流程**：取一个大盆，倒入山药、胡萝卜丝、大枣搅拌均匀，放入面粉 1000 克拌匀。
4. **配菜要求**：将主料、辅料及调料分别摆放在器皿中备用。
5. **工艺流程**：和馅料→将馅料卷成三角形蒸 45 分钟→油温六成热，下入卷果炸至金黄→制成汁浇在卷果上。

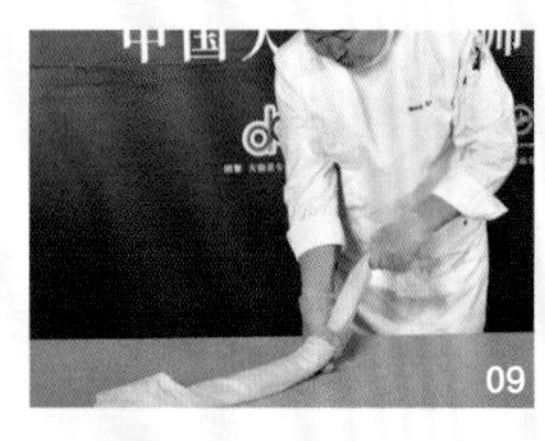

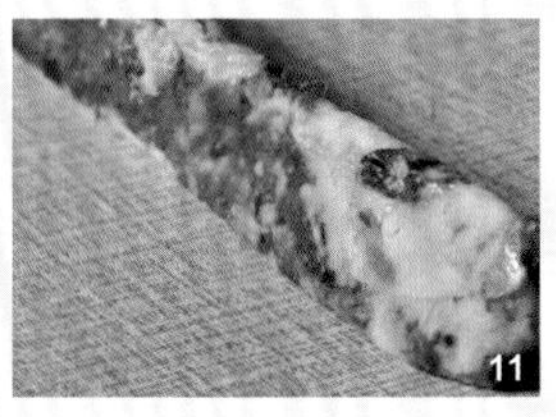

营养成分

（每 100 克营养素参考值）

能量	119.7 千卡
蛋白质	3.7 克
脂肪	0.8 克
碳水化合物	24.3 克
膳食纤维	1.3 克
维生素 A	29.3 微克
维生素 C	46.3 毫克
钙	24.8 毫克
钾	233.5 毫克
钠	16.7 毫克
铁	0.6 毫克

6. **烹调成品菜：**①用油豆皮将拌好的馅料裹起，放入万能蒸烤箱，选择“蒸”模式，温度100℃，湿度100%，蒸制45分钟，趁热用纱布卷成边长5cm的三角形，晾凉，切成2cm的块。②锅上火烧热，倒入植物油，油温六成热，放入卷果，炸至金黄捞出。③锅上火烧热，加入水500毫升、糖桂花20克、麦芽糖100克搅匀，放入白糖10克，淋入明油，放入水淀粉60毫升勾芡，放入炸好的卷果，颠翻均匀即可出品。摆盘后撒入白芝麻50克、山楂条点缀即可。

7. **成品菜装盘（盒）：**菜品采用“盛入法”装入盘（盒）中，呈自然堆落状。

糖熘卷果是一道清真点心，深得回族人民喜爱，香甜可口，含有丰富的维生素和蛋白质等营养成分。

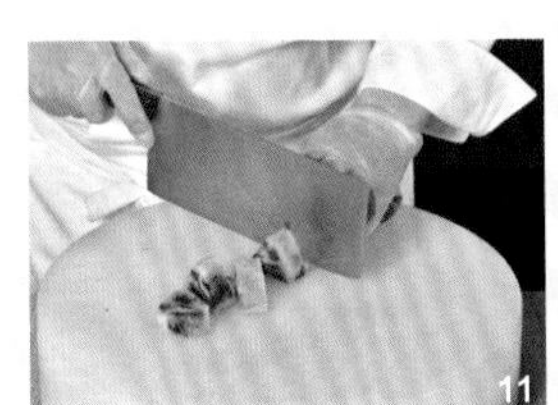

成菜标准

①色泽：红亮；②芡汁：无；③味型：香甜；④质感：外酥里嫩；⑤成品重量：3400克。

鲜菌蒸滑鸡

| 制 作 人 | 马志和（中国烹饪大师）
| 操作重点 | 蒸制时间不宜过短；调味时口味不要太重，以鲜为主。
| 要领提示 | 上浆时要注意淀粉比例；焯水时水温不宜过高。

原料组成

主料

去骨鸡腿肉 4000 克

辅料

鲜口蘑 250 克、茶树菇 250 克、白玉菇 250 克、蟹味菇 250 克

调料

盐 16 克、味精 3 克、胡椒粉 2 克、葱段 50 克，姜片 50 克，蛋清 100 克、玉米淀粉 245 克、香菜 50 克

营养成分

（每 100 克营养素参考值）

能量	153.6 千卡
蛋白质	18.1 克
脂肪	5.5 克
碳水化合物	7.7 克
膳食纤维	1.8 克
维生素 A	16.2 微克
维生素 C	0.2 毫克
钙	10.0 毫克
钾	411.2 毫克
钠	176.0 毫克
铁	2.8 毫克

加工制作流程

1. **初加工**：去骨鸡腿肉、鲜口蘑、茶树菇、白玉菇、蟹味菇、香菜洗净。
2. **原料成形**：鸡腿肉切 3 厘米长、2 厘米宽的丁，香菜留叶。
3. **腌制流程**：把鸡腿肉放在生食盆中，加入盐 10 克、蛋清 100 克、玉米淀粉 245 克抓匀上浆备用。
4. **配菜要求**：把准备好的主料、辅料和调料分别放在器皿中。
5. **工艺流程**：腌制→食材处理→烹制熟化食材→出锅装盘。

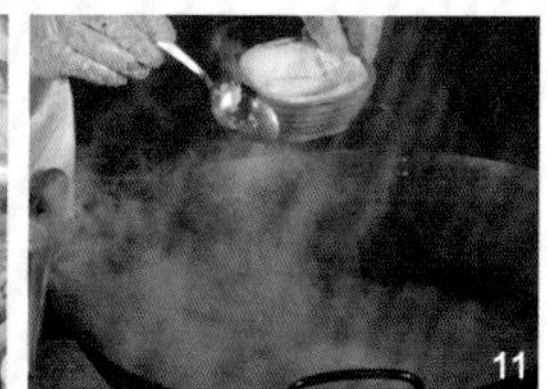

6. **烹调成品菜：**①锅中放入水烧开，放入蘑菇焯水，焯熟后放在盘底，备用；分散下入鸡腿肉，鸡腿肉变白后捞出放在蘑菇上，撒上姜片50克、葱段50克。②锅中放入水2000毫升，放入盐3克烧开，浇在鸡肉上，将鸡肉放入万能蒸烤箱，选择“蒸”模式，温度100℃，湿度100%，蒸制1小时20分钟，取出，倒出原汤。③锅上火烧热，倒入原汤，加入盐3克、味精3克、胡椒粉2克调味，烧开后盛出浇在鸡肉上，撒上香菜即可。

7. **成品菜装盘（盒）：**菜品采用“盛入法”装入盘（盒）中，呈自然堆落状。

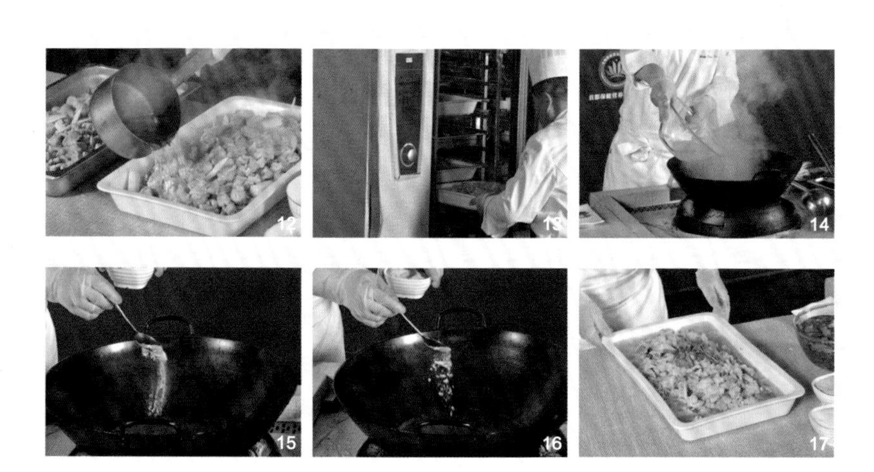

鲜菌蒸滑鸡是一道传统的清真菜，滑嫩鲜香，鸡肉中含有丰富的蛋白质，蘑菇中则含有多种维生素和氨基酸。

成菜标准

①色泽：白色；②芡汁：无；③味型：鲜咸；④质感：鲜香滑嫩；⑤成品重量：4700克。

举一反三

采用这种技法可以做口蘑干贝鸡。

炸鲜果仟

| 制 作 人 | 马志和（中国烹饪大师）
| 操作重点 | 面粉和原材料的比例要适当，炸制时油温不宜过高。
| 要领提示 | 选用含水量低的水果，面粉要选择标准粉。

原料组成

主料

苹果 2000 克、梨 1000 克、香蕉 1000 克、青梅 500 克

辅料

油豆皮 4 张、山楂糕 500 克

调料

白糖 40 克、面粉 600 克、面糊 1000 克、植物油 3000 毫升

加工制作流程

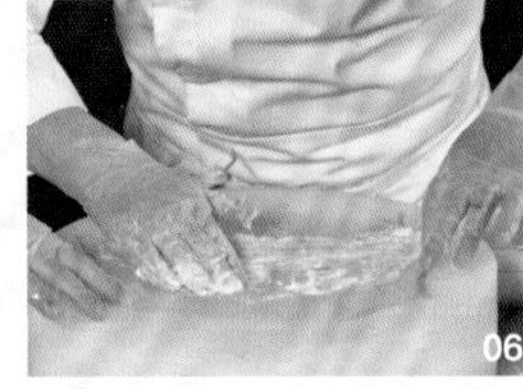

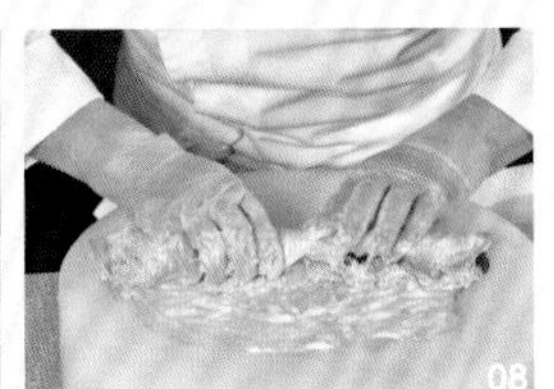

1. 初加工：苹果、香蕉、梨去皮洗净，青梅用温水泡软。
2. 原料成形：苹果、香蕉、梨、青梅切粗丝，山楂糕切 0.5 厘米宽、10 厘米长的条。
3. 腌制流程：将苹果丝、梨丝、香蕉丝、青梅放入盆中拌匀，加入面粉 600 克，抓拌均匀备用。
4. 配菜要求：将主料、辅料及调料摆放在器皿中备用 。

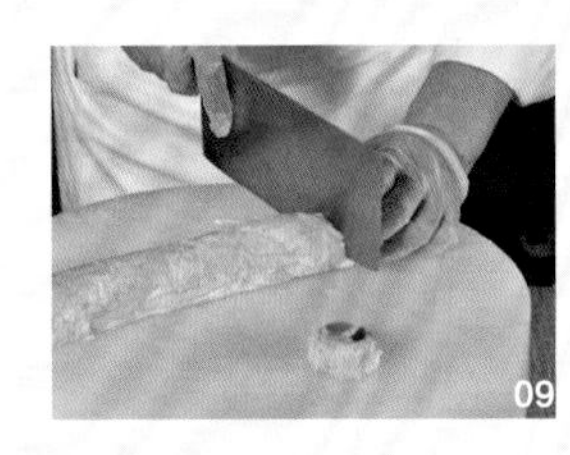

营养成分

（每 100 克营养素参考值）

能量	97.6 千卡
蛋白质	2.2 克
脂肪	0.5 克
碳水化合物	21.0 克
膳食纤维	1.8 克
维生素 A	3.3 微克
维生素 C	8.1 毫克
钙	12.8 毫克
钾	136.6 毫克
钠	1.7 毫克
铁	0.5 毫克

5. **工艺流程**：将苹果丝、梨丝、香蕉丝、青梅放入盆中加面粉搅匀→油豆皮上抹上面糊放入果馅和山楂糕条，卷成卷切成厚片→油温四成热炸至金黄色→装盘撒上白糖即可。

6. **烹调成品菜**：①油豆皮平铺，放上面糊抹匀，放入拌好的果馅和山楂糕，卷成卷切1厘米厚的圆片。②锅上火烧热，倒入植物油，油温四成热，下入卷好的果仟炸至金黄，装盘撒白糖40克。

7. **成品菜装盘（盒）**：菜品采用“码入法”装入盘（盒）中，整齐美观。

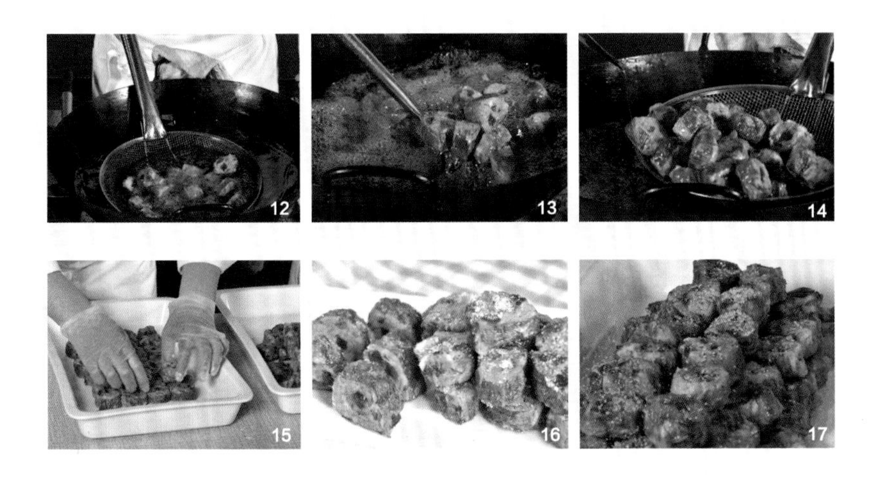

炸鲜果仟是一道清真传统菜，香甜可口，富含多种维生素。

成菜标准

①色泽：金黄；②芡汁：无；③味型：香甜微酸；④质感：软糯；⑤成品重量：4320克。

举一反三

用此技法可以换成其他水果。

过桥龙胆石斑

| 制 作 人 | 孙家涛（中国烹饪大师）
| 操作重点 | 鱼骨熬汤时要煸炒，汤要熬至白色。
| 要领提示 | 鱼片要切大薄片，上浆均匀，淀粉不宜过多。

原料组成

主料

石斑鱼 4000 克

配料

油菜 750 克、冬笋 50 克、木耳 100 克、香菜 50 克、鸡蛋 50 克

调料

盐 40 克、料酒 100 毫升、味精 33 克、蛋清 72 克、胡椒粉 4 克、葱油 50 毫升、干生粉 30 克、葱段 50 克、姜片 50 克、植物油 100 毫升

营养成分

（每 100 克营养素参考值）

能量.................... 87.9 千卡
蛋白质 ....15.7 克
脂肪..........................1.7 克
碳水化合物................2.5 克
膳食纤维...................0.3 克
维生素 A .... 28.3 微克
维生素 C .... 5.5 毫克
钙 .... 36.0 毫克
钾 .... 293.5 毫克
钠..................... 428.3 毫克
铁 .... 1.5 毫克

加工制作流程

1. **初加工**：石斑鱼洗净，油菜洗净，木耳泡发洗净，香菜去根洗净。
2. **原料成形**：石斑鱼去骨切薄片，鱼骨剁块，油菜留菜心，冬笋切片，香菜切段，木耳去根，鸡蛋吊出蛋皮切菱形片。
3. **腌制流程**：石斑鱼片加盐 25 克、味精 20 克、料酒 60 毫升抓匀，加蛋清 72 克、干生粉 30 克上浆备用。
4. **配菜要求**：将主料、辅料和调料分别摆放在器皿中。
5. **工艺流程**：食材处理→食材腌制→烹饪熟化食材→出锅装盘。
6. **烹调成品菜**：①锅上火烧热，热锅凉油，放入葱段姜片各 50 克、下鱼骨翻炒，加入料酒 40 毫升翻炒均匀后，加入清水，熬制，待汤汁浓稠滤出杂质备用。②锅上火，加入清水烧开，加入木耳 100 克、冬笋片 50 克焯水，焯熟后捞出；锅中重新放水烧开，下入石斑鱼片，焯熟后捞出。③锅上火烧热，倒入植物油，放入油菜翻炒均匀，加入盐 5 克继续翻炒，加入水，翻炒均匀后盛出。④锅烧热，倒入鱼

汤、冬笋片、蛋皮，放入盐 10 克、胡椒粉 4 克、味精 13 克调味，放入鱼片，淋入葱油 50 毫升，出锅撒入香菜段，配以油菜心。

7. 成品菜装盘（盒）：菜品采用“盛入法”装入盘（盒）中，呈自然堆落状。

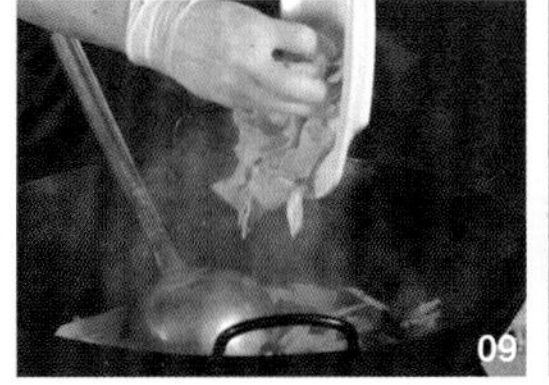

鸡腰虾仁

过桥龙胆石斑鱼是一道半汤菜，口味清淡，鱼肉滑爽，石斑鱼低脂肪、高蛋白，适合大部分人群食用。

成菜标准

①色泽：色泽鲜艳；②味型：咸鲜；③质感：鱼肉滑嫩可口；④成品重量：4810 克。

举一反三

可以做过桥鳜鱼，过桥鲈鱼。

黑椒汁牛肋排

| 制 作 人 | 孙家涛（中国烹饪大师）
| 操作重点 | 牛肋排要提前用水浸泡焯水，除净腥味。
| 要领提示 | 牛肋排压制时间要掌握好，软硬要适度，黑椒汁中的黄油不宜过多。

原料组成

主料

带骨牛肋排 8000 克

辅料

西兰花 1000 克、红黄彩椒各 500 克、洋葱 500 克

调料

盐 50 克、味精 20 克、冰糖 100 克、料酒 100 毫升、老抽 50 毫升、八角 20 克、香叶 8 克、桂皮 32 克、丁香 15 克、茴香 12 克、黑椒汁 180 克、香油 30 毫升、黄油 115 克、水淀粉 250 毫升（生粉 120 克 + 水 130 毫升）、明油 300 毫升

营养成分

（每 100 克营养素参考值）

能量.................. 115.2 千卡
蛋白质 ....13.9 克
脂肪..........................5.3 克
碳水化合物................2.9 克
膳食纤维 ....0.4 克
维生素 A .... 7.0 微克
维生素 C .... 17.1 毫克
钙 .... 22.3 毫克
钾 .... 194.8 毫克
钠 .... 279.0 毫克
铁 .... 2.2 毫克

加工制作流程

1. **初加工：**带骨牛肋排洗净，洋葱去皮洗净，红黄彩椒去蒂洗净，西兰花去根洗净。
2. **原料成形：**牛肋排切块，红黄彩椒切粒，洋葱中间切开，西兰花切小朵修圆。
3. **腌制流程：**无。
4. **配菜要求：**将主料、辅料及调料分别摆放在器皿中。
5. **工艺流程：**食材处理→烹饪熟化食材→出锅装盘。

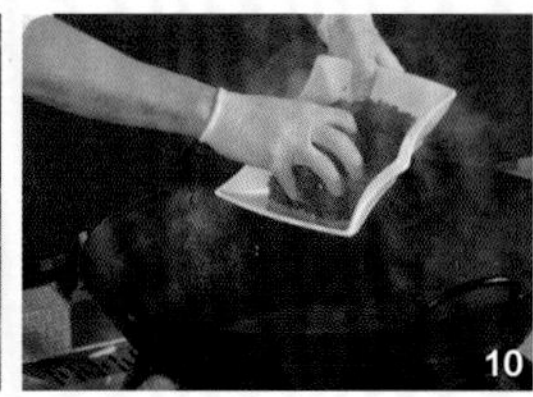

6. 烹调成品菜：①锅上火烧热，倒入纯净水，下入牛排焯水，撇去浮沫，焯净血水后捞出，晾凉。②将香料装入料包中，把料包、洋葱放入高压锅，再放入牛肋排，加水，加入盐 35 克、味精 10 克、料酒 100 毫升、冰糖 100 克、老抽 50 毫升，盖上盖压制 25 分钟。③锅中放水烧开，加盐 5 克，放入西兰花 1000 克焯熟备用。④锅中放入黄油熬化，放入洋葱 500 克、黑椒汁 180 克，倒入原汤，加入盐 10 克、味精 10 克，红黄彩椒丁各 500 克，水淀粉 250 毫升勾芡，淋入香油 30 毫升、明油 300 毫升即可。⑤压好的牛肋排摆盘，淋入黑椒汁，西兰花围边即可。

7. 成品菜装盘（盒）：菜品采用“盛入法”装入盘（盒）中，呈自然堆落状。

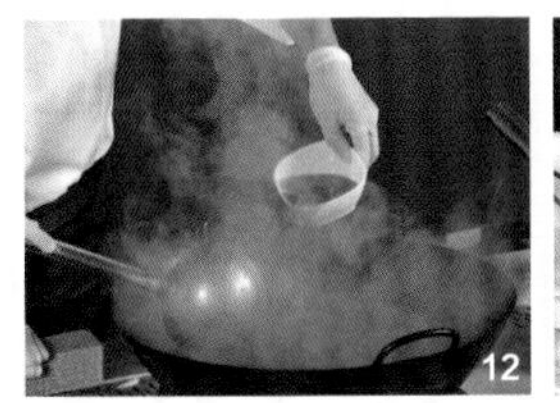
12

13

14

黑椒汁牛肋排是一道中西结合的菜肴，用中式的烹饪技法结合西式的酱汁，牛肉酥烂、黑椒味浓，牛肉中含有人体所需的蛋白质和维生素等营养成分。

成菜标准

①色泽：色泽红亮；②味型：黑椒味厚；③质感：牛肉酥烂；④成品重量：4520 克。

举一反三

用此技法可以做红烧牛肋排。

花菇黄焖鸭

| 制 作 人 | 孙家涛（中国烹饪大师）
| 操作重点 | 花菇要去根。
| 要领提示 | 炒制糖色时要注意火候，不可过火。

原料组成

主料

鸭腿 3500 克

辅料

鲜花菇 1500 克、美人椒 100 克、青蒜 300 克

调料

盐 40 克、冰糖 30 克、白糖 110 克、水淀粉 100 克（生粉 50 克 + 水 50 毫升）、味精 30 克、生抽 50 毫升、老抽 6 毫升、大料 40 克、花椒 40 克、陈皮 20 克、料酒 60 毫升、香油 20 毫升、葱油 55 毫升、桂皮 30 克、葱段 50 克、姜片 50 克、植物油 280 毫升

营养成分

（每 100 克营养素参考值）

能量………………177.6 千卡
蛋白质………………10.2 克
脂肪………………12.8 克
碳水化合物………………5.5 克
膳食纤维………………1.4 克
维生素 A………………35.1 微克
维生素 C………………2.8 毫克
钙………………13.6 毫克
钾………………206.8 毫克
钠………………406.4 毫克
铁………………1.8 毫克

加工制作流程

01

02

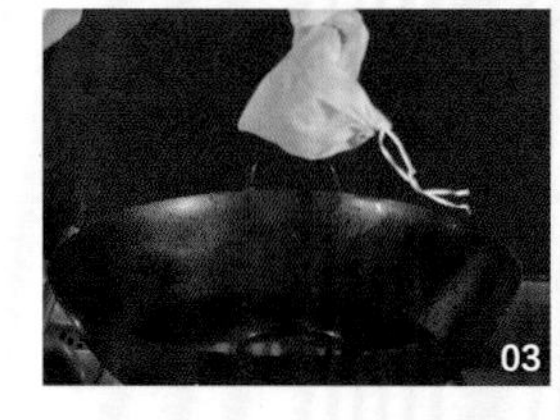
03

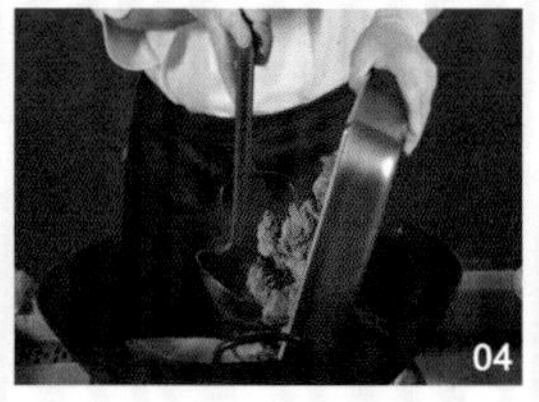
04

05

06

07

08

1. **初加工：**鸭腿洗净，青蒜去根洗净，鲜花菇去根洗净，美人椒去蒂洗净。
2. **原料成形：**鸭腿切块，青蒜切斜段、留叶，大葱切段，姜切片，美人椒切斜椒圈。
3. **腌制流程：**无。
4. **配菜要求：**鸭腿、青蒜、鲜花菇、美人椒、配料分别放入器皿中备用。
5. **工艺流程：**食材处理→烹饪熟化食材→出锅装盘。
6. **烹调成品菜：**①锅上火烧热，倒入纯净水，将鸭腿、鲜花菇分别焯水。②锅中倒入植物油 50 毫升，热锅凉油，加入白糖 110 克炒至融化。

09

10

11

③将花椒40克、大料40克、陈皮20克、桂皮30克、葱段姜片各50克装入煲汤袋，下入锅中，放入鸭腿3500克、鲜花菇1500克，料酒60毫升、盐35克、生抽50毫升、冰糖30克烧至收汁，加入味精30克、老抽6毫升、水淀粉100克勾芡，翻炒均匀，放入青蒜300克，淋入明油55毫升翻炒均匀即可出锅。④锅上火烧热，倒入植物油30毫升，放入美人椒100克，加入盐5克、香油20毫升翻炒均匀，盛出撒在黄焖鸭上。

7. 成品菜装盘（盒）： 菜品采用“盛入法”装入盘（盒）中，呈自然堆落状。

花菇黄焖鸭是一道由传统黄焖技法演变而来的菜肴，鸭肉软烂，口味醇厚，鸭肉中的蛋白质含量比较高，花菇中含有多种氨基酸、粗纤维和维生素等营养元素。

成菜标准

①色泽：色泽红亮；②味型：咸鲜微甜；③质感：软烂适口；④成品重量：3770克。

举一反三

可以做花菇黄焖鸡、花菇黄焖鹅。

金汤野米烩鲜贝

| 制 作 人 | 孙家涛（中国烹饪大师）
| 操作重点 | 鲜贝要焯熟，但时间不能过长。
| 要领提示 | 野米要蒸软烂，与南瓜汁煮至粘稠。

原料组成

主料

鲜贝 3000 克

辅料

野米 800 克、金瓜 670 克、枸杞 30 克、香芹 500 克

调料

盐 45 克、味精 40 克、料酒 15 毫升、香油 150 毫升、葱油 130 毫升、水淀粉 100 克、明油 200 毫升

营养成分

（每 100 克营养素参考值）

能量	151.1 千卡
蛋白质	10.2 克
脂肪	5.5 克
碳水化合物	15.1 克
膳食纤维	0.4 克
维生素 A	5.3 微克
维生素 C	0.7 毫克
钙	22.1 毫克
钾	173.4 毫克
钠	502.2 毫克
铁	0.8 毫克

加工制作流程

1. 初加工：香芹洗净，金瓜去皮洗净，鲜贝洗净。

2. 原料成形：金瓜切片蒸熟打成蓉，野米蒸熟，枸杞泡发。

3. 腌制流程：无。

4. 配菜要求：将主料、辅料和调料分别摆放在器皿中。

5. 工艺流程：食材处理→烹饪熟化食材→出锅装盘。

6. 烹调成品菜：①锅中放水烧开，下入野米 800 克、金瓜蓉 670 克，加入盐 15 克、味精 10 克，熬至黏稠，淋入香油，盛至盘中，撒上

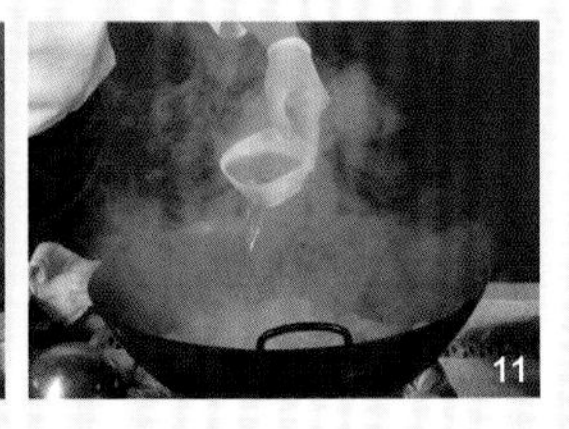

枸杞 30 克备用。②锅中放水烧开，加入盐 10 克，放入鲜贝焯水，焯熟后捞出。③锅上火烧热，放入葱油 130 毫升，香芹 500 克、鲜贝 3000 克翻炒均匀，加入盐 20 克、味精 30 克、料酒 15 毫升翻炒均匀，放入香油 150 毫升，水淀粉 100 克勾芡，淋入明油 200 毫升，即可出锅，倒在野米上即可。

7. **成品菜装盘（盒）：** 菜品采用“盛入法”装入盘（盒）中，呈自然堆落状。

金汤野米烩鲜贝是一道养生菜，鲜贝口感软嫩，香芹口味清香，野米的营养价值较白米丰富，富含蛋白质及其他营养成分，经常吃可以增强体质。

成菜标准

①色泽：白黄相间；②、芡汁：原汁；③味型：口味咸鲜；④质感：软烂可口；⑤成品重量：6440 克。

举一反三

用此技法可以做金汤野米烩海参。

芦蒿肉丝炒豆干

| 制 作 人 | 孙家涛（中国烹饪大师）
| 操作重点 | 炒芦蒿要用急火炒制，出锅时淋入花椒油。
| 要领提示 | 肉丝长短相等，粗细均匀，浆肉丝时上浆要饱满。

原料组成

主料

芦蒿 3000 克、白豆干 1400 克

辅料

里脊肉 500 克、红椒 100 克

调料

盐 30 克、鸡粉 20 克、花椒油 90 毫升、冰糖老抽 10 毫升、鸡蛋 50 克、葱姜丝各 50 克、植物油 1000 毫升

营养成分

（每 100 克营养素参考值）

能量……………… 111.9 千卡
蛋白质……………………8.9 克
脂肪…………………………5.3 克
碳水化合物………………6.9 克
膳食纤维…………………0.4 克
维生素 A……………… 4.5 微克
维生素 C……………… 2.2 毫克
钙…………………… 281.7 毫克
钾……………………… 96.9 毫克
钠…………………… 412.2 毫克
铁………………………… 6.7 毫克

加工制作流程

1. **初加工**：芦蒿、里脊肉清洗干净。
2. **原料成形**：芦蒿切 6cm 段，里脊肉切丝，白豆干切细条。
3. **腌制流程**：里脊肉丝中放入盐 5 克、鸡粉 5 克、冰糖老抽 10 毫升抓拌均匀，放入鸡蛋 50 克继续抓匀，加入生粉抓匀上浆备用。
4. **配菜要求**：把芦蒿、里脊肉、白豆干、盐、鸡粉、花椒油、冰糖老抽分别装在器皿里。
5. **工艺流程**：炙锅→烧油→食材滑油→烹制熟化食材→出锅装盘。

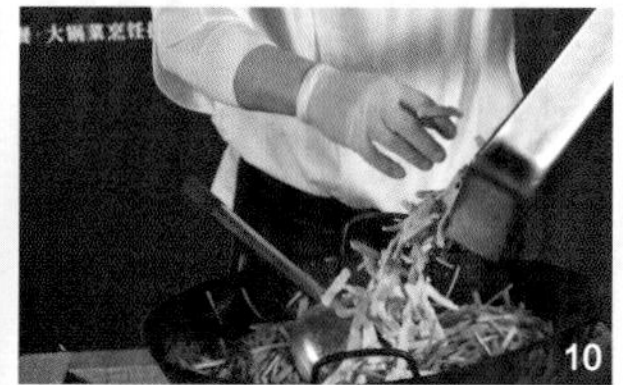

6. 烹调成品菜：①锅上火烧热，放入植物油，油温六成热，下入里脊肉丝滑油，滑熟捞出备用。②锅上火烧热，放入植物油，放入葱姜丝各 50 克煸香，倒入芦蒿 3000 克爆炒，放入盐 25 克、鸡粉 15 克继续翻炒成熟，放入白豆干 1400 克翻炒均匀，再放入滑好的里脊肉丝 500 克、红椒 100 克翻炒均匀，淋入花椒油 90 毫升即可。

芦蒿肉丝炒豆干是一道时令菜，芦蒿每年过 3 月就会变老，多产自江南地区，此菜口味清淡，色泽碧绿，口感脆嫩，芦蒿营养丰富，含有维生素、钙等营养元素。

成菜标准

①色泽：色泽饱满；②芡汁：无；③味型：咸鲜；④质感：脆嫩滑爽；⑤成品重量：5000 克。

举一反三

食材换作牛肉、鱼也可以适用。

米浆时蔬烩猪肝

| 制 作 人 | 孙家涛（中国烹饪大师）

| 操作重点 | 米浆不宜过稠。

| 要领提示 | 猪肝焯水时火候要恰当，不宜过老。

原料组成

主料

猪肝 3000 克

辅料

大米 500 克、芦笋 500 克、蒲菜 500 克、芥菜胆 500 克

调料

盐 47 克、味精 27 克、葱油 180 毫升、香油 50 毫升、料酒 90 毫升、胡椒粉 10 克、鸡汤 1000 毫升、枸杞 30 克

营养成分

（每 100 克营养素参考值）

能量………………126.7 千卡

蛋白质………………10.6 克

脂肪……………………5.9 克

碳水化合物……………7.8 克

膳食纤维………………0.5 克

维生素 A………3081.9 微克

维生素 C………… 13.4 毫克

钙…………………… 19.9 毫克

钾…………………… 171.3 毫克

钠…………………… 391.3 毫克

铁…………………… 11.2 毫克

加工制作流程

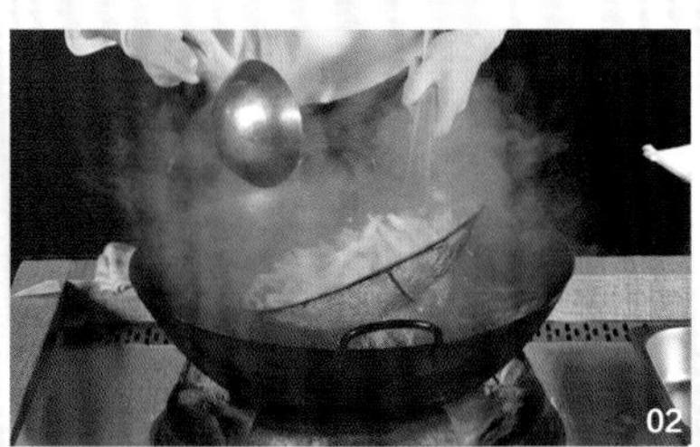

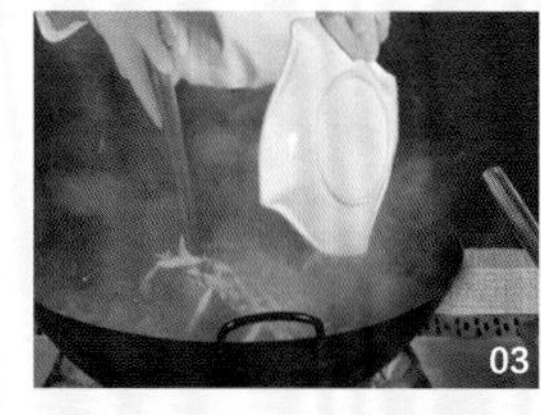

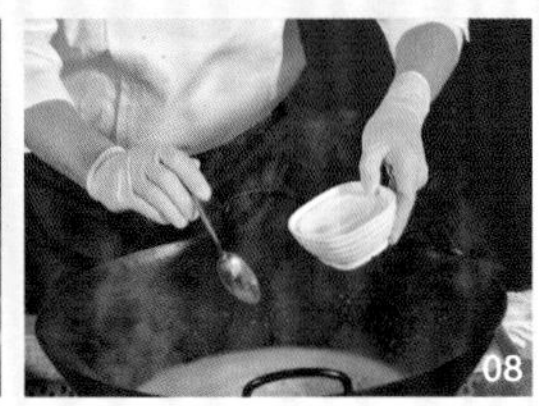

1. **初加工：**猪肝洗净，芦笋去皮洗净，芥菜胆洗净，枸杞洗净，大米淘洗干净。
2. **原料成形：**猪肝切柳叶片，芦笋切段，蒲菜切段，芥菜胆斩件，大米熬制打成米浆，枸杞泡水。
3. **腌制流程：**无。
4. **配菜要求：**将腌制好的猪肝、芦笋、蒲菜、芥菜胆、大米浆及调料分别摆放器皿中。
5. **工艺流程：**食材腌制→食材处理→烹饪熟化食材→出锅装盘。

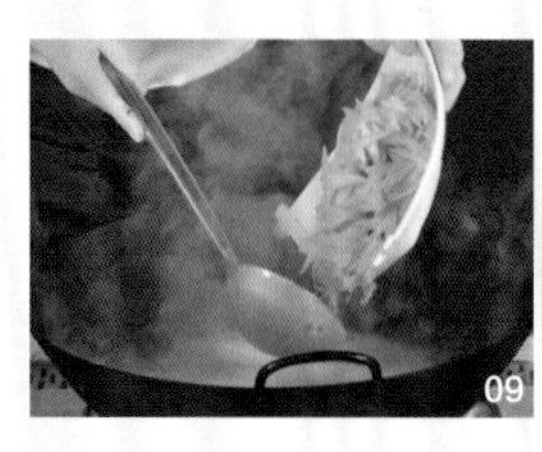

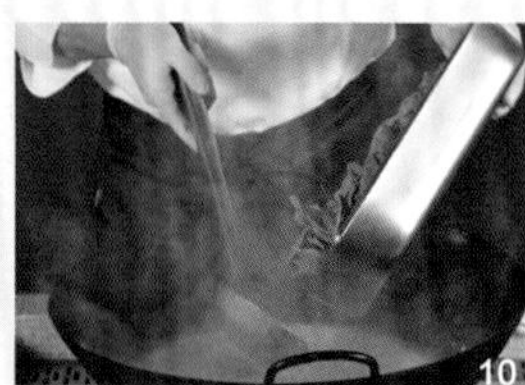

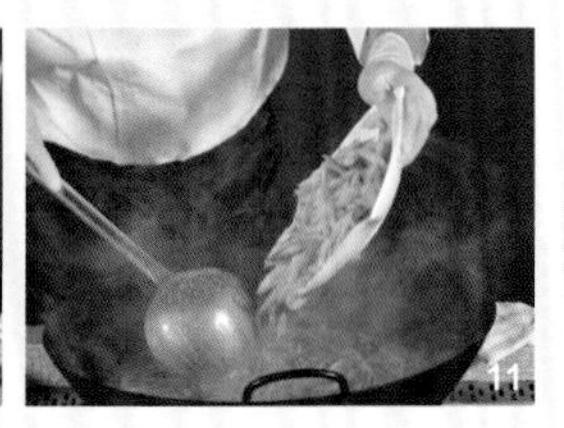

6. 烹调成品菜：①锅上火烧热，放纯净水烧开，将芦笋 500 克、蒲菜 500 克分别焯水，芥菜胆 500 克烫熟，捞出后放入猪肝 3000 克，放入料酒 90 毫升，焯熟，捞出。②锅上火，倒入鸡汤 1000 毫升，米浆 500 克，加入盐 44 克、胡椒粉 10 克、味精 27 克烧开，放入蒲菜、猪肝、芦笋，烧开，放入枸杞 30 克，淋入葱油 100 毫升，即可出锅。③锅上火烧热，倒入葱油 80 毫升，放入芥菜胆、盐 3 克翻炒均匀，放入香油 50 毫升，码在盘子四周即可。

7. 成品菜装盘（盒）：菜品采用“盛入法”装入盘（盒）中，呈自然堆落状。

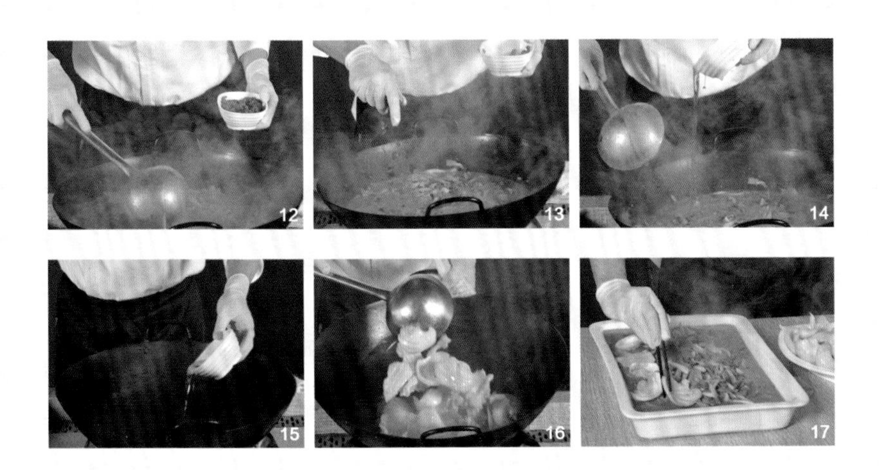

米浆时蔬烩猪肝是一道美味的养生菜肴，猪肝滑嫩，米浆口感醇厚，猪肝中含有丰富的蛋白质等营养成分。

成菜标准

①色泽：原色；②芡汁：无芡；③味型：咸鲜、葱香；④质感：滑嫩可口；⑤成品重量：4840 克。

举一反三

可以做米浆煮时蔬。

蔬菜汁鲈鱼

|制 作 人|孙家涛（中国烹饪大师）
|操作重点|鱼片汆水时，掌握火候，不宜过老。
|要领提示|鲈鱼上浆时，淀粉不宜过多。

原料组成

主料

鲈鱼 2000 克

配料

菠菜叶 300 克、水果胡萝卜 500 克、青红彩椒 200 克

调料

盐 30 克、胡椒粉 10 克、料酒 70 毫升、蒜油 580 毫升、蛋清 60 克、生粉 30 克、味精 15 克、葱段 50 克、姜片 50 克、水淀粉 300 克（生粉 100 克＋水 200 毫升）、植物油 50 毫升、鱼汤 1000 毫升

营养成分

（每 100 克营养素参考值）

能量……207.7 千卡
蛋白质……10.1 克
脂肪……16.5 克
碳水化合物……4.7 克
膳食纤维……0.4 克
维生素 A……72.4 微克
维生素 C……10.8 毫克
钙……84.5 毫克
钾……166.4 毫克
钠……427.3 毫克
铁……1.8 毫克

加工制作流程

1. **初加工**：鲈鱼宰杀后洗净，菠菜叶洗净，水果胡萝卜、青红彩椒洗净。
2. **原料成形**：鲈鱼取肉改薄片，青红彩椒切斜条，菠菜叶打成汁。
3. **腌制流程**：鲈鱼吸干水分，放入盐 10 克、胡椒粉 5 克、料酒 20 毫升抓匀，加入蛋清 60 克、生粉 30 克抓匀上浆备用。
4. **配菜要求**：鲈鱼片、菠菜叶、水果胡萝卜、青红彩椒、调料分别放入器皿中备用
5. **工艺流程**：鱼片上浆→食材处理→烹制熟化食材→出锅装盘。

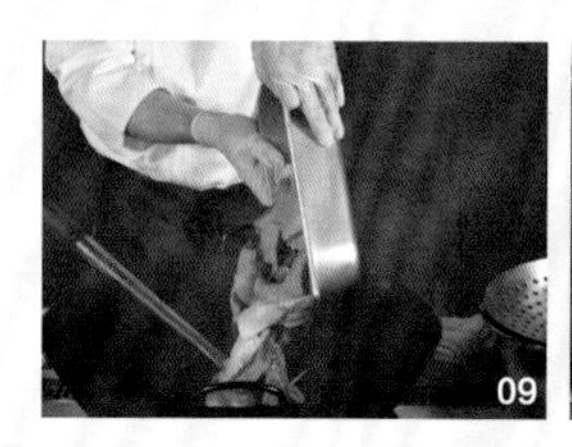

6. 烹调成品菜：①锅上火烧热，倒入植物油，放入葱段姜末各 50 克煸炒，放入鱼骨翻炒，放入料酒 50 毫升，加入清水 2000 毫升熬浓滤除杂质，盛出备用。②锅上火加水烧开，放入水果胡萝卜 500 克，烫熟后捞出；调小火下入浆好的鱼片，鱼片全部下入，转大火将鱼片汆熟盛出。③锅烧热，倒入鱼汤 1000 毫升，加入盐 20 克、味精 15 克、胡椒粉 5 克，放入菠菜汁，搅拌均匀后放入水淀粉 300 克勾芡，放入青红彩椒 200 克、氽好的鱼片，翻炒均匀，淋入蒜油 580 毫升，盛出即可。④放入水果胡萝卜摆盘。

7. 成品菜装盘（盒）：菜品采用“盛入法”装入盘（盒）中，呈自然堆落状。

12

13

蔬菜汁鲈鱼是一道以鲈鱼为主料，菠菜为辅料制作而成的菜品。菠菜汁浓郁，鱼片清爽滑嫩，菠菜中含有大量的胡萝卜素和铁，鲈鱼中含有蛋白质、脂肪、碳水化合物等营养成分。

成菜标准

①色泽：白绿相间；②芡汁：薄芡；③味型：蒜香、咸鲜；④质感：鱼片清爽滑嫩；⑤成品重量：3200 克。

举一反三

用此技法可以做蔬菜汁虾球。

酸汤金菇肥羊

| 制 作 人 | 孙家涛（中国烹饪大师）
| 操作重点 | 炒制番茄酱时一定要炒熟，酸汤酱调制汤汁的比例要掌握好。
| 要领提示 | 羊肉片焯水时撇净血沫，火候要掌握好，不宜过老。

原料组成

主料

羊肉片 3500 克

辅料

金针菇 1500 克

调料

番茄酱 35 克、香油 40 毫升、酸汤酱 280 克、香葱段 180 克、葱丝 50 克、姜丝 50 克、水 1500 毫升、植物油 50 毫升

加工制作流程

1. **初加工：**金针菇去根，洗净。
2. **原料成形：**金针菇撕成小朵。
3. **腌制流程：**无。
4. **配菜要求：**羊肉片、金针菇、酸汤酱、香葱段、葱丝、姜丝、番茄酱、香油分别摆放在器皿里。

营养成分

（每 100 克营养素参考值）

能量	152.1 千卡
蛋白质	13.2 克
脂肪	9.9 克
碳水化合物	2.4 克
膳食纤维	0.9 克
维生素 A	14.9 微克
维生素 C	0.9 毫克
钙	9.7 毫克
钾	248.0 毫克
钠	350.8 毫克
铁	2.7 毫克

5. 工艺流程： 食材处理→烹饪熟化食材→出锅装盘。

6. 烹调成品菜： ①锅中放水烧开，倒入金针菇焯水，焯熟后倒出控水备用；锅中重新加水烧开，放入羊肉片焯水，焯熟后倒出控水备用。②锅中加底油，放入番茄酱35克煸炒，放入葱姜丝各50克爆香，加水1500毫升，调入酸汤酱280克，放入金针菇1500克，羊肉片3500克烧开，淋入香油40毫升，出锅装盘，撒入香葱段180克。

7. 成品菜装盘（盒）： 菜品采用“盛入法”装入盘（盒）中，呈自然堆落状。

酸汤金菇肥羊是一道家常菜，制作简便，酸香开胃，羊肉中含有丰富的蛋白质、脂肪，营养十分丰富。

成菜标准

①色泽：红绿相间；②芡汁：汤汁饱满；③味型：微酸辣；④质感：酸爽脆嫩；⑤成品重量：3000克。

举一反三

用此技法可以做酸汤肥牛，酸汤牛蛙。

腰豆焖酥鸡

| 制 作 人 | 孙家涛（中国烹饪大师）
| 操作重点 | 鸡肉复炸时油温要高，最后调味时加醋，胡椒粉的量要适度。
| 要领提示 | 鸡肉挂糊时不能加鸡蛋。

原料组成

主料

鸡胸肉 3500 克

配料

红腰豆 500 克、油菜 500 克、蛋皮 250 克、胡萝卜 250 克

调料

植物油 2000 毫升、盐 40 克、料酒 120 毫升、白醋 110 毫升、胡椒粉 40 克、老抽 60 毫升、大料 15 克、土豆淀粉 800 克、鸡粉 35 克、香油 40 毫升、葱姜各 50 克、汤 2000 毫升、植物油 3000 毫升

营养成分

（每 100 克营养素参考值）

能量 ....176.5 千卡
蛋白质 ....15.7 克
脂肪 ....5.2 克
碳水化合物 ....16.6 克
膳食纤维 ....0.8 克
维生素 A .... 31.5 微克
维生素 C .... 3.3 毫克
钙 .... 26.1 毫克
钾 .... 285.9 毫克
钠 .... 458.8 毫克
铁 .... 1.8 毫克

加工制作流程

1. **初加工**：鸡胸肉洗净，红腰豆洗净，油菜洗净，胡萝卜去皮洗净，鸡蛋打散，葱姜、香菜洗净。
2. **原料成形**：鸡蛋摊成蛋皮切菱形，胡萝卜切象眼片，葱姜切丝，油菜取心洗净备用，香菜切段，鸡胸肉切厚片。
3. **腌制流程**：鸡胸肉加入盐 10 克、鸡粉 10 克、料酒 60 毫升抓匀，加入土豆淀粉 800 克，抓成硬糊。
4. **配菜要求**：红腰豆、油菜、鸡蛋、胡萝卜、葱姜、香菜、盐、料酒、白醋、胡椒粉、老抽、大料、土豆淀粉、鸡粉、香油分别装在器皿里。
5. **工艺流程**：鸡肉腌制→鸡肉炸制→烹饪熟化食材→装盘。

6. 烹调成品菜：①锅上火烧热，油温七成热，将浆好的鸡胸肉炸至定型捞出，油温升至八成热，放入鸡胸肉复炸一遍，捞出控油备用。②锅中加底油，放入葱姜丝各 50 克煸香，加老抽 60 毫升、汤 2000 毫升、料酒 60 毫升、盐 25 克、胡椒粉 20 克、大料 15 克，放入蛋皮，烧开。③取万能蒸烤盘放入炸好的鸡肉，浇入调好的汤，放入万能蒸烤箱蒸 15 分钟。④锅上火烧热，倒入植物油 2000 毫升，放入油菜煸炒，加入水 100 毫升，放入盐 5 克、白醋 10 毫升翻炒均匀，放入水淀粉勾芡，淋入明油，盛出。⑤取出蒸好的鸡肉，将蒸鸡的汤汁倒入锅中，倒入胡萝卜 250 克，三色彩椒碎，鸡粉 25 克，胡椒粉 20 克烧开，加入白醋 100 毫升、香油 40 毫升，浇在鸡肉上，配上炒好的油菜心即可。

7. 成品菜装盘（盒）：菜品采用“盛入法”装入盘（盒）中，呈自然堆落状。

腰豆焖酥鸡是一道由传统菜演变而来的菜肴，软烂适口，红腰豆富含维生素和膳食纤维等营养元素，鸡肉中蛋白质含量较高。

成菜标准

①色泽：色泽红润；②芡汁：薄芡；③味型：咸鲜酸辣；④质感：软烂适口；⑤成品重量：5500 克。

举一反三

可以做小碗焖酥肉、回酥牛肉。

紫米丸子

| 制　作　人 | 孙家涛（中国烹饪大师）
| 操作重点 | 紫米要泡 1 小时以上，蒸制时间不能少于 30 分钟，确保紫米软烂。
| 要领提示 | 藕、胡萝卜擦丝后，要用刀切末。

原料组成

主料

净猪肉馅 1500 克

辅料

净莲藕 800 克、净胡萝卜 400 克、净紫米 1500 克、青笋 400 克、红椒

调料

盐 40 克、味精 30 克、香油 50 毫升、胡椒粉 60 克、蚝油 150 克、葱末 50 克、姜末 50 克、料酒 30 毫升、鸡蛋 5 个、鸡汤 300 毫升、植物油 30 毫升

营养成分

（每 100 克营养素参考值）

能量	233.1 千卡
蛋白质	7.4 克
脂肪	11.8 克
碳水化合物	24.2 克
膳食纤维	1.0 克
维生素 A	40.2 微克
维生素 C	4.1 毫克
钙	15.6 毫克
钾	215.6 毫克
钠	480.7 毫克
铁	2.1 毫克

加工制作流程

1. **初加工**：莲藕去皮洗净，胡萝卜去皮洗净，青笋去皮洗净，紫米洗净泡 1 小时，葱姜去皮洗净，红椒去籽洗净。

2. **原料成形**：莲藕切丁，胡萝卜切丁，葱、姜切末，红椒切丁，青笋切丁。

3. **腌制流程**：把胡萝卜丁、莲藕丁、青笋丁放入生食盆中，加入盐 10 克腌制 10 分钟，杀出水分，挤干；盆中加入猪肉馅，加盐 30 克、味精 30 克、胡椒粉 60 克、料酒 30 毫升、葱末 50 克、姜末 50 克、蚝油 150 克、香油 50 毫升、鸡蛋 5 个搅拌均匀，摔打上劲，加入

鸡汤300毫升，继续搅拌摔打，放入胡萝卜丁、莲藕丁、青笋丁搅拌，挤成丸子备用。

4. **配菜要求**：将挤好的丸子、葱姜末、红椒丁、调料分别摆放在器皿中，备用。

5. **工艺流程**：食材腌制→食材处理→烹饪熟化食材→出锅装盘。

6. **烹调成品菜**：①蒸盘刷油，把挤好的丸子裹上紫米后码放在蒸盘中，放进万能蒸烤箱，温度100℃，湿度100%，上汽后蒸30分钟，取出。②丸子装盒后，撒上红椒丁即可出品。

7. **成品菜装盘（盒）**：菜品采用“摆放法”装入盘（盒）中，摆放整齐即可。

紫米丸子是由传统的糯米丸子演变而成，软糯可口，紫米中含有蛋白质、脂肪等营养物质，胡萝卜、莲藕和芹菜中含有多种人体所需的维生素。

成菜标准

①色泽：色泽黑紫；②芡汁：无；③味型：口味咸鲜；④质感：软嫩适度；⑤成品重量：4880克。

举一反三

可以做小米丸子。

炸梅卷

｜制 作 人｜孙家涛（中国烹饪大师）
｜操作重点｜炸肉卷时油温不宜过高。
｜要领提示｜肉卷要切得大小一致。

原料组成

主料

净肉馅 2000 克

辅料

油豆皮 2000 克、红椒 50 克、青椒 50 克、胡萝卜 500 克

调料

盐 25 克、白胡椒粉 13 克、玉米淀粉 250 克、味精 14 克、料酒 110 毫升、葱姜各 50 克、生抽 50 毫升、面粉 150 克、鸡蛋液 212 克、白糖 5 克、水淀粉 200 毫升（生粉 100 克 + 水 100 毫升）、葱姜末各 50 克、鸡汤 100 毫升

营养成分

（每 100 克营养素参考值）

能量	248.0 千卡
蛋白质	7.5 克
脂肪	15.8 克
碳水化合物	18.9 克
膳食纤维	0.5 克
维生素 A	66.9 微克
维生素 C	11.7 毫克
钙	12.9 毫克
钾	121.1 毫克
钠	335.0 毫克
铁	1.5 毫克

加工制作流程

1. **初加工**：青椒与红椒去蒂，洗净；胡萝卜切丝；葱姜去皮，洗净。
2. **原料成形**：青椒、红椒切丝；葱、姜切丝。
3. **腌制流程**：肉馅加入姜 20 克、料酒 110 毫升、盐 15 克、味精 10 克、白胡椒粉 10 克，用水淀粉 200 毫升抓匀，再放入鸡汤 100 毫升，生抽 50 毫升，抓匀后腌制。下一步调糊：玉米淀粉 250 克、面粉 150 克、水 300 毫升、鸡蛋液 212 克，搅拌均匀，调成糊状。
4. **配菜要求**：将肉馅、豆皮、青椒、鸡蛋、调料分别摆放在器皿中。
5. **工艺流程**：食材腌制→食材处理→烹饪熟化食材→出锅装盘。

6. 烹调成品菜：①将调好的肉馅、青红椒丝、胡萝卜丝放入豆皮里裹成卷。②锅上火烧热，倒入植物油，油温四成热时，肉卷挂一层糊后放入锅中，炸制定型。油温升至六成热，再复炸一遍，捞出码入盘中。③调汁：锅上火烧热，放入植物油，锅中放入味精 4 克、盐 10 克、白胡椒粉 3 克、高汤 1000 毫升，糖 5 克，放入水淀粉 200 毫升，大火烧开，淋入明油，即可。④将青红椒撒在肉卷上，最后将调好的汁浇在肉卷上即可。

炸梅卷是一道江苏省的传统名菜，造型美观，香脆可口，猪肉中含有丰富的蛋白质和脂肪；油豆皮中含有铁、钙等多种营养元素。

成菜标准

①色泽：红黄绿相间；②芡汁：薄芡；③味型：咸鲜；④质感：外酥里嫩；⑤成品重量：4430 克。

举一反三

肉馅可换成鸡肉馅、牛肉馅。

碧绿宝石虾球

| 制 作 人 | 隋波（中国烹饪大师）
| 操作重点 | 加入葱姜水要适量，否则会影响成形。
| 要领提示 | 要选择新鲜的虾肉。

原料组成

主料

青虾肉 2500 克

辅料

猪肥膘 400 克、鲜豌豆粒 300 克、鲜香菇 400 克、胡萝卜 500 克、香椿苗 200 克

调料

盐 25 克、味精 2 克、胡椒粉 3 克、水淀粉 100 克（生粉 50 克 + 水 50 毫升）、玉米淀粉 50 克、香油 50 毫升、葱姜水 600 毫升（葱姜各 50 克 + 水 600 毫升）、植物油 3000 毫升

营养成分

（每 100 克营养素参考值）

能量	213.2 千卡
蛋白质	12.6 克
脂肪	9.3 克
碳水化合物	19.9 克
膳食纤维	0.7 克
维生素 A	43.0 微克
维生素 C	4.3 毫克
钙	55.9 毫克
钾	216.4 毫克
钠	377.7 毫克
铁	0.9 毫克

加工制作流程

1. **初加工**：青虾肉和猪肥膘分别剁成蓉，鲜香茹去蒂，胡萝卜去皮与香椿苗分别洗净。
2. **原料成形**：香菇、胡萝卜切丁。
3. **腌制流程**：剁好的虾蓉中加入猪肥膘，加入胡椒粉 2 克、盐 15 克、味精 1 克、葱姜水 200 毫升搅拌上劲，加入香菇丁、胡萝卜丁和鲜豌豆粒，加入香油搅拌均匀，加入玉米淀粉 50 克锁水，备用。
4. **配菜要求**：将主料、辅料及调料分别放在器皿中。
5. **工艺流程**：虾蓉、肥膘肉、香菇丁、胡萝卜丁、豌豆粒搅匀，调味制成球→上万能蒸烤箱蒸→蒸好装盘→香椿苗围四周点缀。

6. 烹调成品菜：①取一个托盘，盘底刷油，将馅料团成虾球，放入盘中，放入万能蒸烤箱，选择“蒸”模式，温度100℃，湿度100%，蒸制10分钟熟透，摆入盘中。②锅烧热，加入葱姜水400毫升、开水、盐10克、味精1克、胡椒粉1克调味，淋入水淀粉100克勾芡，淋入香油50毫升浇在蒸熟的虾球上，四周围上香椿苗点缀即可。

7. 成品菜装盘（盒）：菜品采用“盛入法”装入盘（盒）中，呈自然堆落状。

碧绿宝石虾球，源于淮扬名菜，色泽五彩斑斓，形似宝石，含有丰富的蛋白质、维生素等营养元素。

成菜标准

①色泽：五彩斑斓；②芡汁：明汁亮芡；③味型：咸鲜；④质感：脆嫩。

举一反三

用此种技法还可以做鱼球、鸡球。

大蒜烧鮰鱼

| 制 作 人 | 隋波（中国烹饪大师）
| 操作重点 | 炸制时，加淀粉能有效锁住肉中汁水。
| 要领提示 | 腌鱼去腥是关键。

原料组成

主料

净鮰鱼 1900 克

辅料

蒜 300 克、净姜 50 克、净青红美人椒各 100 克

调料

盐 16 克、味精 1 克、胡椒粉 5 克、白糖 5 克、料酒 210 毫升、水淀粉 50 克（生粉 30 克 + 水 20 毫升）、玉米淀粉 100 克、酱油 10 毫升、老抽 20 毫升、大料 8 克、植物油 2000 毫升、水 500 毫升

营养成分

（每 100 克营养素参考值）

能量.................130.4 千卡
蛋白质....................10.6 克
脂肪..........................3.1 克
碳水化合物.............15.1 克
膳食纤维...................0.5 克
维生素 A............... 5.2 微克
维生素 C.............. 8.1 毫克
钙...................... 28.9 毫克
钾.................... 254.1 毫克
钠.................... 349.7 毫克
铁......................... 0.8 毫克

加工制作流程

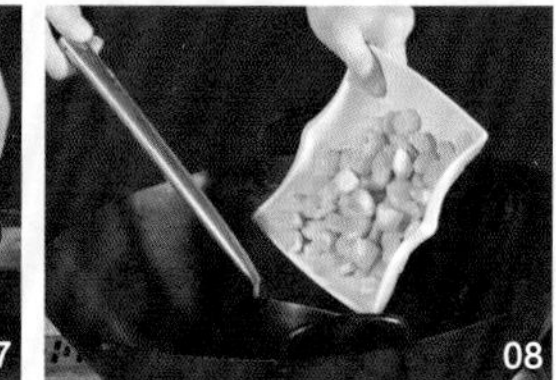

1. **初加工**：鲜鮰鱼去骨取肉。
2. **原料成形**：净鮰鱼肉改刀成 2 厘米宽的条，青红美人椒切成 2 厘米长的段，姜切 1 厘米方丁。
3. **腌制流程**：鱼肉条加胡椒粉 2 克、盐 10 克、料酒 60 毫升，抓至黏稠，加入玉米淀粉 100 克抓匀。
4. **配菜要求**：所有原料分别放在器皿中。
5. **工艺流程**：食材处理→食材腌制→烹饪熟化食材→出锅装盘。
6. **烹调成品菜**：①锅上火烧热，倒入植物油，油温七成热，下入鱼条炸熟定型捞出。②锅上火烧热，倒入植物油，放入蒜 300 克、姜 50 克、

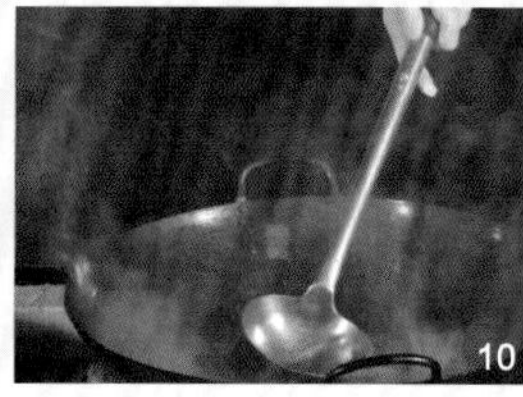

大料 8 克煸香，加入料酒 150 毫升、水 500 毫升、白糖 5 克、盐 6 克、味精 1 克、胡椒粉 3 克、老抽 20 毫升、酱油 10 毫升调味，加入炸好的鱼条，开锅 1 分钟后，倒入盘中，放入万能蒸烤箱，选择“蒸”模式，温度 100℃，湿度 100%，蒸制 5 分钟，取出。③将汤汁倒入锅中，烧开淋入水淀粉 50 克勾芡，淋入明油，浇在鱼条上。④锅上火烧热，放入色拉油，下入青红美人椒各 100 克煸香，撒在鱼肉上点缀即可。

7. 成品菜装盘（盒）：菜品采用“盛入法”装入盘（盒）中，呈自然堆落状。

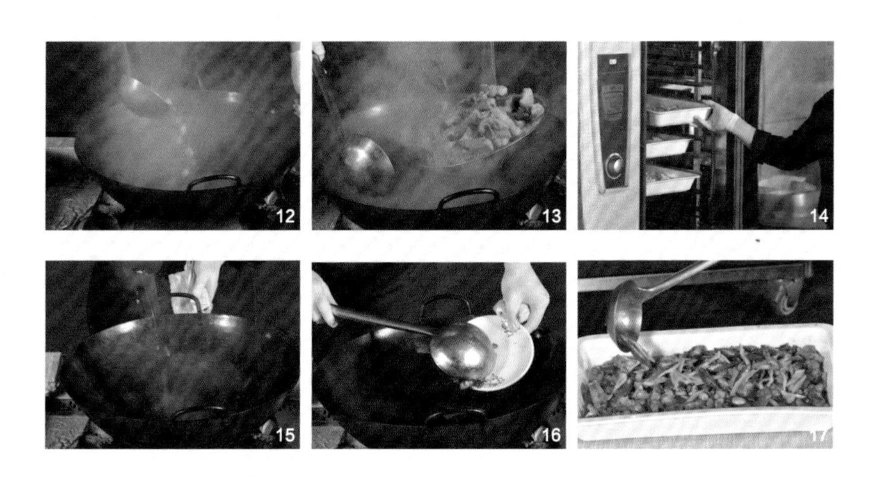

大蒜烧鮰鱼源于淮扬菜大蒜烧鳝段，鱼肉软烂入味，鲜香适口，鮰鱼营养丰富，不但含有优质蛋白，还含有大量的无机盐和维生素。

成菜标准

①色泽：酱红；②芡汁：明汁亮芡；③味型：咸香；④质感：软烂。

举一反三

此种技法可以做蒜烧嘎鱼、鲈鱼、鳝段。

浓汁黑蒜铁棍山药

| 制 作 人 | 隋波（中国烹饪大师）
| 操作重点 | 调味以山药本味为主，汤汁咸鲜适中。
| 要领提示 | 山药切配要大小一致。

原料组成

主料

铁棍山药 3200 克

辅料

黑蒜 300 克、胡萝卜 500 克，鲜蒜 200 克

调料

盐 5 克、味精 1 克、白糖 1 克、水淀粉 100 克（生粉 50 克 + 水 50 毫升）、酱油 15 毫升、植物油 80 毫升

加工制作流程

01

02

03

04

05

06

07

08

09

1. 初加工：铁棍山药去皮，胡萝卜去皮洗净，黑蒜去皮，大蒜去皮洗净。
2. 原料成形：铁棍山药、胡萝卜分别切3厘米长的段，黑蒜竖切成四瓣。
3. 腌制流程：无。
4. 配菜要求：将主料、辅料及调料分别放在器皿中。
5. 工艺流程：蒸山药、胡萝卜→炸蒜→调味装盘。

10

11

12

营养成分

（每 100 克营养素参考值）

能量	66.5 千卡
蛋白质	2.1 克
脂肪	0.2 克
碳水化合物	14.1 克
膳食纤维	0.9 克
维生素 A	42.1 微克
维生素 C	6.1 毫克
钙	20.7 毫克
钾	219.0 毫克
钠	87.3 毫克
铁	0.5 毫克

6. 烹调成品菜：①山药段和胡萝卜段一起放入盘中，放入万能蒸烤箱，选择“蒸”模式，温度100℃，湿度100%，蒸制15分钟，蒸熟。②锅上火烧热，倒入植物油50毫升，放入鲜蒜煸至金黄色，加水，加入盐5克、白糖1克、味精1克、酱油15毫升调味，加入黑蒜300克，转小火，捞出放在山药上，锅中汤汁滤净残渣，放入水淀粉100克勾芡，淋入明油30毫升，将汤汁浇在山药上即可。

7. 成品菜装盘（盒）：菜品采用“盛入法”装入盘（盒）中，呈自然堆落状。

浓汁黑蒜铁棍山药源于栗子扒白菜的制作工艺，山药软糯、蒜香浓郁、口味鲜香，其中含有多种微量元素，具有滋补作用。

成菜标准

①色泽：红亮；②芡汁：明汁亮芡；③味型：蒜香浓郁，口味咸鲜；④质感：山药软糯；⑤成品重量：3940克。

举一反三

用此种技法可以烧土豆、金瓜、豆腐、茄子等。

醪糟金瓜

| 制 作 人 | 隋波（中国烹饪大师）
| 操作重点 | 金瓜改刀要大小一致，便于一起成熟。
| 要领提示 | 要选择香甜的金瓜；掌握好火候，保证成型。

原料组成

主料

老金瓜 2800 克

辅料

玉米粒 200 克、青豆 100 克、枸杞 10 克

调料

醪糟 800 克、水淀粉 100 克（生粉 50 克 + 水 50 毫升）

加工制作流程

1. 初加工：老金瓜去皮、去籽。

2. 原料成形：老金瓜切成 2.5 厘米大小的方丁。

3. 腌制流程：无。

4. 配菜要求：将主料、辅料及调料分别放在器皿中。

5. 工艺流程：蒸金瓜→辅料焯水→醪糟下锅水淀粉勾芡，投入辅料，浇在蒸熟的金瓜上即可。

营养成分

（每 100 克营养素参考值）

能量	51.4 千卡
蛋白质	2.0 克
脂肪	0.6 克
碳水化合物	9.6 克
膳食纤维	1.1 克
维生素 A	7.2 微克
维生素 C	2.3 毫克
钙	17.7 毫克
钾	141.5 毫克
钠	5.8 毫克
铁	1.0 毫克

6. **烹调成品菜：**①金瓜摆入盘中，放入万能蒸烤箱，选择“蒸”模式，温度100℃，湿度100%，蒸制15分钟，蒸熟取出。②锅中放水烧开，放入玉米粒200克、青豆100克、枸杞10克焯熟，取出备用。③锅中放入醪糟800克，下锅加热，水淀粉100克勾芡，加入玉米粒、青豆、枸杞，淋入明油，浇在金瓜上即可。
7. **成品菜装盘（盒）：**菜品采用“盛入法”装入盘（盒）中，呈自然堆落状。

醪糟金瓜源于四川的醪糟汤圆，以原料本味为主，醪糟清香，金瓜绵软，富含碳水化合物、蛋白质、B族维生素。

成菜标准

①色泽：色彩丰富；②芡汁：明汁亮芡；③味型：糟香浓郁；④质感：口感绵软

举一反三

用此种技法可以做醪糟红薯、醪糟山药、醪糟水果。

双皮醋鱼

| 制 作 人 | 隋波（中国烹饪大师）
| 操作重点 | 要控制好蒸的时间。
| 要领提示 | 鱼皮抹馅前需要撒一层淀粉。

原料组成

主料

鲈鱼 3000 克

配料

大葱 50 克、姜 80 克、净红尖椒 20 克、净香菜 20 克

调料

盐40克、味精2克、胡椒粉5克、白糖 50 克、料酒 30 毫升、水淀粉 200 毫升（生粉 100 克 + 水100毫升）、玉米淀粉110克、酱油130毫升、香油20毫升、米醋 160 毫升、葱姜水 100 毫升（葱姜各 50 克 + 水 100 毫升）、植物油 30 毫升

营养成分

（每 100 克营养素参考值）

能量 .... 114.8 千卡
蛋白质 .... 14.8 克
脂肪 .... 3.2 克
碳水化合物 .... 6.8 克
膳食纤维 .... 0.2 克
维生素 A .... 16.2 微克
维生素 C .... 0.9 毫克
钙 .... 112.2 毫克
钾 .... 201.7 毫克
钠 .... 667.1 毫克
铁 .... 2.1 毫克

加工制作流程

1. **初加工：**鲈鱼去鳞、去鳃、去内脏、去刺、留带皮鱼肉。
2. **原料成形：**鱼肉去皮，鱼皮备用，鱼肉打蓉，姜 30 克切 0.5 毫米宽、5 厘米长的细丝泡水，红尖椒切丝，余下葱姜做葱姜水。
3. **腌制流程：**鱼蓉加盐 30 克、胡椒粉 2 克、葱姜水 80 毫升搅匀，加入料酒 20 毫升、玉米淀粉 110 克腌制。鱼皮加葱姜水 20 毫升去腥。
4. **配菜要求：**所有原料分别放在器皿中。
5. **工艺流程：**腌制鱼→蒸鱼装盘→制汁浇在鱼上→姜丝、红尖椒丝、香菜点缀。
6. **烹调成品菜：**①取一平盘，铺一层保鲜膜，鱼皮向下平铺在托盘中，表面撒干淀粉、将鱼蓉放在上面抹平，放入万能蒸烤箱，选择“蒸”模式，温度 100℃，湿度 100%，蒸制 5 分钟熟透，取出切条装盘。

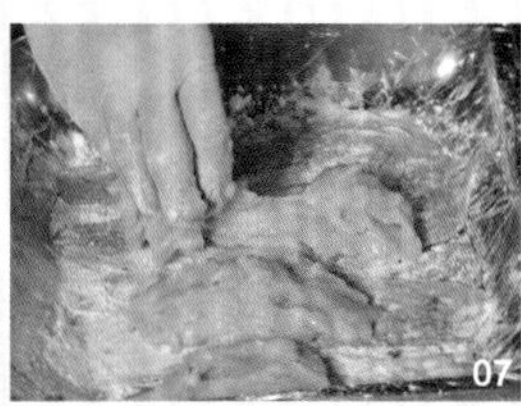

②锅烧热，放入底油，放入姜丝 30 克煸香，加入清水，加入米醋 160 毫升、料酒 10 毫升、盐 10 克、白糖 50 克、味精 2 克、胡椒粉 3 克、酱油 130 毫升调味，烧开转小火放入水淀粉 200 毫升勾芡，淋入香油 20 毫升浇在鱼肉上，撒姜丝、红尖椒丝、香菜点缀即可。

7. **成品菜装盘（盒）**：菜品采用“盛入法”装入盘（盒）中，呈自然堆落状。

双皮醋鱼，源于一道经典的淮扬菜双皮刀鱼，鱼肉鲜嫩、酸香适口，鲈鱼中含有丰富的蛋白质、维生素以及钙、铁、锌等营养成分。

成菜标准

①色泽：酱红；②芡汁：明汁亮芡；③味型：酸香；④质感：软嫩

举一反三

食材可以换成鳜鱼、草鱼、鲢鱼。

烤牛肉

| 制 作 人 | 田胜（中国烹饪大师）
| 操作重点 | 牛肉需提前腌制，以便入味。
| 要领提示 | 牛柳烤制时间不宜过长；葱丝、香菜断生为宜；牛肉烤完之后，出锅之前，撒上熟芝麻。

原料组成

主料

净牛柳 4500 克

辅料

大葱 500 克 、香菜 400 克

调料

蚝油 175 毫升、南乳汁 150 克、酱油 70 毫升、熟芝麻 100 克、白糖 5 克、胡椒粉 10 克、姜 50 克、老抽 150 毫升、香油 150 毫升、 蒜 50 克、 料酒 80 毫升、葱丝 50 克、植物油 200 毫升

营养成分

（每 100 克营养素参考值）

能量..................119.4 千卡
蛋白质....................17.1 克
脂肪..........................3.7 克
碳水化合物................4.3 克
膳食纤维...................0.4 克
维生素 A............... 9.6 微克
维生素 C............... 3.4 毫克
钙....................... 26.6 毫克
钾.................... 164.0 毫克
钠..................... 385.8 毫克
铁......................... 3.9 毫克

加工制作流程

1. **初加工：**净牛柳洗净、去筋膜、香菜、大葱洗净后晾干无水渍。
2. **原料成形：**牛柳打好坯，切成 0.2 厘米厚度的柳叶片。香菜切成 3 厘米寸段，葱切成 3 厘米丝长的眉毛葱，斜刀一分为二葱丝。姜、蒜切成米粒状备用。
3. **腌制流程：**将牛柳放入生食盒中，加入南乳汁 150 克、白糖 5 克、胡椒粉 10 克、酱油 70 毫升、老抽 150 毫升、蚝油 175 毫升、料酒 80 毫升抓拌均匀，加入香油 100 毫升继续抓匀，腌制 30 分钟。

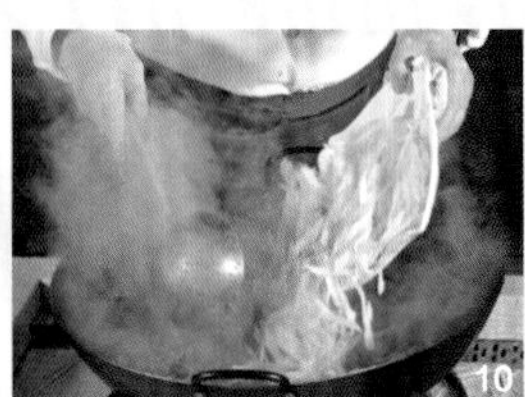

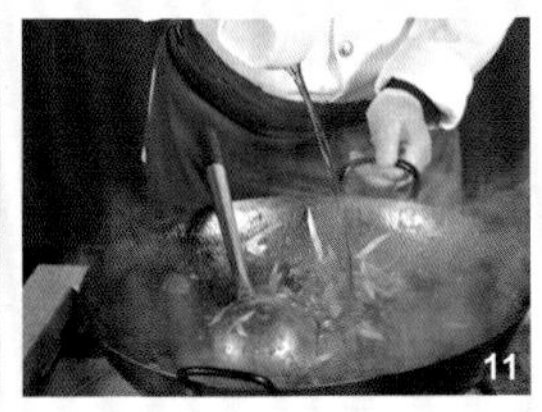

4. **配菜要求：**切肉片要均匀，厚度一致，葱丝、香菜粗细一致，葱丝、香菜分别盛放。

5. **工艺流程：**食材处理→食材腌制→烹饪熟化食材→出锅装盘。

6. **烹调成品菜：**①锅上火烧热，放入植物油200毫升，放入蒜末50克、姜末50克煸炒出香味，放入腌制好的牛柳，炒制成熟约10分钟。②牛肉烤制成熟去掉多余汤汁，放入葱丝30克炒至出香，放入香油50毫升、熟芝麻100克、香菜400克，翻炒均匀，即可出锅装盘。

7. **成品菜装盘（盒）：**菜品采用"烤拌法"装入盘（盒）中。

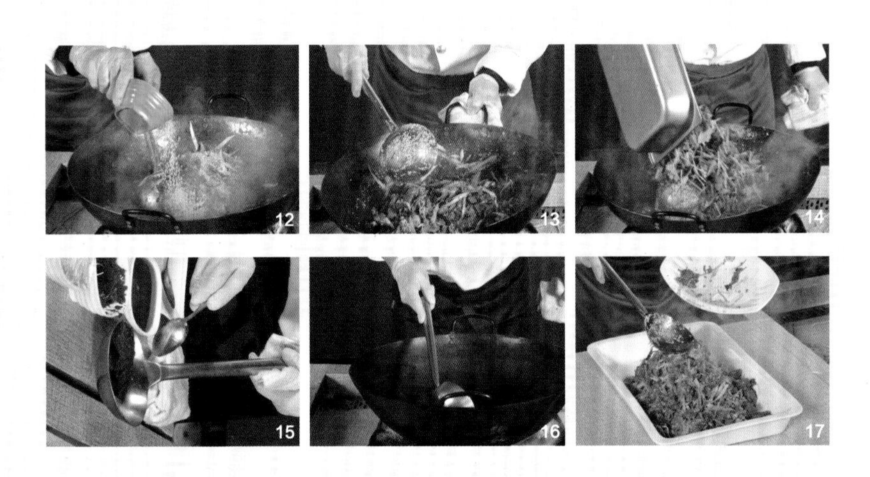

烤牛肉是一道传统清真名菜，过去清真馆烤肉季以烤羊肉为主，烤肉宛以烤牛肉为主，发展至今，很多清真馆都在卖烤牛肉、烤羊肉，焦香浓郁，牛肉中富含蛋白质和维生素。

成菜标准

①色泽：棕红、白绿相间；②芡汁：有少量汤汁；③味型：咸鲜香；④质感：口味香浓、肉质软嫩；⑤成品重量：4200克。

举一反三

用此种技法可以做烤羊肉、烤鹿柳、烤鸡柳等。

蒜子烧牛肚板

| 制 作 人 | 田胜（中国烹饪大师）
| 操作重点 | 牛肚烧至软烂，不要留过多的汁，明汁亮芡。
| 要领提示 | 牛肚要煮烂；配料要清脆，青蒜、蒜子最后放。

原料组成

主料

熟牛肚 4500 克

辅料

蒜子 800 克、红尖椒 100 克、青蒜 100 克

调料

盐 30 克、酱油 94 毫升、白糖 70 克、胡椒粉 5 克、味精 33 克、鸡精 14 克、糖色 50 毫升、冰糖老抽 15 毫升、料酒 64 毫升、姜末 50 克、葱末 50 克、水淀粉 150 毫升（生粉 80 克 + 水 70 毫升）、水 900 毫升、植物油 1000 毫升

营养成分

（每 100 克营养素参考值）

能量 .... 84.9 千卡
蛋白质 .... 11.9 克
脂肪 .... 1.3 克
碳水化合物 .... 6.5 克
膳食纤维 .... 0.2 克
维生素 A .... 2.3 微克
维生素 C .... 5.3 毫克
钙 .... 38.1 毫克
钾 .... 178.4 毫克
钠 .... 417.8 毫克
铁 .... 1.6 毫克

加工制作流程

01

02

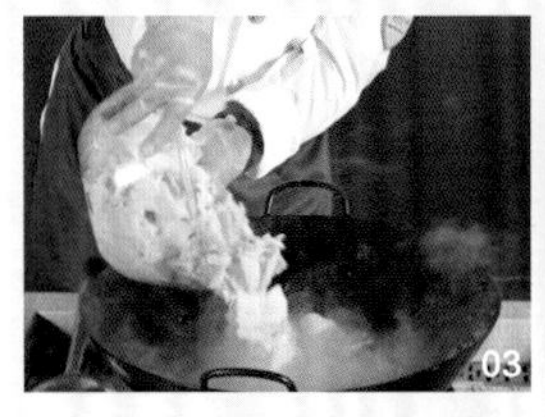
03

04

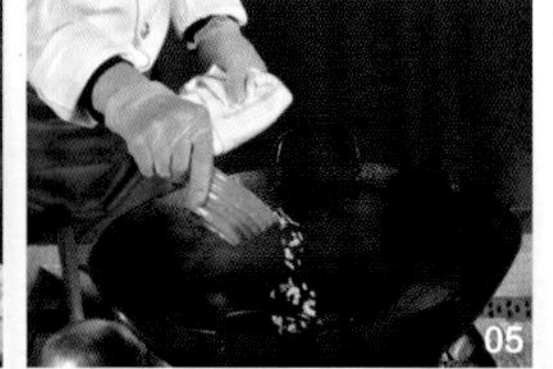
05

06

07

08

1. 初加工：熟牛肚洗净，红尖椒去蒂，青蒜洗净。

2. 原料成形：熟牛肚切成核桃大小的片状，厚度 0.5 厘米，斜刀片、不规则形，3 厘米切方片。

3. 腌制流程：牛肚片成斜刀片，加入 5 克盐搅拌均匀，入底味。

4. 配菜要求：红尖椒、青蒜切成长 3 厘米、宽 2 厘米的条状。

5. 工艺流程：炙锅→焯牛肚→炸蒜子→烹制熟化食材→加入调料→小火烤→淋入淀粉→倒入蒜子油→装盘即可。

6. 烹制成品菜：①锅上火烧热，倒入植物油，油温六成热，放入蒜子 800 克，呈金黄色捞出备用；另起锅上火，倒入水 500 毫升，倒入

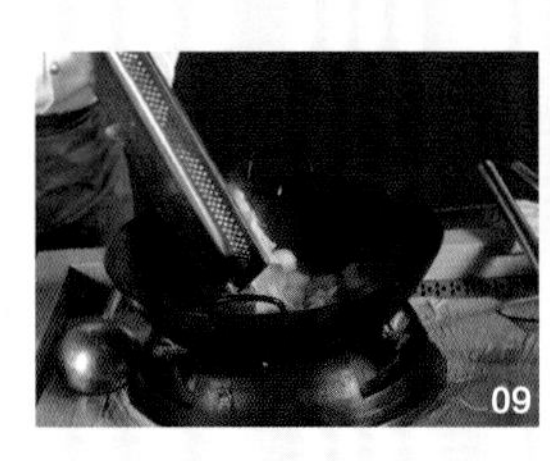
09

10

11

白糖50克，炒成枣红色，倒入冰糖老抽15毫升，制成糖色备用。②锅内放入水烧开，放入牛肚板，加入盐10克、酱油50毫升、料酒30毫升，将牛肚汆透。③锅内留底油，煸炒葱姜末各50克炒香，加入酱油44毫升、盐15克、白糖20克、料酒34毫升、味精33克、鸡精14克、胡椒粉5克、放入水400毫升，烧开放入牛肚，放入炸好的蒜，煨3分钟收汁，放入红尖椒100克，水淀粉150毫升勾芡，放入青蒜100克，投入糖色50毫升，淋入蒜油，翻炒出锅。

7. 成品菜装盘（盒）：菜品采用“盛入法”倒入盘（盒）中。

蒜子烧牛肚板是由大蒜烧鱼块演变而来的一道清真菜，肚片软烂，蒜香浓厚，牛肚中含有丰富的蛋白质；大蒜具有杀菌的作用。

成菜标准

①色泽：红棕色美；②芡汁：明汁亮芡；③味型：蒜香浓郁；④质感：汁味浓郁，牛肚软糯；⑤成品重量：4500克。

举一反三

可以做蒜子烧鱼块、蒜子烧牛头菜等。

手抓羊肉

| 制 作 人 | 田胜（中国烹饪大师）
| 操作重点 | 羊排的汤不宜为咸，口清浓厚，汤也可以喝。大火炖汤则白，小火炖汤则清。
| 要领提示 | 羊排一定要焯透；装盘前先将葱、姜挑出；制作花椒水，10 多分钟为宜；菜品里不能看见花椒粒。

原料组成

主料

净羊排 5000 克（带骨）

辅料

胡萝卜 500 克、西芹 500 克、青笋 500 克

调料

盐 45 克、料酒 125 毫升、葱段 50 克、姜片 50 克、胡椒粉 12 克、味精 21 克、花椒 5 克、葱油 30 毫升、开水 2500 毫升

营养成分

（每 100 克营养素参考值）

能量……159.8 千卡
蛋白质……14.2 克
脂肪……10.7 克
碳水化合物……1.4 克
膳食纤维……0.3 克
维生素 A……42.5 微克
维生素 C……1.6 毫克
钙……12.9 毫克
钾……203.6 毫克
钠……378.6 毫克
铁……1.8 毫克

加工制作流程

1. **初加工：**净羊排洗净，胡萝卜去皮，西芹去掉根和叶，青笋去皮洗净。
2. **原料成形：**羊排带骨长 5 厘米，宽 2 厘米。胡萝卜、西芹、青笋切成长度为 4 厘米、宽度为 1 厘米、厚度为 0.5 厘米的条。
3. **腌制流程：**带骨羊排切成块状，放入料酒 50 毫升，腌制 10 分钟。
4. **配菜要求：**将羊排放入器皿中，蔬菜类分别放入器皿中，葱、姜放在另一个器皿中，花椒单放。
5. **工艺流程：**炙锅→放水汆羊排→汆透→换汤→放调料（快熟时前

手抓羊肉是一道传统的清真名菜，相传元世祖忽必烈行军打仗时无法携带太多干粮，所以士兵们的头盔既可以用来防卫，也可以用来煮羊肉，充当军粮，后来演变成手抓羊肉。肉质软烂，汤白味厚，羊肉中含有丰富的蛋白质和维生素，搭配上胡萝卜、西芹、青笋等蔬菜，增加了胡萝卜素、维生素D、维生素E等营养元素。

10分钟，放入盐和胡萝卜、西芹、青笋）→出锅装盘（带一些原汤汁）。

6. **烹调成品菜**：①氽水：锅上火放水烧开同时，放入羊排，焯透捞出，放入盘中备用。②起锅烧热，加入开水2500毫升，放入葱段50克、姜片50克、花椒5克、胡椒粉10克、盐20克、料酒75毫升烧开，放入羊排，放入万能蒸烤箱，选择“蒸”模式，温度100℃，湿度100%，蒸制40分钟，取出。③将胡萝卜、青笋、西芹中放入味精10克、盐10克、葱油30毫升搅拌均匀，放入万能蒸烤箱，选择“蒸”模式，温度100℃，湿度100%，蒸3分钟，取出。④将羊排倒入锅中，加入盐15克、胡椒粉2克、味精11克调味，倒入胡萝卜、青笋、西芹，大火炖至软烂，即可出锅。
7. **成品菜装盘（盒）**：菜品采用“盛入法”，装入盘（盒）中，使其呈自然堆落状，根据需求放入香菜段。

12

13

14

成菜标准

①色泽：羊肉粉红色，蔬菜红绿相间；②汤汁：汤清；③味型：汤清、咸鲜、青菜味、花椒味；④质感：肉质鲜美、味浓、蔬菜青脆；⑤成品重量：5500克。

举一反三

用此种方法可做手抓牛排等。

香辣羊排

| 制 作 人 | 田胜（中国烹饪大师）
| 操作重点 | 炸羊排时不宜过干，外酥里嫩。
| 要领提示 | 羊排蒸制达到九成熟，还需再炸制；炒汁时，汁不宜太过黏稠，米汤芡为佳。

原料组成

主料

带骨净羊排 5000 克

辅料

青辣椒 100 克，红辣椒 100 克

调料

白糖 20 克、料酒 30 毫升、葱末 50 克、姜末 50 克、水淀粉 100 毫升（生粉 50 克 + 水 50 毫升）、胡椒粉 5 克、味精 25 克、蚝油 150 克、辣椒面 5 克、番茄酱 200 克、姜片 20 克、葱段 20 克、花椒 10 克、熟芝麻 20 克、孜然撒料 100 克、植物油 4000 毫升

营养成分

（每 100 克营养素参考值）

能量.................. 186.8 千卡
蛋白质 ....16.7 克
脂肪........................12.0 克
碳水化合物................2.9 克
膳食纤维....................0.3 克
维生素 A .... 19.1 微克
维生素 C .... 2.2 毫克
钙 .... 12.6 毫克
钾 .... 255.7 毫克
钠 .... 208.3 毫克
铁 .... 2.2 毫克

加工制作流程

1. 初加工：带骨净羊排洗净，青红辣椒洗净，备用。

2. 原料成形：羊排切长 5 厘米、宽 2 厘米、厚 2 厘米的块，青红辣椒切成粒状。

3. 腌制流程：无。

4. 配菜要求：羊排单放在一个器皿中，青红辣椒粒、熟芝麻放在一器皿中，将所有调料放在一个器皿中，调成一个碗汁，大佐料葱姜蒜单放。

5. 工艺流程：食材处理→烹饪熟化食材→出锅装盘。

6. 烹调成品菜：①焯水：锅上火将羊排焯透，捞出。②换汤：起锅烧开水，放入葱段姜片各 20 克、味精 15 克、白糖 10 克、花椒 10 克、

胡椒粉 3 克、料酒 30 毫升烧开，倒在羊排上，放入万能蒸烤箱，选择“蒸”模式，温度 100℃，湿度 100%，蒸制 40 分钟，取出，撒一层玉米淀粉。③炸制：热锅凉油，加入植物油，烧至六成热时将羊排炸至金黄色，捞出，码入盘中。④炒汁：锅内留底油 100 毫升，煸炒葱姜末各 50 克爆香，放入水 500 毫升、白糖 10 克、辣椒面 5 克、味精 10 克、胡椒粉 2 克、番茄酱 200 克、蚝油 150 克搅匀，淋入水淀粉 100 毫升勾芡，再打入 100 毫升的熟热油，放入青红辣椒粒各 100 克，孜然撒料 100 克，翻炒均匀，浇到羊排上，撒上熟芝麻 20 克即可。

7. 成品菜装盘（盒）：菜品采用“码入法、浇汁法”。

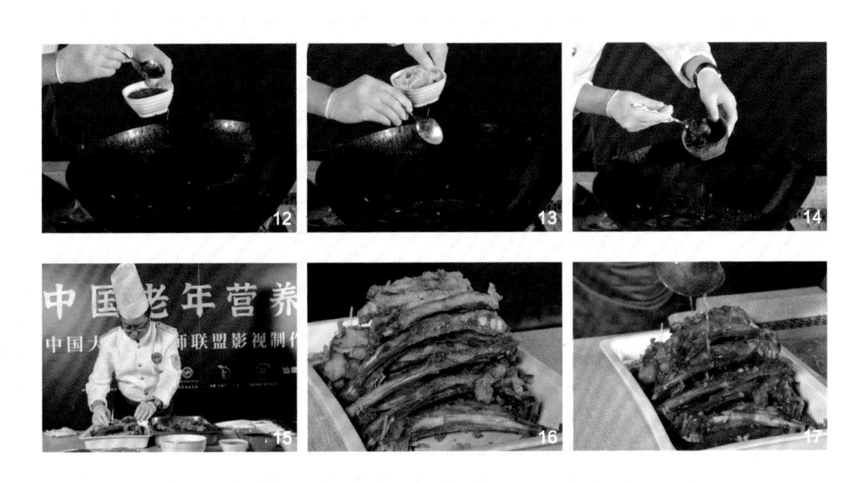

香辣羊排是由新疆烤羊排演变而来的一道清真菜，也是一道创新清真菜，外焦里嫩，羊肉中含有丰富的蛋白质和维生素。

成菜标准

①色泽：金红；②芡汁：利汁利芡；③味型：复合口味；④质感：外酥里嫩，香辣适口；⑤成品重量：4350 克。

举一反三

用此种技法可以做香辣鸡翅、香辣大虾等。

芫爆牛肚条

芫爆牛肚条

烤牛肉

| 制　作　人 | 田胜（中国烹饪大师）
| 操作重点 | 此菜烹制过程要快，要旺火炒制。
| 要领提示 | 牛肚一定要入底味；爆炒时香菜不要炒过火。

原料组成

主料

净牛肚（熟品）2600 克

辅料

香菜 300 克

调料

盐 40 克、味精 10 克、胡椒粉 3 克、米醋 20 毫升、香油 70 毫升、蒜片 100 克、葱末 50 克、姜末 30 克、水 1000 毫升、植物油 80 毫升

营养成分

（每 100 克营养素参考值）

能量………………86.8 千卡
蛋白质………………12.1 克
脂肪………………3.5 克
碳水化合物………………1.7 克
膳食纤维………………0.2 克
维生素 A………………10.9 微克
维生素 C………………4.7 毫克
钙………………44.9 毫克
钾………………172.3 毫克
钠………………569.1 毫克
铁………………1.9 毫克

加工制作流程

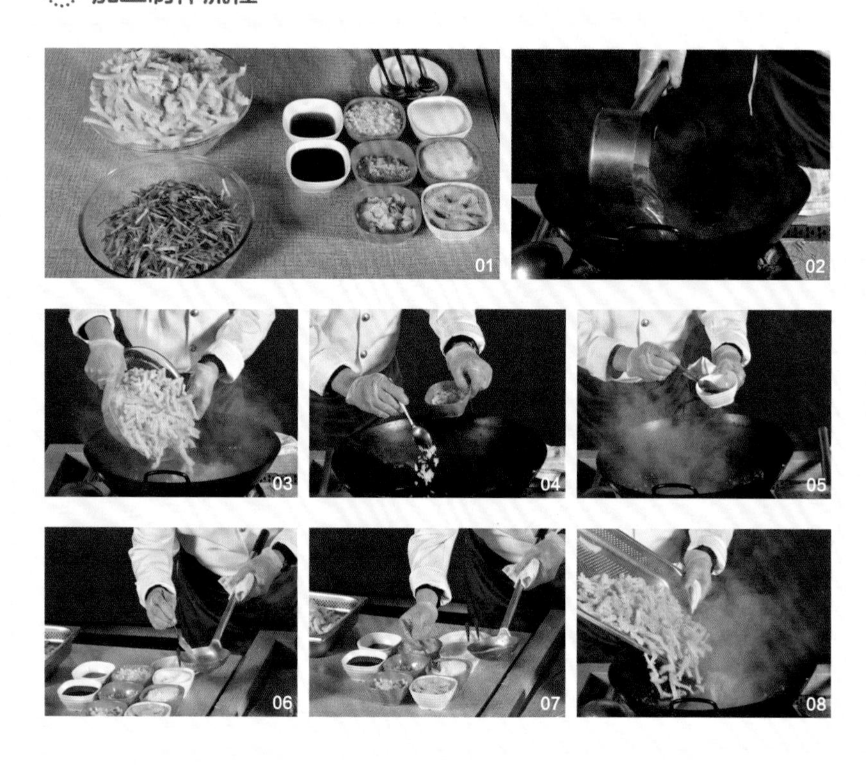

1. **初加工**：净牛肚洗净，去内油；香菜切成寸段后洗净，不用叶子。
2. **原料成形**：熟牛肚切成长 4 厘米、厚度 0.5 厘米见方的条，香菜切成 1 寸长的段。
3. **腌制流程**：牛肚切成条状，焯水氽透，放入盐 10 克入底味。
4. **配菜要求**：牛肚腌入味放在器皿中，香菜切寸段，蒜片切顶刀片备用。
5. **工艺流程**：牛肚焯水氽透→炝锅烹制→放入牛肚煸炒→投入调料→加入配料→淋香油→出锅装盘。

6. 烹调成品菜：①锅上火放入水1000毫升，开锅放入盐15克，放牛肚余熟。②烹制：锅上火烧热，倒入植物油，放入葱末50克、姜末30克煸香，放入盐15克、胡椒粉3克、味精10克、牛肚2600克煸炒均匀，投入香菜300克上火翻炒出香味，加入蒜片100克，淋入香油70毫升，锅边淋入米醋20毫升即可。

7. 成品菜装盘（盒）：菜品采用"盛入法"装入盘（盒）中，呈自然堆落状。

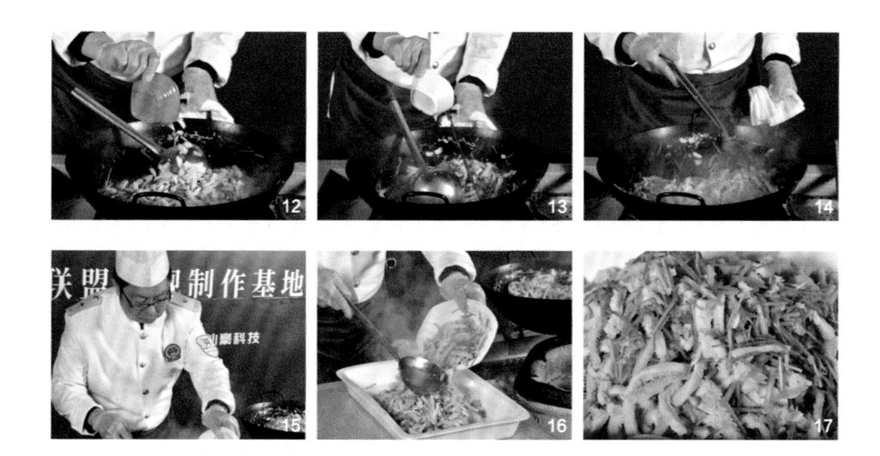

芫爆牛肚条是一道由芫爆散丹演变而来的清真菜，软烂可口，适宜老年人食用，牛肚中含有蛋白质、维生素等元素，有助消化。

成菜标准

①色泽：白绿相间；②芡汁：无汁无芡；③味型：咸鲜咸辣；④质感：牛肚软烂，香菜清香；⑤成品重量：2300克。

举一反三

用此技法可以做芫爆牛里脊、芫爆鸡丝等。

菠萝咕咾虾

| 制 作 人 | 王万友（中国烹饪大师）
| 操作重点 | 虾肉炸制时，一定要复炸，炸两次，达到外焦里嫩。
| 要领提示 | 虾肉一定腌制入味，汁芡要浓稠些。

原料组成

主料

虾仁 2700 克

辅料

菠萝 600 克、胡萝卜 600 克、黄瓜 600 克

调料

番茄酱 320 克、盐 25 克、白糖 120 克、白醋 120 毫升、水淀粉 200 毫升（生粉 100 克 + 水 100 毫升）、玉米淀粉 500 克、胡椒粉 10 克、料酒 30 毫升、葱末 30 克、姜末 30 克、生粉 200 克、水 1200 毫升、植物油 3000 毫升

营养成分

（每 100 克营养素参考值）

能量……152.4 千卡
蛋白质……21.0 克
脂肪……1.3 克
碳水化合物……14.1 克
膳食纤维……0.5 克
维生素 A……46.6 微克
维生素 C……4.2 毫克
钙……271.2 毫克
钾……357.3 毫克
钠……247.08 毫克
铁……5.9 毫克

加工制作流程

1. **初加工**：将虾仁洗净，去虾线备用；将菠萝、胡萝卜、黄瓜去皮洗净，备用。
2. **原料成形**：将菠萝、胡萝卜，黄瓜切成滚刀块。
3. **腌制流程**：将虾仁放入生食盒中，加入盐 10 克、胡椒粉 10 克、料酒 30 毫升、葱姜末抓匀，加入生粉 200 克抓匀，水 200 毫升搅拌匀，挑出葱姜，一个一个地滚入干的玉米淀粉揉紧，备用。
4. **配菜要求**：将虾仁、菠萝、胡萝卜、黄瓜、调料分别放在器皿中。

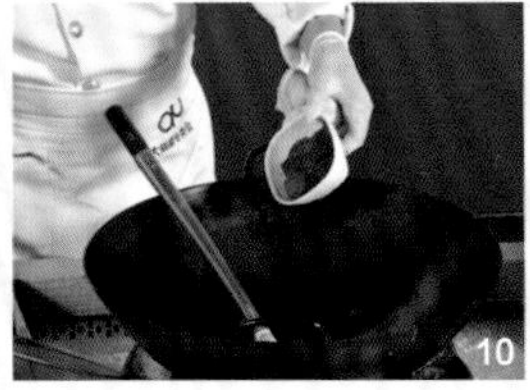

5. **工艺流程**：虾仁腌制→食材滑油→烹饪熟化食材→装盘。

6. **烹调成品菜**：①锅上火烧热，放入植物油，油温六成热时，下入攥好的虾球，炸制定型后，捞出，备用，打去渣子。待油温升到八成热时，放入炸定型的虾球，炸熟捞出，控油；把胡萝卜 600 克、黄瓜 600 克余油，捞出。②锅上火烧热，放入植物油，放入番茄酱 320 克煸炒出红油，加入水 1000 毫升，加入盐 15 克、白糖 120 克、白醋 120 毫升烧开，水淀粉 200 毫升勾芡，淋入明油，倒入炸好的虾球、胡萝卜、黄瓜、菠萝翻炒均匀，出锅即可。

7. **成品菜装盘（盒）**：菜品采用“盛入法”装入盘（盒）中，摆放整齐即可。

12

13

14

菠萝咕咾虾从咕咾肉演变而来，是一道著名谭家菜，酸甜鲜香，酥脆可口，颜色艳丽。虾肉中含有丰富的蛋白质、脂肪、钙、磷铁等元素，菠萝开胃健脾、助消化。

成菜标准

①色泽：红、黄、绿相间；②芡汁：芡汁浓郁；③味型：酸甜鲜香；④质感：酥脆可口；⑤成品重量：4500 克。

举一反三

用此种技法还可以做菠萝咕咾肉、糖醋排骨、糖醋里脊等。

虫草花蒸滑鸡

| 制 作 人 | 王万友（中国烹饪大师）
| 操作重点 | 鸡肉拌匀后，先放植物油，避免粘连，放一点水或者高汤，颜色不要太深。
| 要领提示 | 鸡块不要太大，大约 0.5 厘米见方块，淀粉不要太多。

原料组成

主料

鸡腿肉 4000 克

辅料

大枣 100 克、陈皮 50 克、虫草花 400 克、油菜心 400 克

调料

盐 30 克、糖 20 克、蚝油 60 毫升、胡椒粉 55 克、老抽 65 毫升、料酒 55 毫升、葱片 50 克、姜片 50 克、生粉 90 克、水（高汤）600 毫升、植物油 30 毫升

营养成分

（每 100 克营养素参考值）

能量	151.8 千卡
蛋白质	16.9 克
脂肪	5.7 克
碳水化合物	8.1 克
膳食纤维	1.9 克
维生素 A	17.1 微克
维生素 C	4.8 毫克
钙	23.3 毫克
钾	243.7 毫克
钠	425.3 毫克
铁	6.6 毫克

加工制作流程

1. **初加工**：将鸡腿肉洗净备用，虫草花洗净，大枣洗净，陈皮洗净备用。
2. **原料成形**：鸡腿肉切块，虫草花开水泡软，大枣去核切丝，陈皮泡软切丝。
3. **腌制流程**：将鸡腿肉放入生食盒中，加盐 25 克、糖 20 克、胡椒粉 55 克、料酒 55 毫升搅拌均匀，加入葱姜片各 50 克、蚝油 60 毫升、老抽 65 毫升、生粉 90 克搅拌均匀，拌入陈皮丝、大枣，加入植物油。
4. **配菜要求**：将鸡腿肉、虫草花、大枣、陈皮丝、调料分别放入器皿中备用。

5. **工艺流程**：鸡块腌制→食材蒸制→油菜焯水→装盘。

6. **烹调成品菜**：①将腌好的鸡腿肉放入蒸盘中，加入虫草花400克、水（高汤）600毫升，放入万能蒸烤盘中，选择“蒸”的模式，温度100℃，湿度100%，蒸30分钟，取出搅拌均匀，挑出葱姜片。②锅上火烧热，加入水1000毫升 、盐5克、植物油烧开后，放入油菜心400克，烧开，捞出，过凉。③把焯水的油菜心摆放在蒸好的鸡块周围即可。

7. **成品菜装盘（盒）**：菜品采用“码放法”装入盘（盒）中，摆放整齐即可。

虫草花蒸滑鸡是由广东菜演变而来，方青卓曾经在《食全食美》节目上做过这道菜，广受欢迎。鸡肉软烂、滑嫩，含有丰富的蛋白质、脂肪、氨基酸，能够提高免疫力，平衡膳食。

成菜标准

①色泽: 金黄色; ②芡汁: 薄芡; ③味型: 咸鲜; ④质感: 鸡肉软烂、滑嫩，陈皮清香，大枣香甜; ⑤成品重量: 4900克。

举一反三

用此技法可以做虫草花蒸排骨、腰豆蒸滑鸡，食材也可以用带骨三黄鸡。

蚝油蒸鸡块

| 制 作 人 | 王万友（中国烹饪大师）
| 操作重点 | 水滑时，一定要滑透，凉水冲透。
| 要领提示 | 鸡块一定要入味，有底味，淀粉要多一些。

原料组成

主料

去骨鸡腿肉 5000 克

配料

油菜心 500 克

调料

盐 50 克、白糖 15 克、蚝油 100 毫升、水淀粉 150 毫升（生粉 50 克 + 水 100 毫升）、生粉 200 克、胡椒粉 55 克、老抽 30 毫升、料酒 50 毫升、葱片 30 克、姜片 30 克、高汤 2000 毫升、植物油 30 毫升

营养成分

（每 100 克营养素参考值）

能量	140.7 千卡
蛋白质	16.9 克
脂肪	5.9 克
碳水化合物	4.9 克
膳食纤维	0.2 克
维生素 A	18.2 微克
维生素 C	0.1 毫克
钙	8.3 毫克
钾	208.5 毫克
钠	489.4 毫克
铁	1.8 毫克

加工制作流程

01

02

03

04

05

06

07

08

1. **初加工**：去骨鸡腿肉洗净，油菜心洗净。
2. **原料成形**：鸡腿肉切块。
3. **腌制流程**：将鸡腿肉放入生食盒中，加入葱姜片、盐 20 克、胡椒粉 35 克、料酒 50 毫升搅拌均匀，加入老抽 10 毫升、生粉 200 克搅拌均匀，备用。
4. **配菜要求**：将鸡腿肉、辅料、调料分别放入器皿中备用。
5. **工艺流程**：鸡块腌制→水滑鸡块→鸡块蒸制→装盘→浇汁。

09

10

11

6. **烹调成品菜：**①锅上火烧热，锅中放入水1000毫升烧开，放入腌好的鸡块5000克，轻轻推动，打去浮沫，滑熟滑透，捞出，凉水冲透，挑出葱姜。②锅上火烧热，加入水1000毫升、盐5克、植物油烧开后，放入油菜心500克，烧开，捞出过凉。③把冲透水的鸡块放入蒸盘中，加入高汤2000毫升，加入盐15克、胡椒粉20克、白糖10克、葱姜片各20克搅拌均匀，倒入鸡块中搅拌均匀，放入万能蒸烤箱中，选择“蒸”的模式，温度100℃，湿度100%，蒸30分钟，取出，挑出葱姜片，备用。④锅上火烧热，把蒸鸡块的汤汁倒入锅中，加入白糖5克、盐10克、老抽20毫升、蚝油100毫升烧开，水淀粉150毫升勾芡，把蒸好的鸡块放入锅中，翻炒均匀，烧开即可出锅。将焯水的油菜心摆放在蒸盘周围即可。

7. **成品菜装盘（盒）：**菜品采用“盛入法”装入盘（盒）中，摆放整齐即可。

12

13

14

蚝油蒸鸡块是著名的谭家菜，由原来的油炸鸡块改为水滑，做到少油、少盐、少糖，肉质软烂、滑嫩，老少皆宜，含有丰富的蛋白质、氨基酸、脂肪、维生素等，有利于人体吸收。

成菜标准

①色泽：金黄色；②芡汁：薄芡；③味型：蚝油咸香；④质感：肉质软烂，滑嫩；⑤成品重量：4600克。

举一反三

采用此种技法可以做蚝油蒸里脊、蚝油蒸牛肉。

酥炸凤尾虾

| 制 作 人 | 王万友（中国烹饪大师）
| 操作重点 | 虾尾不要蘸上糊，一个一个地炸。
| 要领提示 | 虾肉要入味，有底味，调糊不能太稀，加一些油，油的比例要掌握好，如果油加得少，就变成软炸了。

原料组成

主料

大虾 3000 克

辅料

生菜 300 克

调料

盐 30 克、玉米淀粉 1000 克、鸡蛋液 500 克、胡椒粉 30 克、料酒 10 毫升、葱片 30 克、姜片 30 克、植物油 3000 毫升

营养成分

（每 100 克营养素参考值）

能量 .... 142.9 千卡
蛋白质 .... 13.0 克
脂肪 .... 1.2 克
碳水化合物 .... 20.0 克
膳食纤维 .... 0.1 克
维生素 A .... 51.4 微克
维生素 C .... 0.1 毫克
钙 .... 32.8 毫克
钾 .... 261.1 毫克
钠 .... 382.6 毫克
铁 .... 2.9 毫克

加工制作流程

1. 初加工：大虾洗净，生菜洗净。

2. 原料成形：大虾去皮留尾去虾线。

3. 腌制流程：大虾放入生食盒中，加入盐 30 克、胡椒粉 30 克、料酒 10 毫升、葱姜片各 30 克搅拌均匀，腌制 2 分钟，挑出葱姜片。调糊：把玉米淀粉 1000 克放入容器中，加入全蛋（一点点加入）搅拌均匀，（10 个鸡蛋，1000 克玉米淀粉）调的糊自然往下流就可以了，加入植物油，充分打进去。

09

10

11

4. **配菜要求**：将大虾、配料、调料分别装在器皿中备用。

5. **工艺流程**：虾仁腌制→调糊→蘸糊炸制→装盘。

6. **烹调成品菜**：①锅上火烧热，放入植物油，油温六成热时，手攥住虾尾，沾上糊放入锅中，炸制定型后，马上捞出；待油温七成热时，将虾复炸成金黄色，捞出。②把生菜300克铺在蒸盘底部，炸好的凤尾虾倒入盘中。

7. **成品菜装盘（盒）**：菜品采用“盛入法”装入盘（盒）中，摆放整齐即可。

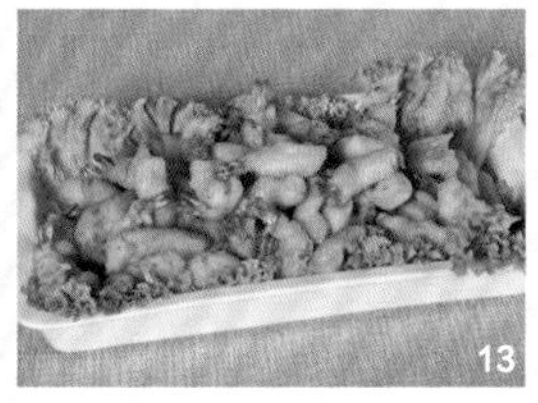

酥炸凤尾虾是由酥炸虾、软炸里脊演变而来的一道菜品，酥脆可口，虾中含有蛋白质、维生素和矿物质。

成菜标准

①色泽：金黄色；②芡汁：无；③味型：咸鲜，酥脆；④质感：香酥可口；⑤成品重量：3600克。

举一反三

可以做酥炸鸡柳、酥炸里脊。

鲜虾一品豆腐

| 制 作 人 | 王万友（中国烹饪大师）
| 操作重点 | 蒸的时候火候不要太大，注意控制时间，时间长了，会出现蜂窝状。
| 要领提示 | 最好选用内脂豆腐，淀粉适量，淀粉过多容易老。

原料组成

主料

虾仁 300 克、白玉内脂豆腐 2800 克

辅料

鲜豌豆 150 克、鸡胸肉 200 克、胡萝卜 150 克、鸡蛋 450 克

调料

盐 40 克、糖 10 克、玉米淀粉 50 克、水淀粉 150 毫升、植物油 30 毫升

营养成分

（每 100 克营养素参考值）

能量	79.8 千卡
蛋白质	7.9 克
脂肪	2.4 克
碳水化合物	6.7 克
膳食纤维	0.4 克
维生素 A	38.1 微克
维生素 C	1.0 毫克
钙	26.1 毫克
钾	134.0 毫克
钠	422.0 毫克
铁	1.0 毫克

加工制作流程

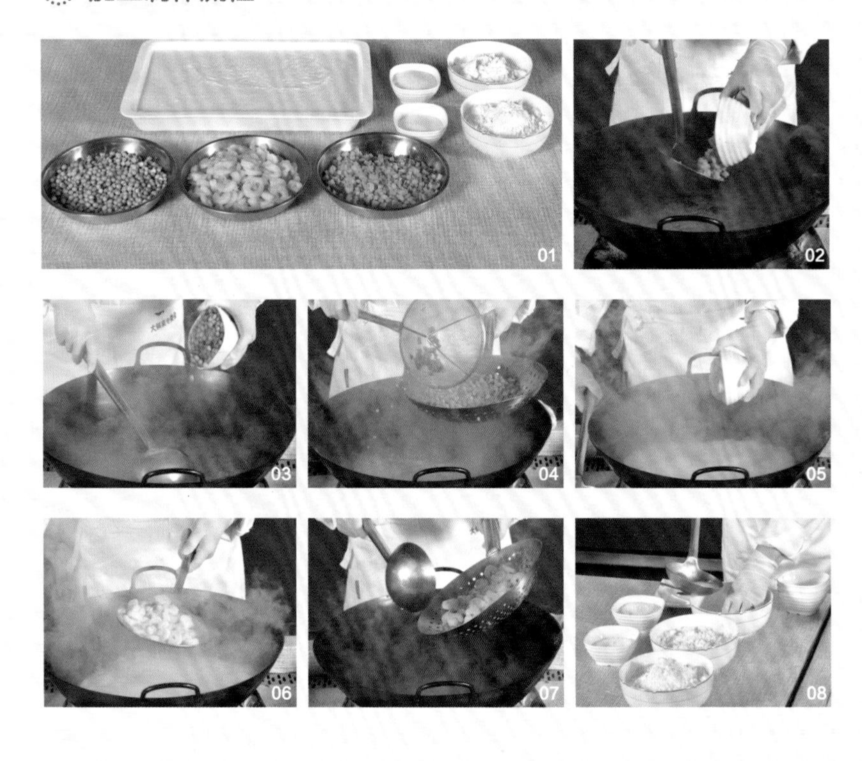

1. **初加工**：虾仁洗净备用，鲜豌豆洗净备用，鸡胸肉洗净备用，胡萝卜洗净备用。
2. **原料成形**：将虾仁去虾线备用，鸡胸肉切小块，胡萝卜去皮切丁。
3. **腌制流程**：无。
4. **配菜要求**：将虾仁、鲜豌豆、胡萝卜、鸡胸肉、白玉内脂豆腐、调料分别放在器皿中备用。
5. **工艺流程**：食材焯水→豆腐蒸制→调汁→装盘→浇汁。

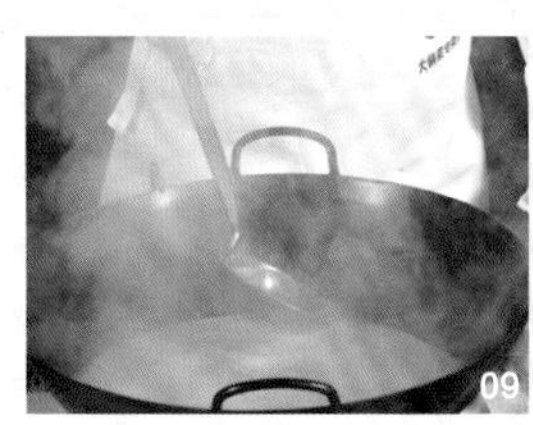

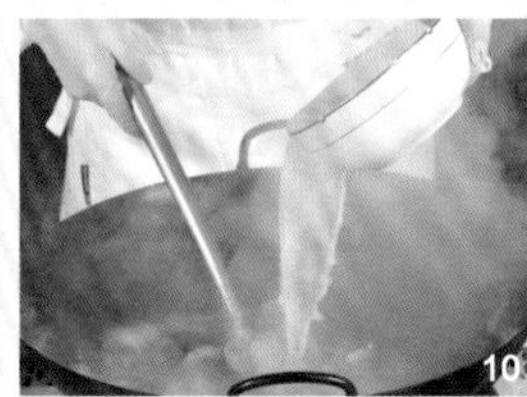

鲜虾一品豆腐是一道著名谭家菜，传说陈毅老总不喜欢吃豆腐，做此菜品，没有吃出豆腐，故而得名。豆腐软嫩，虾肉爽脆，老少皆宜，豆腐中含有蛋白质、维生素、脂肪，虾肉中含有维生素、钙、磷等营养成分。

6. **烹调成品菜**：①锅上火烧热，锅中放入水、盐 5 克、植物油，水开放入虾仁 300 克、豌豆 150 克、胡萝卜丁 150 克，焯水，焯完水捞出，过凉备用。②白玉内脂豆腐加入鸡胸肉 200 克，加盐 10 克、鸡蛋 450 克、玉米淀粉 50 克用粉碎机打匀。③将打好的豆腐倒入万能蒸烤盘，放入万能蒸烤箱中，选择“蒸”的模式，温度 100℃，湿度 100%，蒸 10 分钟，取出。④锅上火烧热，锅中放入水 500 毫升、盐 25 克、糖 10 克开锅后，放入虾仁、豌豆、胡萝卜丁、水淀粉 150 毫升勾芡，淋入明油，倒入蒸好的豆腐上即可。
7. **成品菜装盘（盒）**：菜品采用“盛入法”装入盘（盒）中，摆放整齐即可。

13

14

成菜标准

①色泽：白绿相间；②芡汁：薄芡；③味型：咸鲜；④质感：细腻滑嫩；⑤成品重量：4400 克

举一反三

可以按照北方豆腐脑的方法制作，加黄花、木耳、鸡蛋以及酱油，变成红汁菜更有食欲。

羊肉大葱包

| 制 作 人 | 王素明（中国烹饪大师）
| 操作重点 | 调馅时要使用花椒水去膻。
| 要领提示 | 羊肉要绞两遍后使用，肉馅调制好后放入冰箱冷藏。

原料组成

主料

中筋面粉 700 克、荞麦面 300 克

辅料

干酵母 10 克、无铝泡打粉 5 克、白糖 25 克、水 260 毫升

馅料

肥瘦相间羊肉馅 2 斤

调料

花椒水 500 毫升（花椒 25 克 + 水 500 毫升）、大葱 1 斤、盐 20 克、美极鲜酱油 20 毫升、生抽 20 毫升、老抽 10 毫升、胡椒粉 4 克、味精 10 克、鸡精 20 克、鸡蛋 2 个、水淀粉 30 克、香油 50 毫升、花生油 40 毫升、姜末 20 克

营养成分

（每 100 克营养素参考值）

能量	247.2 千卡
蛋白质	13.3 克
脂肪	9.3 克
碳水化合物	27.7 克
膳食纤维	1.4 克
维生素 A	16.7 微克
维生素 C	0.5 毫克
钙	33.2 毫克
钾	181.5 毫克
钠	560.5 毫克
铁	1.5 毫克

加工制作流程

1. **初加工：**大葱洗净。

2. **原料成形：**大葱切成葱花，水 500 毫升烧开后放入花椒 25 克煮开，晾凉。

3. **腌制流程：**羊肉馅加姜末 20 克、盐 20 克、老抽 10 毫升、生抽 20 毫升、美极鲜酱油 20 毫升，抓拌上劲，分次加入花椒水搅拌均匀上劲，放入鸡蛋 2 个搅拌，最后放入味精 10 克、鸡精 20 克、胡椒粉 4 克、水淀粉 30 克搅匀，放入花生油 40 毫升、香油 50 毫升搅拌均匀，放入冰箱冷藏待用，包馅前放入葱花拌匀。

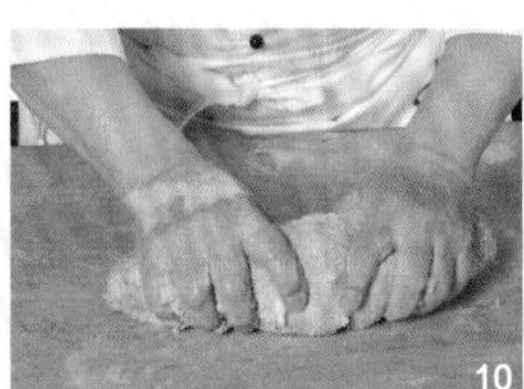

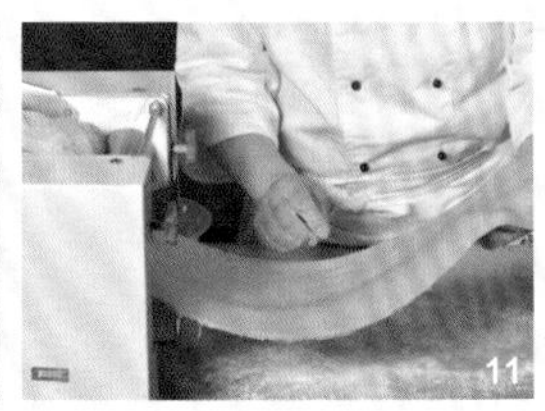

4. 配菜要求：将主料、辅料及调料分别放在器皿中，备用。

5. 工艺流程：和肉馅→和面团→包成包子，上锅蒸熟即可。

6. 烹调成品菜：①中筋面粉 700 克、荞麦面 300 克、无铝泡打粉 5 克混合，放在案板上开成窝形。白糖 25 克、干酵母 10 克，分别加入温水化开，放入窝中活成面团，醒面 20 分钟，放入压面机压均匀，搓成长条，揪剂（30 克 1 个）擀成圆皮，包入羊肉馅（20 克），捏出 18 个褶以上，放入万能蒸烤箱，选择“蒸”模式，温度 30℃，湿度 100%，醒发 20 分钟后，温度调成 100℃，蒸制 15 分钟后出锅即成。

7. 成品菜装盘（盒）：菜品采用“摆入法”装入盘（盒）中，整齐美观。

12

13

14

羊肉大葱包，是一款清真面点，蓬松，馅鲜嫩，咸香，含有丰富的蛋白质和维生素。

成菜标准

①色泽：荞麦色；②口味：咸香；③质感：鲜嫩。

举一反三

这款面皮适合制作荤馅的面点，馅换成牛肉也可以。

猪肉荠菜包

| 制 作 人 | 王素明（中国烹饪大师）
| 操作重点 | 掌握好发酵温度（30℃左右）和发酵时间（一般 20 分钟以上），冬天时间可以延长，夏天可以缩短。
| 要领提示 | 荠菜要洗净焯水过凉，切碎后挤干水分；荠菜焯水的时间不宜过长，水开后稍微烫一下即可捞出。

原料组成

主料

中筋面粉 500 克

辅料

干酵母 5 克、无铝泡打粉 5 克、白糖 25 克、熟南瓜泥 200 克、水 80 毫升

调料

猪腿肉馅 500 克、荠菜 500 克、盐 10 克、味极鲜酱油 10 毫升、生抽 10 毫升、老抽 5 毫升、味精 5 克、鸡精 10 克、胡椒粉 2 克、温水 150 毫升、猪油 50 克、香油 20 毫升、葱花 20 克、姜末 10 克

营养成分

（每 100 克营养素参考值）

能量……253.1 千卡
蛋白质……8.9 克
脂肪……14.1 克
碳水化合物……22.7 克
膳食纤维……1.2 克
维生素 A……72.5 微克
维生素 C……12.3 毫克
钙……91.7 毫克
钾……203.6 毫克
钠……433.6 毫克
铁……2.3 毫克

加工制作流程

1. **初加工：** 荠菜洗净。

2. **原料成形：** 荠菜焯水过冷水剁碎。

3. **腌制流程：** 无。

4. **配菜要求：** 将主料、配料、馅料分别装在器皿中备用。

5. **工艺流程：** 调馅→和面→包包子→蒸制→出锅。

6. **烹调成品菜：** ①锅中放水烧开，放入荠菜 500 克焯水，捞出过凉水剁碎备用。②猪肉馅中加入姜末 10 克、味极鲜酱油 10 毫升、老

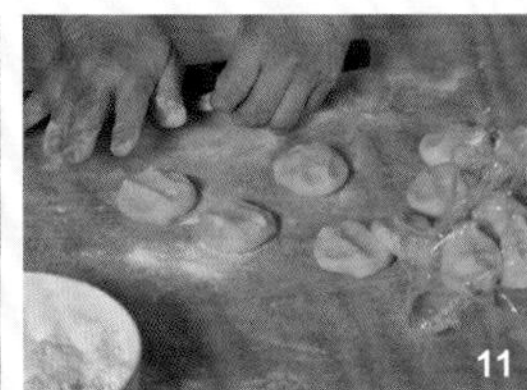

抽 5 毫升、生抽 10 毫升搅拌上劲，分次加入水，顺着一个方向搅拌黏稠，加入盐 10 克、味精 5 克、鸡精 10 克、胡椒粉 2 克、猪油 50 克搅拌均匀，将荠菜挤干水分后放入肉馅中加入香油 20 毫升拌均匀，封上保鲜膜，放入冰箱冷藏 30 分钟取出，放入葱花 20 克，搅拌均匀。③中筋面粉 500 克加入无铝泡打粉 5 克倒在案板上，开成窝型，白糖 25 克、干酵母 5 克分别放入温水搅拌均匀后倒在面粉中，再放入熟南瓜泥 200 克，和成面团，封上保鲜膜醒发 20 分钟。上揉面机压均匀搓成条，揪成剂子，剂口向上按扁擀皮，放入馅料，捏成 18 褶以上包子形，放入万能蒸烤箱，选择“蒸”模式，温度 30℃，湿度 100%，醒发 5 分钟后，温度调成 100℃，蒸制 15 分钟后出锅即成。

7. 成品菜装盘（盒）：菜品采用“摆入法”装入盘（盒）中。

12

13

14

荠菜一般春季才有，具有季节性，所以这款猪肉荠菜包也是一款时令面点。荠菜也是野菜，现在冬天已经有大棚种植，营养丰富，大众化，含有丰富的蛋白质、维生素等营养元素。

成菜标准

①色泽：黄色；②味型：咸鲜；③质感：膨松。

举一反三

馅料可以根据个人口味进行变化，如牛肉荠菜包、猪肉白菜包等。

炸油条

| 制 作 人 | 王素明（中国烹饪大师）。
| 操作重点 | 油条入锅要不停翻动才起身。
| 要领提示 | 要掌握正确的和面手法、炸制油温和醒发时间。

原料组成

主料

中筋面粉 2500 克

配料

无铝泡打粉 60 克、盐 30 克、小苏打 4 克、鸡蛋 5 个、黄油 250 克、水 1300 毫升、植物油 5000 毫升

营养成分

（每 100 克营养素参考值）

能量……………… 382.6 千卡
蛋白质 ……………… 14.1 克
脂肪……………… 10.8 克
碳水化合物………… 57.1 克
膳食纤维……………… 1.7 克
维生素 A………… 19.2 微克
钙 ……………… 33.3 毫克
钾 ……………… 172.3 毫克
钠 ……………… 533.9 毫克
铁 ……………… 0.7 毫克

加工制作流程

1. 配菜要求：将主料、配料分别装在器皿中备用。

2. 工艺流程：和面→醒面→炸油条。

3. 烹调成品菜：①中筋面粉 2500 克中放入无铝泡打粉 60 克，过萝筛。②盆中放盐 30 克、小苏打 4 克、鸡蛋 5 个、水 1300 毫升搅拌均匀，放入融化的黄油 250 克，混合均匀后放入面粉，使用抄拌法和面至没有干面，少量多次地放入剩余的水，继续抄拌，进行揣面，盖上保鲜膜，醒面 20 分钟，再进行揣面，反复 3 次。取一盘，盘底刷油，放入揣好的面团揣平，封好保鲜膜静置 1 小时。分成均匀 5 块大剂面团，分别揉搓成长条，保鲜膜包好醒发，冬天 6 小时以上，

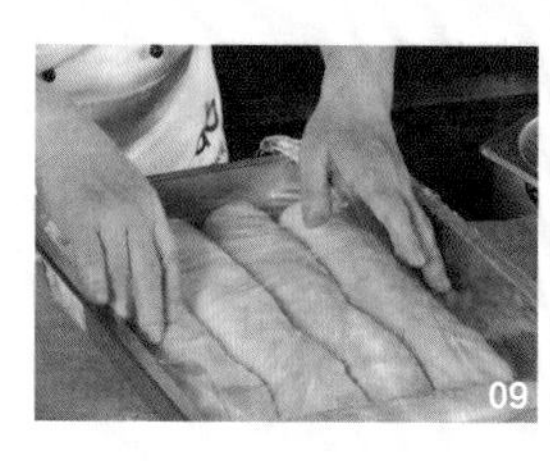

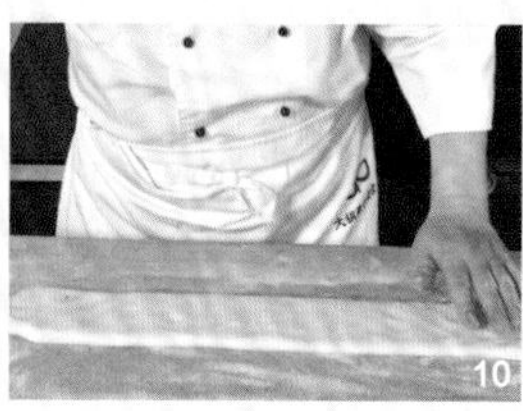

夏天4小时以上。③油烧热180℃以上，将醒好的面团拉长按扁，切成2厘米宽的条，两边沾上面粉，中间用筷子沾一层水，将两片叠成一片，中间按紧，抻开，两边捏紧，放入油锅中炸制，不停翻动起身上色，炸熟后捞出即可。

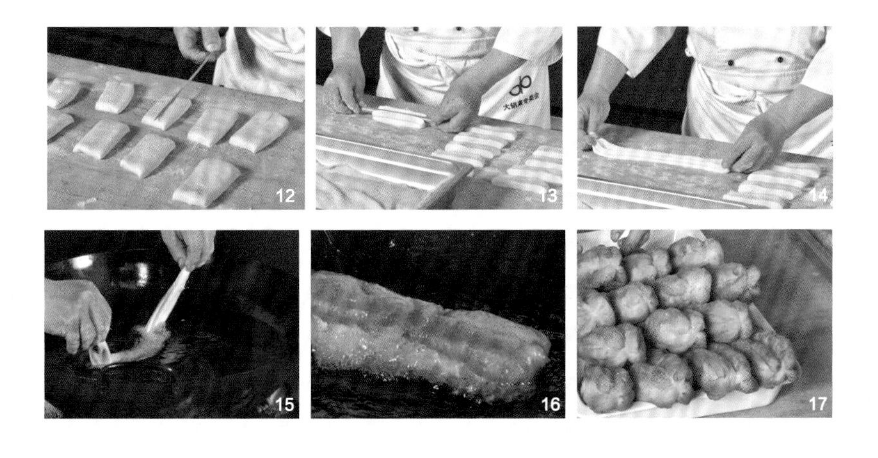

成菜标准

①色泽：金黄；②味型：咸香；③质感：质地膨松、酥脆

举一反三

用这种技法可以做大油条、小油条；也可以加入蔬菜做成不同颜色的油条。

炸油条是一道传统面点，南北方都有，但是操作不同，南方在开条时使用的是面粉，而北方一般使用的是油，所以成品效果也不同。过去做油条会使用矾碱盐，但是因为其对人体有害，所以被禁用，现在使用的都是国家承认的膨松剂，蓬松酥香，表皮有一层酥泡，很酥，富含碳水化合物。

炸油饼

| 制 作 人 | 王素明（中国烹饪大师）
| 操作重点 | 饼入锅后要迅速翻动起身。
| 要领提示 | 面要醒发好。

原料组成

主料

中筋面粉 1500 克

调料

无铝泡打粉 22.5 克、盐 15 克、鸡蛋 3 个、花生油 150 毫升、水 780 毫升、植物油 4000 毫升

加工制作流程

1. 配菜要求：将主料、配料分别装在器皿中备用。

2. 工艺流程：和面→醒面→炸油饼。

3. 烹调成品菜：①中筋面粉 1500 克中放入无铝泡打粉 22.5 克，过萝筛。②盆中放盐 15 克、鸡蛋 3 个、花生油 150 毫升、水 780 毫升搅拌均匀，将面粉和无铝泡打粉 22.5 克倒入，使用抄拌法和面至没有干面，少量多次地放入剩下的水揣面，揣两次，每次醒面 20 分钟，取一盘，盘底刷油，放入揣好的面团揣平，封好保鲜膜静置 4 小时以上。③锅中油烧热 180℃以上，将饼面切 100 克一个的剂子，表面刷层油，

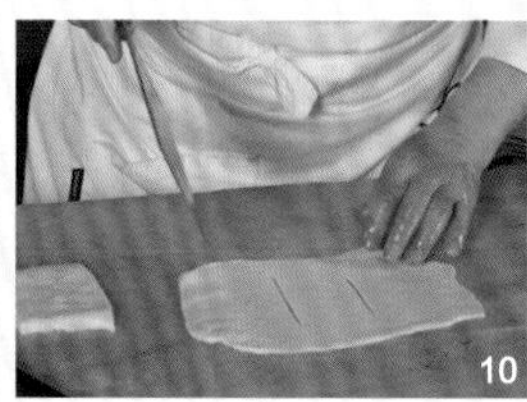
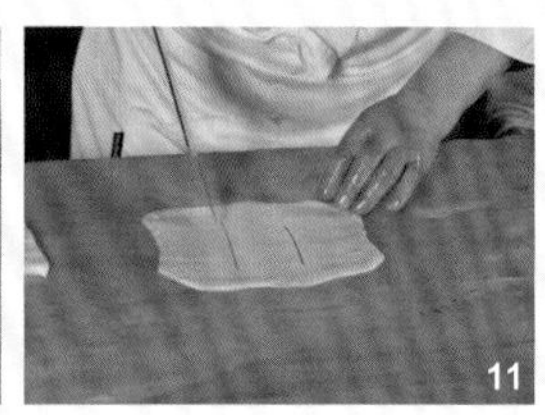

营养成分

（每 100 克营养素参考值）

能量	385.4 千卡
蛋白质	14.1 克
脂肪	11.1 克
碳水化合物	57.4 克
膳食纤维	1.7 克
维生素 A	19.3 微克
钙	31.4 毫克
钾	170.0 毫克
钠	338.6 毫克
铁	0.9 毫克

擀成油饼状，面上划两刀，入锅中炸成金黄色，熟后捞出即可。

4. 成品菜装盘（盒）：菜品采用“摆入法”装入盘（盒）中。

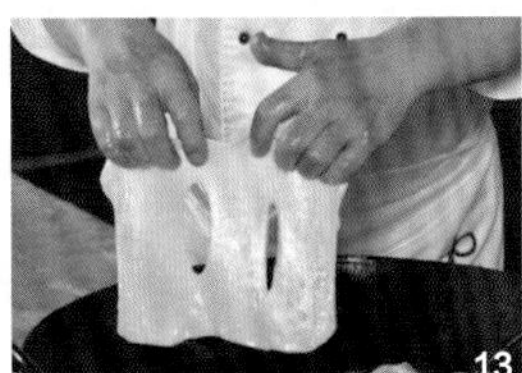

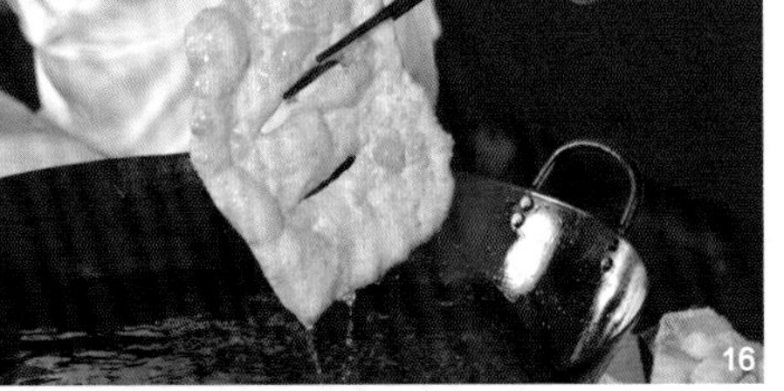

炸油饼是一款北方的大众化面点，酥香、蓬松，含有丰富的碳水化合物。

成菜标准

①色泽：金黄；②味型：咸香；③质感：酥脆；④成品重量：2000 克

举一反三

用此种技法可以做糖油饼。

蒸米糕

| 制 作 人 | 王素明（中国烹饪大师）
| 操作重点 | 和面糊的时候不能上劲，用水慢慢泄开，搅拌至没有颗粒后，再掌握面糊的稀稠度。
| 要领提示 | 掌握好醒发时间和蒸制时间。

原料组成

主料

大米粉 1000 克、低筋粉 500 克

辅料

蔓越莓 80 克

调料

白糖 500 克、干酵母 25 克、无铝泡打粉 25 克、水 125 毫升

营养成分

（每 100 克营养素参考值）

能量……370.5 千卡
蛋白质……12.2 克
脂肪……1.9 克
碳水化合物……76.2 克
膳食纤维……1.7 克
钙……25.8 毫克
钾……141.2 毫克
钠……2.8 毫克
铁……0.7 毫克

加工制作流程

01

02

03

04

05

06

07

08

1. 原料成形： 蔓越莓切丁。

2. 配菜要求： 将主料、辅料及调料分别放在器皿中。

3. 工艺流程： 和面→蔓越莓装饰→上锅蒸 40 分钟。

4. 烹调成品菜： 白糖 500 克放入盆中，加入水 1250 毫升溶化，将大米粉 1000 克、低筋粉、无铝泡打粉 25 克放入盆中，加入干酵母 25 克搅拌成稀面糊，倒入铺油纸的蒸屉内醒发 40 分钟，撒入蔓越莓丁装饰，放入万能蒸烤箱，选择“蒸”模式，温度 100℃，湿度

09

10

11

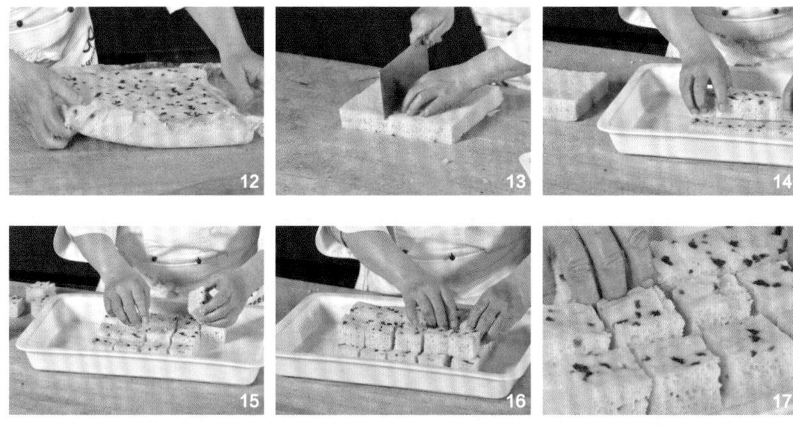

100%，蒸制 40 分钟，蒸熟后取出改刀切块即可。

5. 成品菜装盘（盒）：菜品采用“摆入法”装入盘（盒）中，自然堆落状。

蒸米糕是一款南方的点心，是用米粉制作的米糕。米糕的做法有很多，有使用米酒发酵的，也有用面肥发酵的，我们这次使用的是酵母发酵法，洁白松软，甜香，含有丰富的碳水化合物。

成菜标准

①色泽：洁白；②口味：香甜；③质感：松软蓬松；④成品重量：2240 克。

举一反三

可以改变形状，做新点心，如切成菱形，或者使用盏碗来制作。

葱油鸡

| 制 作 人 | 吴波（中国烹饪大师）
| 操作重点 | 鸡肉、土豆要提前腌制，鸡肉腌制时要加入干淀粉，锁住水分。土豆腌制入味。青红椒、葱丝不宜过多。
| 要领提示 | 鸡腿一定要冲去血水，焯水焯透。

原料组成

主料

净鸡腿 3000 克

辅料

净土豆 1500 克、净青椒 20 克、净红椒 20 克、净大葱 50 克

调料

葱油 100 毫升、盐 10 克、鸡精 2 克、料酒 50 毫升、豉油 125 毫升、玉米淀粉 40 克

营养成分

（每 100 克营养素参考值）

能量 …… 138.9 千卡
蛋白质 …… 13.5 克
脂肪 …… 6.6 克
碳水化合物 …… 6.2 克
膳食纤维 …… 0.4 克
维生素 A …… 14.4 微克
维生素 C …… 5.1 毫克
钙 …… 3.5 毫克
钾 …… 250.1 毫克
钠 …… 140.9 毫克
铁 …… 1.3 毫克

加工制作流程

1. **初加工**：鸡腿冲去血水，土豆削皮，青椒、红椒、大葱洗净备用。
2. **原料成形**：鸡腿切成长 5 厘米、宽 1.5 厘米的长条，土豆切成长 5 厘米、宽 0.8 厘米的长条，青红椒、大葱切丝。
3. **腌制流程**：鸡腿肉中加入盐 10 克、料酒 50 毫升抓匀，加入鸡精 2 克、玉米淀粉 40 克抓匀腌制备用。
4. **配菜要求**：将鸡腿肉、土豆、青椒、红椒、大葱、调料分别摆放器皿中。

5. **工艺流程**：鸡腿肉焯水→土豆焯水腌制→蒸制成熟→辅助调味→码盘。

6. **烹调成品菜**：①将土豆1500克码入盘中垫底，将腌制好的鸡腿肉3000克码放在土豆上，放入万能蒸烤箱，选择“蒸”模式，温度100度，湿度100%，蒸制15分钟。②取出鸡块，浇上豉油125毫升，放葱丝50克、青红椒丝各20克。③锅内加葱油100毫升，烧至8成热，浇在葱丝上即可。

7. **成品菜装盘（盒）**：菜品采用“盛入法”装入盘（盒）中。呈自然堆落状。

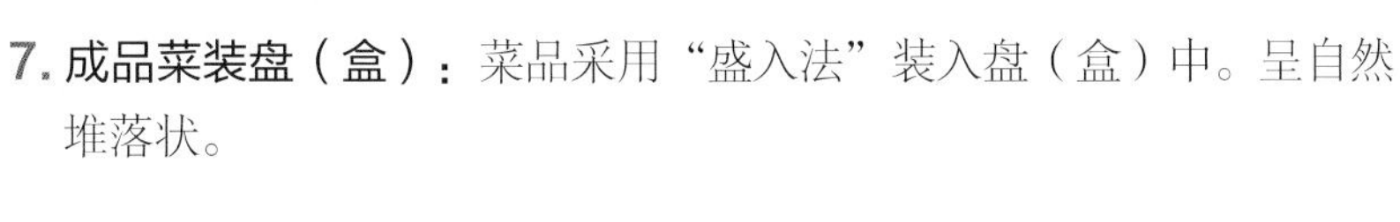

葱油鸡是以广东的烹饪手法来制作的一道菜品，鸡条鲜嫩、葱香浓郁，含有丰富的蛋白质、碳水化合物等营养成分。

成菜标准

①色泽：色泽亮丽；②芡汁：无；③味型：葱香浓郁；④质感：鸡条鲜嫩；⑤成品重量：3140克。

举一反三

用此种技法可以做葱油鸭、葱油鱼。

金瓜五谷烧牛腩

| 制 作 人 | 吴波（中国烹饪大师）
| 操作重点 | 南瓜蒸至六成熟。
| 要领提示 | 牛腩块根据前期加工的软烂成熟度来决定烧制时间，时间过长牛腩易烂，时间过短牛腩不入味，影响口感。

原料组成

主料

净牛腩 2500 克

辅料

净南瓜 1500 克、净去皮花生米 200 克、净莲子 250 克、水发小枣 200 克、净红腰豆 150 克、玉米粒 200 克

调料

植物油 50 毫升、葱油 80 毫升、盐 10 克、水淀粉 50 毫升、葱末 10 克、姜末 10 克、蒜末 5 克、八角 3 克、海鲜酱 150 克、蚝油 100 毫升、白糖 20 克、鸡粉 5 克、胡椒粉 5 克、料酒 50 毫升、老抽 25 毫升、原汤 2000 毫升

营养成分

（每 100 克营养素参考值）

能量.................. 241.4 千卡
蛋白质 ....10.2 克
脂肪........................17.1 克
碳水化合物.............11.6 克
膳食纤维...................1.2 克
维生素 A .... 20.5 微克
维生素 C .... 3.5 毫克
钙 .... 17.5 毫克
钾 .... 144.0 毫克
钠 .... 237.3 毫克
铁 .... 1.2 毫克

加工制作流程

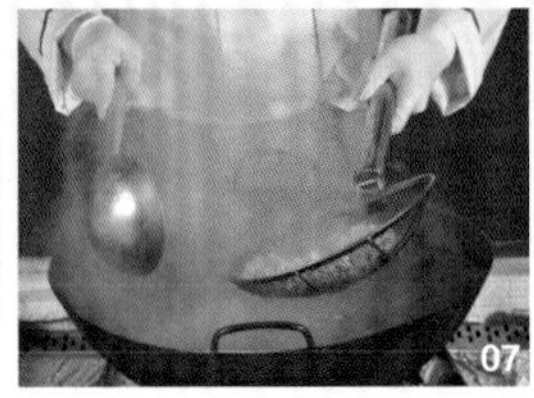

1. **初加工：**净牛腩冲水，去掉血水；净南瓜去皮、去籽、去瓤；花生米去皮；将莲子、小枣加水备用。

2. **原料成形：**牛腩切成 3 厘米大小的块，南瓜切成 2 厘米见方的块。

3. **配菜要求：**将牛腩、南瓜、花生米、莲子、小枣、红腰豆、玉米粒、调料分别摆放在器皿中。

4. **工艺流程：**牛腩焯水蒸熟→蒸莲子→蒸南瓜→辅助调味→勾芡→翻炒所有原料→装盘→淋葱油。

5. **烹调成品菜：**①锅内加水烧开，将牛腩 2500 克焯水，焯透取出过凉，

水中浮沫撇净，留原汤备用。②将牛腩码入盘中，加入原汤2000毫升、盐1克，放入万能蒸烤箱，选择“蒸”模式，温度100℃，湿度100%，蒸制90分钟。③将莲子250克和南瓜1500克放入盘中，放入万能蒸烤箱，选择“蒸”模式，温度100℃，湿度100%，蒸制5分钟，红腰豆150克放入万能蒸烤箱，选择“蒸”模式，温度100℃，湿度100%，蒸制10分钟；小枣200克放入万能蒸烤箱，选择“蒸”模式，温度100℃，湿度100%，蒸制10分钟。④锅中放水烧开，放入花生200克、玉米粒200克焯水，焯熟后过凉备用。④锅内放入植物油50毫升烧热，加入八角3克、葱末10克、姜末10克、蒜末5克爆香，加入海鲜酱150克、蚝油100毫升煸炒出香味，蒸制牛腩的原汤1500毫升、老抽25毫升、白糖20克、胡椒粉5克、盐9克、料酒50毫升调味，放入蒸好的牛腩、花生米、玉米粒、小枣、红腰豆、鸡粉5克烧至汤汁浓郁时，放入南瓜、莲子，翻炒均匀后加入水淀粉勾芡，淋葱油80毫升出锅即可。

6. **成品菜装盘（盒）**：菜品采用“盛入法”装入盘（盒）中，呈自然堆落状。

金瓜五谷烧牛腩是一道由红烧牛肉演变而来的菜品，肉质软烂，牛肉中含有丰富的蛋白质和维生素。

成菜标准

①色泽：色泽红亮；②味型：咸鲜微甜；③质感：牛腩软烂；④成品重量：4440克。

举一反三

用此种技法可以做金瓜五谷烧鸡块、金瓜五谷烧排骨。

米酒老南瓜

| 制　作　人 | 吴波（中国烹饪大师）
| 操作重点 | 蒸南瓜时须蒸熟蒸透，汁芡不宜过稠。
| 要领提示 | 南瓜要蒸制软烂。

原料组成

主料

净南瓜 2000 克

辅料

无

调料

葱油 50 毫升、清水 1250 毫升、水淀粉 30 毫升、盐 7 克、白糖 100 克、广东米酒 150 毫升、醪糟 150 克、泡水枸杞 10 克

加工制作流程

01

02

03

04

05

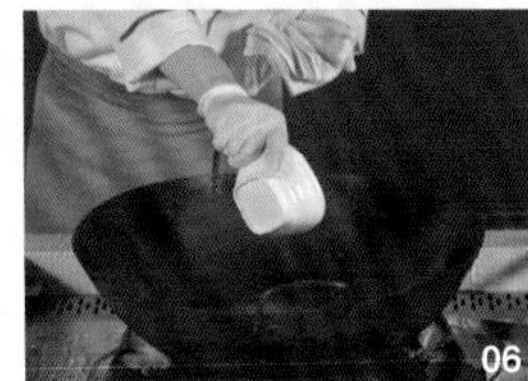

06

07

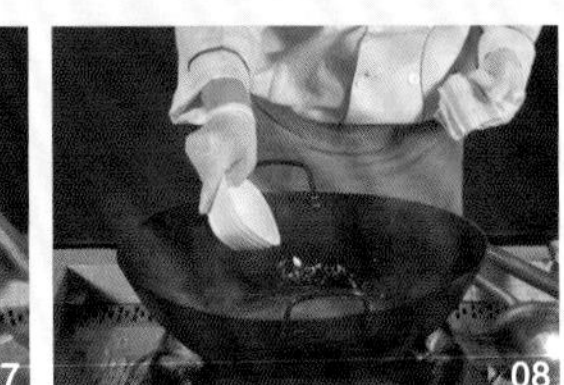

08

1. **初加工：**南瓜去皮、去籽、去瓤。
2. **原料成形：**南瓜切成长 7.5 厘米、宽 3 厘米、厚 0.6 厘米的长方片。
3. **配菜要求：**将切配好的南瓜、醪糟、泡水枸杞、调料分别摆放在器皿中。
4. **工艺流程：**蒸南瓜→做锅制汁→辅助调味→浇在南瓜上即可。

09

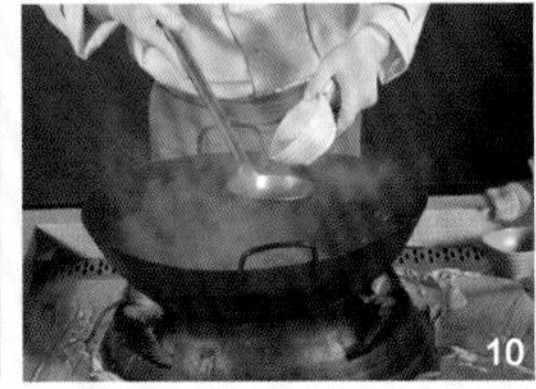

10

11

营养成分

（每 100 克营养素参考值）

能量……………… 68.9 千卡
蛋白质……………… 0.8 克
脂肪……………… 2.1 克
碳水化合物……………… 11.6 克
膳食纤维……………… 0.7 克
维生素 A……………… 62.5 微克
维生素 C……………… 6.6 毫克
钙……………… 14.9 毫克
钾……………… 119.1 毫克
钠……………… 113.8 毫克
铁……………… 0.4 毫克

5. 烹调成品菜：①南瓜 2000 克摆入盘中，上锅蒸制 15 分钟后取出。②锅内倒入清水 1250 毫升，加入醪糟 150 克、盐 7 克、白糖 100 克、广东米酒 150 毫升、泡水枸杞 10 克，大火烧开，加入水淀粉 30 毫升勾芡，淋葱油 50 毫升，浇在南瓜上，出锅即可。

6. 成品菜装盘（盒）：菜品采用“码入法”码入盘（盒）中。

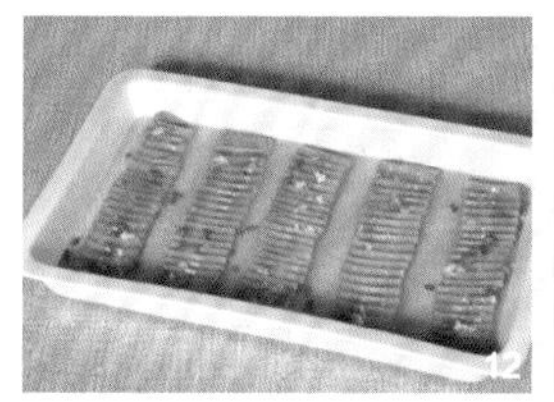
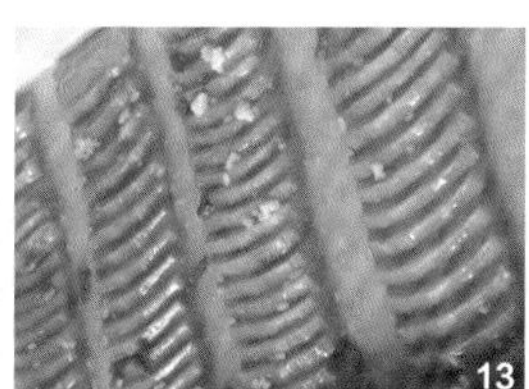

米酒老南瓜是一道苏州菜，口味清淡，适宜老年人食用，软糯微甜，入口即化，含有丰富的碳水化合物和多种微量元素。

成菜标准

①色泽：色泽金红；②芡汁：薄芡；③味型：软糯微甜，入口即化；④质感：南瓜软糯；⑤成品重量：1740g。

举一反三

用此种技法可以做米酒红薯、米酒山药。

上汤凉瓜酿肉馅

| 制 作 人 | 吴波（中国烹饪大师）
| 操作重点 | 苦瓜焯水时间不宜过长，制肉馅时加水适中，使肉馅滑嫩。
| 要领提示 | 蒸苦瓜时不宜过火，酿肉馅时必须拍干淀粉。

原料组成

主料

净猪肉馅 1000 克

辅料

净苦瓜 1700 克

调料

葱油 100 毫升、大葱 50 克、姜 50 克、盐 10 克、味精 2 克、鸡粉 1 克、胡椒粉 1 克、蛋清 2 个、枸杞 10 克、干淀粉 30 克、碱面 2 克、葱姜水（葱、姜各 50 克）800 毫升、清鸡汤1500毫升、植物油30毫升、玉米淀粉 20 克

营养成分

（每 100 克营养素参考值）

能量	121.1 千卡
蛋白质	3.9 克
脂肪	10.3 克
碳水化合物	3.1 克
膳食纤维	0.6 克
维生素 A	7.8 微克
维生素 C	20.8 毫克
钙	10.9 毫克
钾	150.1 毫克
钠	206.4 毫克
铁	0.7 毫克

加工制作流程

1. **初加工**：净苦瓜洗净，去瓤。
2. **原料成形**：苦瓜切成 1.5 厘米厚的圆圈，大葱、姜取 50 克分别切成葱段、姜片，加入 800 毫升水制成葱姜水。
3. **腌制流程**：将肉馅放入盆中，分次逐步加入葱姜水，再加入盐 5 克、味精 2 克、鸡粉 1 克、胡椒粉 1 克、玉米淀粉 20 克，上劲入味，备用。
4. **配菜要求**：将苦瓜、猪肉馅、葱段、姜片、调料分别摆放在器皿中。
5. **工艺流程**：苦瓜焯水→拍淀粉→制馅→辅助调味→蒸制成熟。

6. 烹调成品菜：①锅中倒入水，加盐 2 克、植物油 10 毫升烧开，加入苦瓜焯水，去除苦涩味，加碱面 2 克增绿后过凉备用。②将苦瓜内部抹上一层干淀粉 30 克，酿入腌制好的肉馅，在表面涂一层蛋清，放上枸杞 10 克，浇入清鸡汤 1500 毫升，加入盐 3 克，放入万能蒸烤箱，选择“蒸”模式，温度 100℃，湿度 100%，蒸制 13 分钟淋上黄油 100 毫升即可。

7. 成品菜装盘（盒）：菜品采用“码入法”装入盘（盒）中。

上汤凉瓜酿肉馅，是一道家常菜，苦瓜清爽，肉馅滑嫩，含有多种维生素。

成菜标准

①色泽：色泽清亮；②味型：咸鲜；③质感：苦瓜清爽，肉馅滑嫩；④成品重量：4200 克。

举一反三

可以做芝士烤大虾、芝士烤菜花。

仔姜鸭块

| 制　作　人 | 吴波（中国烹饪大师）
| 操作重点 | 鸭腿应冲掉血水，莲藕焯水时一定要加入白醋以防氧化
| 要领提示 | 姜片煸炒出香味，鸭腿小火炖至熟烂

原料组成

主料

净鸭腿 3000 克

辅料

净莲藕 1000 克、净青蒜 100 克、净姜 900 克

调料

植物油 100 毫升、清汤 5000 毫升、盐 40 克、味精 30 克、鸡精 30 克、胡椒粉 8 克、广东米酒 600 毫升、白醋 50 毫升

营养成分

（每 100 克营养素参考值）

能量……………………89.7 千卡
蛋白质…………………4.7 克
脂肪……………………6.4 克
碳水化合物……………3.2 克
膳食纤维………………0.4 克
维生素 A………………16.0 微克
维生素 C………………2.2 毫克
钙………………………8.6 毫克
钾………………………108.3 毫克
钠………………………248.3 毫克
铁………………………0.8 毫克

加工制作流程

1. **初加工**：鸭腿洗净，莲藕去皮，青蒜剥皮洗净，姜刮去老皮。
2. **原料成形**：鸭腿剁成 3.5 厘米大小的块，莲藕切成 4 厘米大小的滚刀块，青蒜斜刀切 3.5 厘米长的段，姜切成 2.5 厘米的菱形片。
3. **配菜要求**：将鸭腿、莲藕、青蒜、姜片、调料分别摆放在器皿中。
4. **工艺流程**：鸭腿焯水→莲藕焯水→煸炒姜片→放入熟化食材→辅助调味→炖制成熟→装盘。
5. **烹调成品菜**：①锅中放凉水，放入鸭块焯水，捞出过凉备用。②

锅烧热，放入植物油100毫升，下入姜片900克炒香，加入鸭块3000克煸炒，倒入清汤5000毫升，烧开加盐40克、味精30克、鸡精30克、胡椒粉8克和广东米酒600毫升调味，大火烧开后改小火炖制20分钟，打去浮沫。③锅中加水烧开，放入莲藕1000克、白醋50毫升焯水，焯熟后捞出加入鸭块中，再炖制5分钟，撒青蒜100克出锅。

6. **成品菜装盘（盒）**：菜品采用“盛入法”装入盘（盒）中，呈自然堆落状。

仔姜鸭块是在姜母鸭的基础上演变而来的一道汤菜，软烂适口，含有丰富的蛋白质、维生素和多种微量元素。

成菜标准

①色泽：色泽呈奶白色；②芡汁：无；③味型：口味咸鲜，姜味浓郁；④质感：鸭块软烂；⑤成品重量：6000克。

举一反三

可以做仔姜排骨、仔姜鸭胸、仔姜鸡块。

胡鱼汤

| 制 作 人 | 于晓波（中国烹饪大师）
| 操作重点 | 鱼丁需要滑油去腥，再滑水去油。
| 要领提示 | 选择新鲜的鱼肉，改刀大小均匀美观。

原料组成

主料

巴沙鱼片 2000 克

辅料

香菜 200 克、鲜青豆 200 克、鸡蛋 500 克

调料

盐 40 克、味精 20 克、清汤 2500 毫升、料酒 150 毫升、玉米淀粉 70 克、水淀粉（生粉 150 克 + 水 300 毫升）、香油 50 毫升、胡椒粉 30 克、植物油 2000 毫升

营养成分

（每 100 克营养素参考值）

能量……146.5 千卡
蛋白质……14.2 克
脂肪……5.7 克
碳水化合物……9.7 克
膳食纤维……0.8 克
维生素 A……50.4 微克
维生素 C……2.8 毫克
钙……62.9 毫克
钾……277.9 毫克
钠……585.4 毫克
铁……2.2 毫克

加工制作流程

01

02

03

04

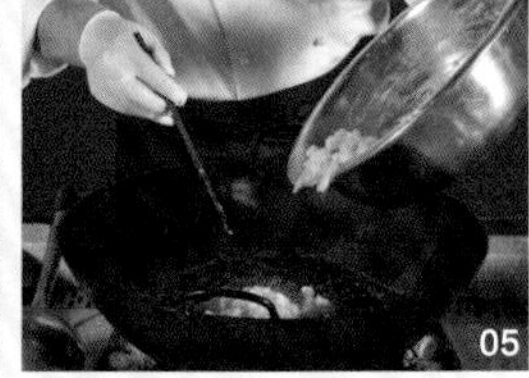
05

06

07

08

1. 初加工：巴沙鱼片洗净，香菜去根洗净，鲜青豆泡水。

2. 原料成形：巴沙鱼片改刀 0.7 厘米方丁，香菜切段，鸡蛋打散。

3. 腌制流程中：鱼丁放入盐 20 克、料酒 100 毫升抓拌均匀，加入蛋清 3 个、玉米淀粉 70 克，上浆腌制 10 分钟。

4. 配菜要求：将主料、辅料和调料分别摆放在器皿中。

5. 工艺流程：鱼肉腌制→鱼肉滑油、洗净→烹制熟化食材。

6. 烹调成品菜：①锅上火烧热，倒入植物油，油温四成热，下入鱼丁滑油，捞出备用。②锅中放水烧开，下入鱼丁，撇去浮沫去油，捞出备用；放入青豆焯水，捞出。③锅中放入清汤烧开，放入盐 20 克、

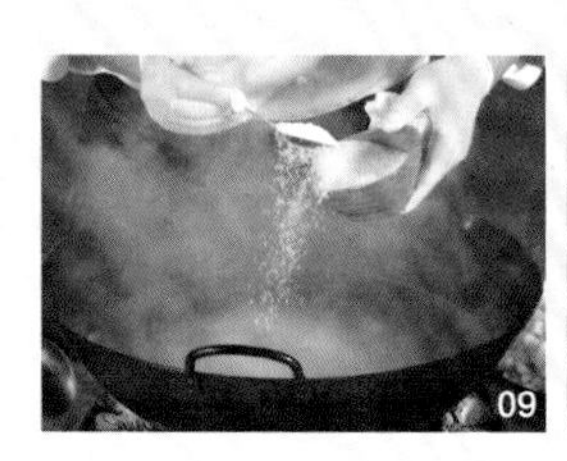
09

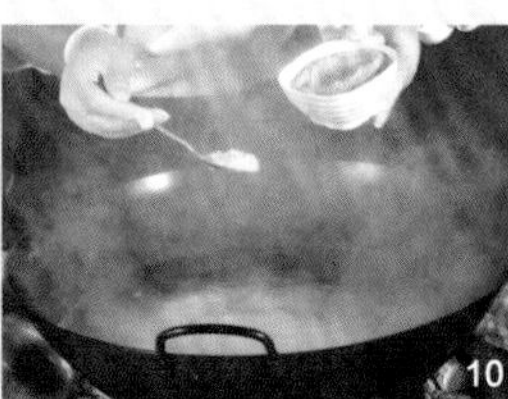
10

11

味精20克、胡椒粉30克、料酒50毫升，下入鱼肉，淋入水淀粉勾芡，淋入鸡蛋液，淋入香油50毫升，放入青豆200克即可，出锅后撒入香菜200克。

7. 成品菜装盘（盒）： 菜品采用“盛入法”装入盘（盒）中，呈自然堆落状。

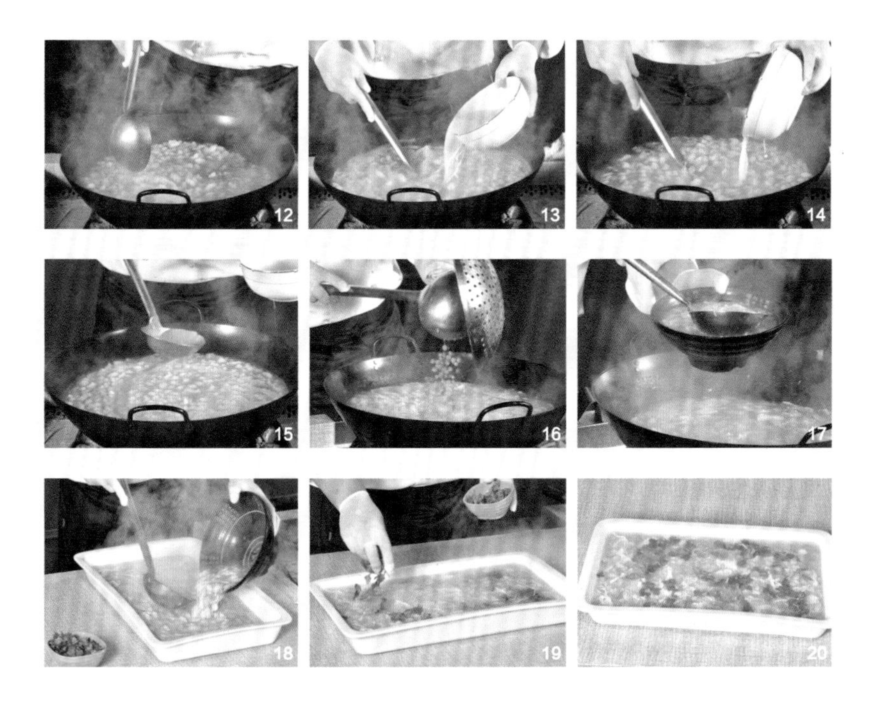

胡鱼汤是一道家常菜，鲜香爽滑，含有丰富的蛋白质、维生素等营养成分。

成菜标准

①色泽：颜色亮丽；②芡汁：薄芡；③味型：咸鲜微辣；④质感：鱼肉滑嫩；⑤成品重量：5000克。

举一反三

采用这种烹饪方法，食材可以换成海参、鸡丁等。

酱焖三黄鸡

| 制 作 人 | 于晓波（中国烹饪大师）
| 操作重点 | 鸡块要炒制紧实，焖制时水不宜过多。
| 要领提示 | 要选择肉嫩、新鲜的三黄鸡，三黄鸡改刀要均匀。

原料组成

主料

三黄鸡 2000 克

辅料

青红彩椒各 300 克

调料

盐 10 克、味精 25 克、白糖 60 克、生抽 100 毫升、老抽 20 毫升、料酒 90 毫升、黄酱 250 克、花椒 5 克、干辣椒 10克、葱段 50克、姜片 50克、水 2000 毫升、植物油 200 毫升

营养成分

（每 100 克营养素参考值）

能量…………129.3 千卡
蛋白质…………13.5 克
脂肪…………5.9 克
碳水化合物…………5.4 克
膳食纤维…………0.8 克
维生素 A…………32.2 微克
维生素 C…………23.9 毫克
钙…………18.3 毫克
钾…………241.3 毫克
钠…………743.2 毫克
铁…………1.7 毫克

加工制作流程

1. **初加工**：三黄鸡清洗干净，焯水备用；青红彩椒洗净，去蒂。

2. **原料成形**：三黄鸡切块，青红彩椒切象眼片。

3. **腌制流程**：无。

4. **配菜要求**：将主料、辅料及调料分别摆放在器皿中。

5. **工艺流程**：炒鸡块→炖鸡块→出锅。

6. **烹调成品菜**：①锅上火烧热，倒入植物油，下入花椒 5 克、干辣椒 10 克炒香，下入葱段 50 克、姜片 50 克炒香，下入黄酱 250 克炒匀。②下入鸡块 200 克翻炒均匀，放入生抽 100 毫升、老抽 20 毫升、料酒 90 毫升、水 2000 毫升、白糖 60 克、味精 25 克、盐 10 克，

翻炒均匀，小火炖 15 分钟收汁。③放入青红彩椒各 300 克，翻炒均匀即可。

7. 成品菜装盘(盒)：菜品采用“盛入法”装入盘(盒)中，呈自然堆落状。

成菜标准

①色泽：颜色红亮；②芡汁：自然芡；③味型：酱香咸鲜微辣；④质感：软嫩；⑤成品重量：3500 克。

举一反三

采用这种烹饪方法，可以做黄焖三黄鸡。

菌菇过油肉

| 制 作 人 | 于晓波（中国烹饪大师）
| 操作重点 | 油温的控制，炸制杏鲍菇时油温要高，六成热左右；肉片滑油时，油温四成热即可。
| 要领提示 | 主料、辅料大小要统一。

原料组成

主料

杏鲍菇 1000 克、猪通脊肉 1000 克

辅料

水发木耳 300 克、青蒜 100 克

调料

盐 20 克、味精 20 克、料酒 30 毫升、老抽 30 毫升、玉米淀粉 100 克、鸡蛋清 4 个、生抽 90 毫升、水淀粉（生粉 100 克 + 水 200 毫升）、葱油 100 毫升、葱姜末各 50 克、水 1600 毫升、植物油 1500 毫升

营养成分

（每 100 克营养素参考值）

能量……121.4 千卡
蛋白质……7.9 克
脂肪……5.9 克
碳水化合物……9.2 克
膳食纤维……1.1 克
维生素 A……2.1 微克
维生素 C……0.7 毫克
钙……15.3 毫克
钾……218.1 毫克
钠……584.1 毫克
铁……1.7 毫克

加工制作流程

1. **初加工**：杏鲍菇洗净，猪通脊肉洗净，水发木耳冲洗干净，青蒜去根洗净。
2. **原料成形**：杏鲍菇改刀 0.5 厘米厚片，猪通脊肉改刀柳叶片。
3. **腌制流程**：猪通脊肉放入盆中，加入盐 10 克、料酒 30 毫升、水 100 毫升、鸡蛋清 4 个、玉米淀粉 100 克搅拌均匀，封油，腌制上浆。
4. **配菜要求**：将主料、辅料和调料分别摆放在器皿中。
5. **工艺流程**：猪肉上浆→食材处理→烹制熟化食材→出锅。

6. 烹调成品菜：①锅上火烧热，热锅凉油，油温六成热下入杏鲍菇炸至金黄色捞出控油备用；待油温重新升至六成热，复炸一遍，捞出；油温降至四成热，下入猪通脊肉滑散，滑至七成熟捞出控油。②锅中放水烧开，下入木耳焯水，捞出备用。③锅上火烧热，倒入植物油，下入葱姜末各 50 克煸香，加入生抽 90 毫升、老抽 30 毫升、水 1500 毫升、味精 20 克、盐 10 克搅拌均匀，加入水淀粉勾芡，倒入处理好的主料、辅料，翻炒均匀，加入青蒜 100 克，淋上葱油 100 毫升即可。

7. 成品菜装盘（盒）：菜品采用“盛入法”装入盘（盒）中，呈自然堆落状。

菌菇过油肉是一道家常菜，脆嫩爽滑，含有丰富的蛋白质、维生素等营养成分，荤素搭配，营养均衡。

成菜标准

①色泽：颜色红亮；②芡汁：包裹均匀；③味型：咸鲜适口；④质感：菌香浓郁、脆嫩爽滑；⑤成品重量：4500 克。

举一反三

用这种技法可以做海参过油肉，也可以换成其他菌类。

香辣鱼块

| 制 作 人 | 于晓波（中国烹饪大师）

| 操作重点 | 鱼块炸制时要宽油炸，炸制时油温不能过低，最后要复炸一遍。

| 要领提示 | 选用新鲜的草鱼，鱼块改刀大小要均匀，需要提前腌制。

原料组成

主料

鲜草鱼 2000 克

辅料

香芹 200 克、胡萝卜 100 克、柠檬 1 个

调料

盐 20 克、味精 20 克、玉米淀粉 300 克、白糖 30 克、料酒 70 毫升、花椒 10 克、干辣椒 20 克、葱末 50 克、姜末 50 克、酱油 20 毫升、植物油 2000 毫升

营养成分

（每 100 克营养素参考值）

能量	125.8 千卡
蛋白质	12.0 克
脂肪	3.7 克
碳水化合物	11.2 克
膳食纤维	0.6 克
维生素 A	21.6 微克
维生素 C	1.1 毫克
钙	37.7 毫克
钾	249.2 毫克
钠	403.6 毫克
铁	1.2 毫克

加工制作流程

1. **初加工：**鲜草鱼洗净，香芹去根洗净，胡萝卜去根洗净，柠檬洗净。
2. **原料成形：**鲜草鱼肉改刀块状，香芹切菱形段，胡萝卜切菱形片，柠檬切片。
3. **腌制流程：**鱼块中加入盐 10 克、味精 10 克、料酒 70 毫升、酱油 20 毫升，抓拌均匀，加入玉米淀粉 300 克上浆。
4. **配菜要求：**将主料、辅料和调料分别摆放在器皿中。
5. **工艺流程：**鱼块腌制→鱼块炸制→烹制熟化食材→出锅装盘。

6. 烹调成品菜：①锅上火，倒入植物油，油烧至五成热下入鱼块炸制定型后，油温重新升至六成热后，复炸一遍，炸至外酥里嫩捞出备用。②炒锅留底油下入花椒 10 克、干辣椒 20 克、葱末 50 克、姜末 50 克煸炒出香味后下入香芹段 200 克、胡萝卜片 100 克、柠檬 1 个，倒入鱼块 2000 克，加入盐 10 克、味精 10 克、白糖 30 克翻炒均匀即可。

7. 成品菜装盘（盒）：菜品采用“盛入法”装入盘（盒）中，呈自然堆落状。

香辣鱼块是一道家常菜，香辣鲜香，含有丰富的蛋白质、维生素等营养成分。

成菜标准

①色泽：棕红；②芡汁：无；③味型：香辣；④质感：外酥里嫩；⑤成品重量：

举一反三

采用这种烹饪方法，还可以做香辣鸡块、香辣肥肠。

芫爆里脊

| 制 作 人 | 于晓波（中国烹饪大师）
| 操作重点 | 滑油时油温不能过高，四成热即可。
| 要领提示 | 要选择新鲜的通脊肉，改刀要均匀，提前浸泡，去净血水后再腌制上浆。

原料组成

主料

猪里脊 2000 克

辅料

香菜 250 克

调料

盐 30 克、味精 20 克、胡椒粉 10 克、醋 40 毫升、香油 20 毫升、玉米淀粉 80 克、鸡蛋清 50 克、葱丝 30 克、姜丝 30 克、料酒 60 毫升、蒜片 50 克、水 400 毫升、植物油 2000 毫升

加工制作流程

1. **初加工：** 猪里脊洗净，香菜去根，洗净。
2. **原料成形：** 猪里脊切丝，香菜切段。
3. **腌制流程：** 肉丝中加入盐 10 克、料酒 40 毫升搅拌均匀，加入水 400 毫升、蛋清 50 克、玉米淀粉 80 克搅拌均匀上浆；香菜中加入葱丝 30 克、姜丝 30 克、蒜片 50 克、盐 20 克、味精 20 克、胡椒粉 10 克、料酒 20 毫升、醋 40 毫升、香油 20 毫升，拌匀备用。
4. **配菜要求：** 将主料、辅料和调料分别装在器皿中备用。

营养成分

（每 100 克营养素参考值）

能量	136.0 千卡
蛋白质	14.9 克
脂肪	6.4 克
碳水化合物	4.5 克
膳食纤维	0.3 克
维生素 A	9.4 微克
维生素 C	4.7 毫克
钙	19.9 毫克
钾	277.9 毫克
钠	525.1 毫克
铁	1.7 毫克

5. **工艺流程**：肉丝上浆、滑油→辅料调料拌匀→烹饪食材。

6. **烹调成品菜**：①锅上火烧热，倒入植物油，油温四成热，下入里脊丝 2000 克滑油，打散，里脊丝变色后捞出，控油备用。②锅留底油，放入肉丝、香菜 250 克，迅速翻炒均匀，即可出锅。

7. **成品菜装盘（盒）**：菜品采用“盛入法”装入盘（盒）中，呈自然堆落状。

芫爆里脊是一道传统鲁菜，鲜香滑嫩。猪里脊中含有丰富的蛋白质，香菜中含有丰富的维生素和膳食纤维。

成菜标准

①色泽：白绿相间；②芡汁：无；③味型：咸鲜微酸辣；④质感：肉丝滑嫩、香菜脆嫩；⑤成品重量：3000 克。

举一反三

采用这种烹饪方法，可以做芫爆鸡丝。

酒香东坡肉

｜制 作 人｜于长海（中国烹饪大师）
｜操作重点｜小火慢焖，不宜急火猛煮。
｜要领提示｜五花肉毛烧干净；改刀均匀，方便成熟。

原料组成

主料

五花肉 5000 克

配料

无

调料

盐 20 克、冰糖 1000 克、花雕酒 4500 毫升、水 1500 毫升、老抽 60 毫升、红曲粉 20 克、净香葱 80 克、净姜 70 克、植物油 100 毫升

营养成分

（每 100 克营养素参考值）

能量……252.8 千卡
蛋白质……4.1 克
脂肪……16.5 克
碳水化合物……22.1 克
膳食纤维……0.1 克
维生素 A……18.3 微克
维生素 C……0.1 毫克
钙……29.7 毫克
钾……56.2 毫克
钠……138.2 毫克
铁……0.7 毫克

加工制作流程

01

02

03

04

05

06

07

08

1. **初加工**：将五花肉洗净，煮至八成熟。
2. **原料成形**：将五花肉切 4 厘米方块备用，香葱打结、姜切片备用。
3. **配菜要求**：将切好的五花肉、香葱、姜片、冰糖、调料摆好备用。
4. **工艺流程**：炙锅→加酒→调味→收汁→出锅。
5. **烹调成品菜**：①锅中倒入凉水，下入五花肉 5000 克，用勺子推动焯水，打去浮沫，捞出备用。②锅上火烧热，倒入植物油，加入葱结 80 克、姜片 70 克，倒入五花肉，花雕酒 4500 毫升，加入用水化开的红曲粉 20 克、老抽 60 毫升上色，加入盐 20 克、冰糖 1000 克，大火烧开改小火，加盖焖制 90 分钟，焖至五花肉上色软烂，调大火收汁，黏稠即可。

09

10

11

6. 成品菜装盘（盒）：菜品采用“摆放法”装入盘（盒）中，码放整齐。

酒香东坡肉又称东坡焖肉，是一道江南地区的特色传统名菜，肥而不腻，入口即化，便于老年人食用，这道菜的原料为肥瘦相间的五花肉，含有丰富的优质蛋白和人体必需的脂肪酸。

成菜标准

①色泽：色泽红亮；②芡汁：自然收汁；③味型：香甜软糯；④质感：入口即化；⑤成品重量：4000克。

举一反三

采用这种烹饪方法，可以做东坡肘子、酒香鸡翅。

蜜豆百合

| 制 作 人 | 于长海（中国烹饪大师）
| 操作重点 | 甜豆、百合不宜长时间焯水，以免变色、黑化。
| 要领提示 | 甜豆要择干净，以防有老豆角。

原料组成

主料

甜豆 3700 克

辅料

百合 800 克、红椒 500 克

调料

植物油 300 毫升、盐 25 克、味精 10 克、鸡精 10 克、水淀粉 210 毫升（生粉 60 克、水 150 毫升）、清汤 600 毫升

加工制作流程

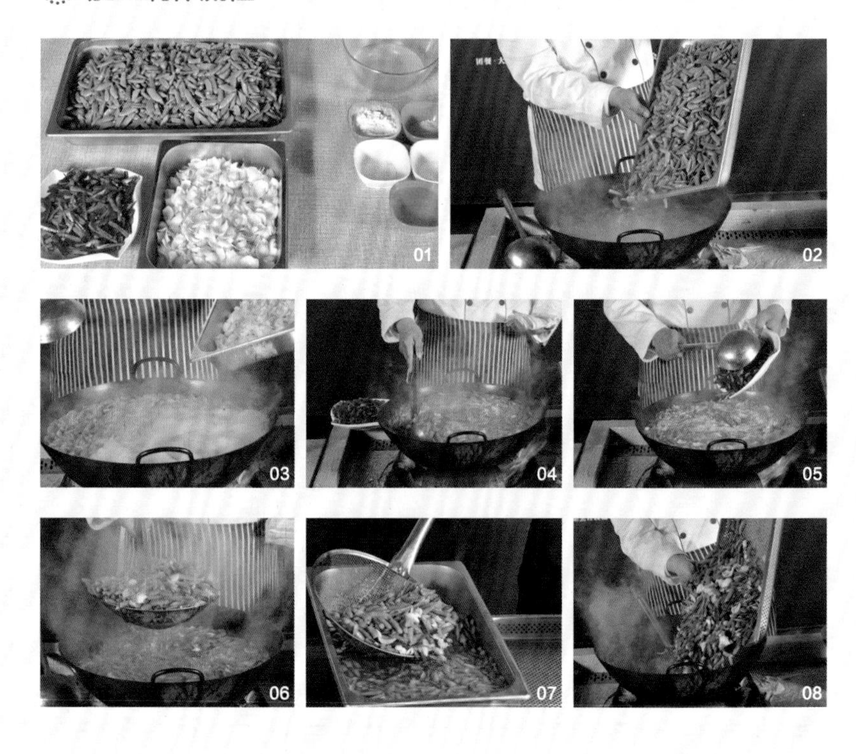

1. **初加工**：甜豆两头去筋，百合去杂质，红椒去蒂、去籽、洗净。
2. **原料成形**：甜豆斜刀切段，百合掰片，红椒切长 3 厘米、宽 0.5 厘米的段。
3. **配菜要求**：将切好的原料、调料分别摆放在器皿中待用。
4. **工艺流程**：炙锅→焯水→炒制→调味→勾芡→装盘。

营养成分

（每 100 克营养素参考值）

能量......96.8 千卡
蛋白质......2.6 克
脂肪......5.4 克
碳水化合物......10.9 克
膳食纤维......4.9 克
维生素 A......19.1 微克
维生素 C......26.7 毫克
钙......45.2 毫克
钾......106.4 毫克
钠......241.6 毫克
铁......0.7 毫克

5. 烹调成品菜：① 锅中放水烧开，加入甜豆焯水，开锅后煮 2 分钟断生，放入百合 800 克焯水，再次开锅后放入红椒段 500 克，关火，捞出过凉备用。② 锅上火烧热，加入植物油 200 毫升、清汤 600 毫升、鸡精 10 克、盐 25 克、味精 10 克，倒入甜豆、百合、红椒段，大火翻炒均匀，放入水淀粉勾芡，淋入 100 毫升明油出锅。

6. 成品菜装盘（盒）：菜品采用“盛入法”装入盘（盒）中。

蜜豆百合是从西芹百合演变而来的，清脆爽口，百合有增强机体免疫力、抵抗力的作用，滋阴润肺，助眠安神。

成菜标准

①色泽：色泽明亮；②芡汁：薄芡；③味型：咸鲜脆嫩；④质感：清脆爽口；⑤成品重量：4800 克。

举一反三

采用这种烹饪方法，可以做西芹百合、蜜豆南瓜。

炝炒熏干青笋丝

| 制 作 人 | 于长海（中国烹饪大师）
| 操作重点 | 要大火急炒，避免出水。
| 要领提示 | 青笋切丝要均匀，蒸制时间不宜过长。

原料组成

主料

青笋 4000 克、熏干 750 克

辅料

红椒 300 克、净大蒜 60 克、净香葱 60 克

调料

盐 30 克、味精 16 克、鸡精 10 克、植物油 300 毫升、花椒油 20 毫升

加工制作流程

营养成分

（每 100 克营养素参考值）

能量....................87.7 千卡
蛋白质......................3.1 克
脂肪..........................6.7 克
碳水化合物................3.7 克
膳食纤维...................0.7 克
维生素 A............13.2 微克
维生素 C.............8.6 毫克
钙......................42.8 毫克
钾....................191.3 毫克
钠....................329.0 毫克
铁.........................1.4 毫克

1. **初加工**：青笋去皮洗净，熏干去包装洗净，红椒去籽去把。
2. **原料成形**：青笋切丝，熏干打片切丝，红椒切丝，香葱切段，大蒜切片。
3. **腌制流程**：青笋丝、熏干丝中放入油、盐 10 克搅拌均匀备用。
4. **配菜要求**：将切好的青笋丝、熏干丝、红椒丝、葱段、蒜片、调料分别摆放在器皿中。

焓炒熏干青笋丝是一道常见的菜品，脆嫩、清香，青笋中富含各种维生素、矿物质和大量的植物纤维，能促进肠道蠕动。

5. 工艺流程：炙锅→焯水→炝锅→调味→出锅。

6. 烹调成品菜：①将拌好的青笋丝和熏干丝放入万能蒸烤箱，选择“蒸”模式，温度100℃，湿度100%，蒸制2分钟，取出。②锅烧热，加入植物油300毫升，放入葱段60克、蒜片60克炝香，加入青笋丝和熏干丝翻炒，放入盐20克、味精16克、鸡精10克、花椒油20毫升、红椒丝300克翻炒均匀，即可出锅。

7. 成品菜装盘（盒）：菜品采用“盛入法”装入盘（盒）中，呈自然堆放。

成菜标准

①色泽：明亮翠绿；②味型：咸鲜；③质感：脆嫩、清香；④成品重量：4000克。

举一反三

采用这种烹饪方法，可以做青笋肉丝、青笋鱼丝。

鲜虾浸干丝

|制 作 人|于长海（中国烹饪大师）
|操作重点|干丝焯水后要冲凉，冲去豆腥味。
|要领提示|方干打片要均匀，切丝粗细均匀一致。

原料组成

主料

淮阴方干 3000 克

辅料

鲜虾仁 500 克、火腿 300 克、油菜 250 克

调料

鸡汤 6000 毫升、盐 30 克、味精 15 克、鸡精 15 克、菜籽油 150 毫升、鸡油 150 克、淡奶 200 克、葱姜片各 30 克

营养成分

（每 100 克营养素参考值）

能量……178.5 千卡
蛋白质……18.6 克
脂肪……10.2 克
碳水化合物……2.9 克
膳食纤维……0.1 克
维生素 A……3.9 微克
维生素 C……0.9 毫克
钙……14.1 毫克
钾……28.8 毫克
钠……433.5 毫克
铁……0.6 毫克

加工制作流程

01

02

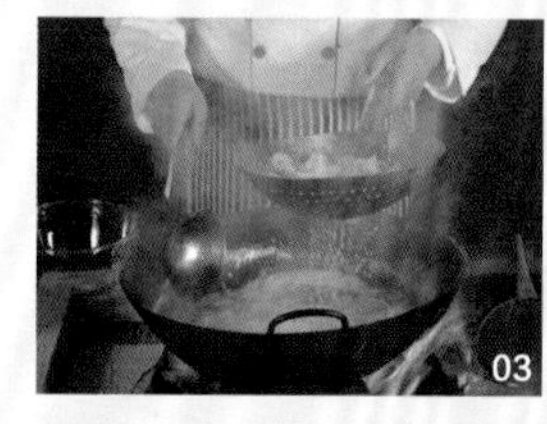
03

04

05

06

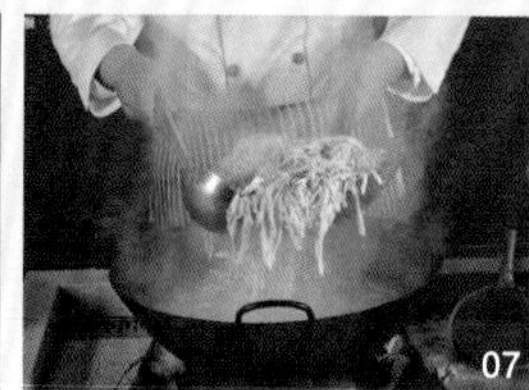
07

08

1. **初加工：**淮阴方干打片、切细丝；火腿切细丝；鲜虾仁去虾线；油菜去帮留嫩心洗净，备用。
2. **配菜流程：**将切好的干丝、虾仁、火腿丝、油菜、葱片、姜片码放在盘中备用，鸡汤备用。
3. **工艺流程：**干丝焯水→炝锅→加汤→调味→出锅装盘。
4. **烹调成品菜：**①锅中放水烧开，放入虾仁焯水，焯熟捞出，放入干丝、火腿丝焯水，开锅后煮 2 分钟，煮熟煮透，捞出过凉。②锅上火烧热，

09

10

11

加入鸡油150克、菜籽油150毫升、葱姜片各30克爆香，加入鸡汤6000毫升烧开，加入盐30克、鸡汁15克、味精15克，打出小料，放入干丝、火腿丝煮开，倒入淡奶200克，出锅装盘。③将油菜心放入锅中烫一下，捞出，摆在盘子四周，再撒上虾仁即可。

5. 成品菜装盘(盒)：菜品采用“盛入法”装入盘(盒)中，呈自然堆落状。

鲜虾浸干丝又称大煮干丝，是淮扬菜的代表菜之一，口味清淡，是一道清爽解腻、老少皆宜的美味，干丝营养丰富，蛋白质和氨基酸含量高，且富含多种矿物质等微量元素。

成菜标准

①色泽：色泽黄亮；②味型：鲜香，汤浓；③质感：鲜嫩，层次分明；④成品重量：6000克。

举一反三

采用这种烹饪方法，可以做鲜虾豆腐丝、鲜虾土豆粉、鲜虾米线等。

桂侯牛腩

| 制 作 人 | 于长海（中国烹饪大师）
| 操作重点 | 牛肉一定要先经过泡水、去腥过程，否则影响成品口味。
| 要领提示 | 牛肉泡去血水、去腥，自然收汁，口味香浓。

原料组成

主料

牛腩 3000 克

辅料

白萝卜 2000 克

调料

植物油 300 毫升、柱侯酱 400 克、净姜 70 克、净葱 70 克、桂皮 56 克、香叶 8 片（1 克）、八角 3 克、陈皮 2 克、白糖 5 克、料酒 200 毫升、盐 30 克、味精 10 克、老抽 30 毫升、水 5000 毫升

营养成分

（每 100 克营养素参考值）

能量.................204.0 千卡
蛋白质......................9.1 克
脂肪........................17.0 克
碳水化合物................3.7 克
膳食纤维...................0.8 克
维生素 A............... 4.6 微克
维生素 C............... 8.0 毫克
钙....................... 39.6 毫克
钾....................... 91.2 毫克
钠..................... 404.5 毫克
铁......................... 0.8 毫克

加工制作流程

01

02

03

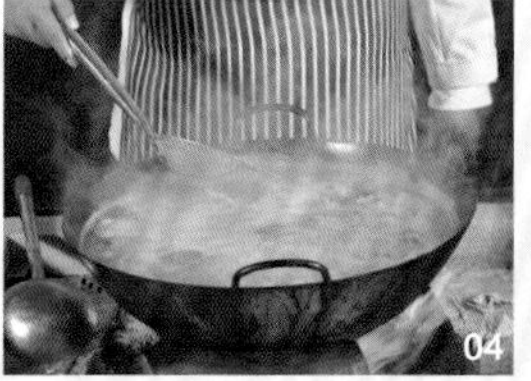
04

05

06

07

08

1. **初加工**：牛腩洗净，白萝卜洗净去皮。
2. **原料成形**：牛腩切 2 厘米方块、泡血水，白萝卜切长 3 厘米滚刀块，葱切 3 厘米段，姜切片。
3. **配菜要求**：将切好的牛腩块飞水后待用；白萝卜块、葱姜、调料分别摆放在器皿中，香料入料包待用。
4. **工艺流程**：炙锅→炒料→加汤→调味→收汁→出锅。
5. **烹调成品菜**：①锅中放凉水，倒入牛腩焯水，烧开后撇净浮沫，捞出备用。②锅上火烧热，倒入植物油，加入葱段姜片各 70 克炒香，

09

10

11

柱侯牛腩是一道家常菜，软糯可口，牛腩脂肪含量较低，蛋白质和各种矿物质、维生素含量高，且多为优质蛋白，有利于人体吸收利用，增强免疫力，有助于肌肉生长和伤口愈合修复。

放入桂皮 56 克、八角 3 克、陈皮 2 克、香叶 1 克煸炒，依次下入牛腩 3000 克、料酒 200 毫升、盐 30 克、糖 5 克、味精 10 克、柱侯酱 400 克，翻炒均匀，放入老抽 30 毫升煸炒上色，加入开水，调小火焖制 45 分钟。③锅中放水烧开，放入白萝卜焯水，捞出备用。④待牛腩软烂后加入白萝卜块炖煮，大火收汁，出锅即可。

6. 成品菜装盘（盒）： 菜品采用“盛入法”装入盘（盒）中。

成菜标准

①色泽：色泽红亮；②芡汁：自然收汁；③味型：酱香味浓；④质感：软糯；⑤成品重量：4500 克。

举一反三

采用这种烹饪方法，可以做柱侯排骨、柱侯鸡翅等。

干烧鲈鱼片

| 制 作 人 | 郑绍武（中国烹饪大师）
| 操作重点 | 鱼肉在烧制过程中要注意火候。
| 要领提示 | 鱼块切配要均匀，腌制适量。

原料组成

主料

净鲈鱼肉 4500 克

配料

五花肉丁 300 克、香菇丁 200 克、冬笋丁 200 克

调料

郫县豆瓣酱 125 克、盐 15 克、味精 9 克、料酒 160 毫升、白糖 40 克、米醋 70 毫升、胡椒粉 12 克、高汤 1300 毫升、面粉 90 克、玉米淀粉 65 克、水淀粉 300 克、葱姜蒜丁各 100 克、植物油 4000 毫升

营养成分

（每 100 克营养素参考值）

能量	107.0 千卡
蛋白质	12.4 克
脂肪	3.4 克
碳水化合物	6.7 克
膳食纤维	0.3 克
维生素 A	12.2 微克
维生素 C	0.3 毫克
钙	86.5 毫克
钾	155.0 毫克
钠	328.2 毫克
铁	1.8 毫克

加工制作流程

01

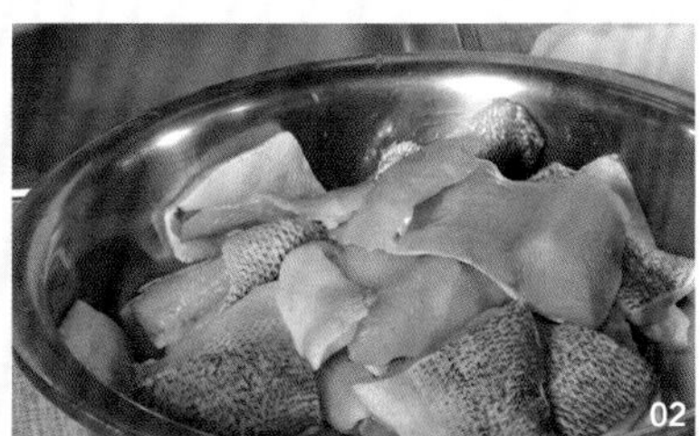
02

03

04

05

06

07

08

1. 初加工：净鲈鱼肉洗净。

2. 原料成形：将净鲈鱼肉从中间切开分成两段。

3. 腌制流程：鱼片放入生食盒中，加入盐 10 克、胡椒粉 6 克、料酒 40 毫升搅拌均匀，加入面粉 90 克、玉米淀粉 65 克继续搅拌均匀，备用。

4. 配菜要求：将净鲈鱼肉、五花肉丁、香菇丁、冬笋丁、葱姜蒜丁、调料分别装在器皿中备用。

5. 工艺流程：鱼肉腌制→食材处理→烹制熟化食材→出锅装盘。

6. 烹调成品菜：①锅上火烧热，倒入植物油，油温五成热时，将鱼肉下入锅中，将鱼肉炸成浅黄色，捞出控油，备用，码放在布菲盘

09

10

11

中。②锅上火烧热，放入水600毫升烧开，放入冬笋丁、加入盐5克、料酒40毫升、味精4克，焯水，捞出控水，备用。③锅上火烧热，放入植物油，先下入五花肉丁300克煸出香味，再加入郫县豆瓣酱125克炒出红油后，下入姜丁100克、葱丁100克、蒜丁100克、冬笋丁200克、香菇丁200克小火炒香，放入料酒80毫升、高汤1300毫升、胡椒粉6克、白糖40克、味精5克、米醋70毫升烧开锅后，小火炖煮5分钟，水淀粉300克勾芡，浇在鱼片上，撒上葱丁。④蒸盘放入万能蒸烤箱中，选择“蒸”的模式，温度120℃，湿度100%，蒸制10分钟，取出。

7. **成品菜装盘（盒）**：菜品采用“码放法”装入盘（盒）中，呈自然堆落状即可。

干烧鲈鱼片是川菜中的代表菜，鱼肉鲜嫩，色泽红亮，造型美观，口味微辣，含有丰富的蛋白质、维生素和矿物质等营养成分。

成菜标准

①色泽：红亮；②芡汁：收汁；③味型：咸鲜微辣、回甜酸；④质感：鱼肉鲜嫩，味道浓厚；⑤成品重量：4000克。

举一反三

用这种技法可以用草鱼、平鱼肉制作。

海参麻婆豆腐

| 制 作 人 | 郑绍武（中国烹饪大师）
| 操作重点 | 烧豆腐时要用勺子轻轻推动，不要用勺子搅动，否则豆腐易碎，勾芡时要分两次勾芡。
| 要领提示 | 豆腐切配要均匀。

原料组成

主料

水发海参 1000 克、内脂盒豆腐 3500 克

辅料

牛肉末 350 克、青蒜末 150 克

调料

盐 20 克、味精 20 克、酱油 20 毫升、料酒 90 毫升、郫县豆瓣酱 240 克、花椒面 5 克、鸡汤 1500 毫升、水淀粉 450 毫升（生粉 150 克 + 水 300 毫升）、植物油 500 毫升

营养成分

（每 100 克营养素参考值）

能量 .... 51.7 千卡
蛋白质 .... 5.3 克
脂肪 .... 1.5 克
碳水化合物 .... 4.4 克
膳食纤维 .... 0.3 克
维生素 A .... 3.0 微克
维生素 C .... 0.3 毫克
钙 .... 48.6 毫克
钾 .... 95.7 毫克
钠 .... 438.7 毫克
铁 .... 1.3 毫克

加工制作流程

1. 初加工：水发海参洗净。

2. 原料成形：内脂盒豆腐切 3 厘米见方的丁，海参切 2 厘米丁，分别飞水过凉。

3. 腌制流程：无。

4. 配菜要求：将主料、辅料、调料分别装在器皿中备用。

5. 工艺流程：豆腐焯水、海参焯水→烹制熟化食材→出锅装盘。

6. 烹调成品菜：①锅中烧水，加入盐 10 克，水开后分别下入豆腐 3500 克、海参 1000 克焯熟备用。②起锅烧油 300 毫升，下入牛肉末 350 克，中火炒干后调大火炒香后盛出备用。③起锅烧油 200 毫

升，下入郫县豆瓣酱 240 克，小火炒出红油下入青蒜末 150 克变出香味，倒入料酒 90 毫升、酱油 20 毫升，倒入鸡汤 1500 毫升，加入味精 20 克、盐 10 克，大火烧开后调小火下豆腐，用手勺轻轻推动，加入炒好的牛肉末小火烧开分三次勾芡，倒入海参出锅装盘，盘中撒上另一半海参，撒上花椒面 5 克，青蒜末即可。

7. **成品菜装盘（盒）**：菜品采用“盛入法”装入盘（盒）中，摆放整齐即可。

海参麻婆豆腐是在川菜的一道代表菜麻婆豆腐的基础上加上鲁菜的葱烧海参，二者完美融合，成菜麻辣鲜香，翠嫩酥烫，将川菜麻辣味型的特点展现得淋漓尽致，豆腐中营养极高，富含多种矿物质、维生素、氨基酸和蛋白质；海参含胆固醇极低，脂肪含量相对较少，是一种典型的高蛋白、低脂肪、低胆固醇食物。

成菜标准

①色泽：红润翠绿相间；②芡汁：厚欠；③味型：麻辣，咸鲜；④质感：豆腐滑嫩；⑤成品重量：4500 克。

麻辣鸡球

| 制 作 人 | 郑绍武（中国烹饪大师）
| 操作重点 | 炸鸡球时，油温不要太高，保持三成热。
| 要领提示 | 鸡腿肉一定要去除多余的皮和油脂，剞刀时深浅一定要均匀，鸡球大小要一致。

原料组成

主料

鸡腿肉 3500 克

辅料

莴笋 800 克、土豆 700 克

调料

麻椒面 5 克、细辣椒面 10 克、料酒 45 毫升、盐 35 克、味精 25 克、白糖 25 克、面粉 200 克、玉米淀粉 200 克、花椒 25 克、干辣椒段 500 克、香油 50 毫升、芝麻 50 克、葱段 50 克、姜蒜末各 50 克、青蒜段 50 克、植物油 3000 毫升

营养成分

（每 100 克营养素参考值）

能量.................154.1 千卡
蛋白质...................13.7 克
脂肪........................6.2 克
碳水化合物............11.6 克
膳食纤维..................3.8 克
维生素 A............36.6 微克
维生素 C..............2.3 毫克
钙.......................27.8 毫克
钾.....................281.4 毫克
钠.....................301.6 毫克
铁.........................2.1 毫克

加工制作流程

1. 初加工：鸡腿肉洗净控水，莴笋、土豆去皮洗净。

2. 原料成形：鸡腿肉去掉多余的皮和油脂，在鸡腿肉上剞十字花刀，切 2 厘米见方的丁；土豆切 2 厘米见方的丁；莴笋切 1.5 厘米见方的丁。

3. 腌制流程：鸡肉块放入生食盒中，加入盐 20 克、麻椒面 2 克、玉米淀粉 200 克、味精 10 克、料酒 20 毫升、面粉 200 克搅拌均匀，攥成球状。

4. 配菜要求：莴笋、土豆、鸡球、调料分别摆放在器皿中。

09

10

11

5. **工艺流程：**鸡块腌制→食材蒸制→食材处理→烹调熟化食材→ 装盘。

6. **烹调成品菜：**①锅上火烧热，放入植物油，油温三成热时，下入鸡球 3500 克，滑熟捞出，控油备用。待油温升到五成热时，放入土豆丁 700 克、莴笋丁 800 克，滑熟，捞出，控油。②锅上火烧热，放入植物油，放入干辣椒段 500 克、花椒 25 克煸香，下入姜蒜末各 50 克煸香，加入味精 15 克、料酒 25 毫升、白糖 25 克、盐 15 克、麻椒面 3 克、细辣椒面 10 克、葱段 50 克，放入鸡球、土豆丁、莴笋丁翻炒均匀，加入青蒜段 50 克继续翻炒均匀，淋入香油 50 毫升、芝麻 50 克翻炒均匀，装盘即可。

7. **成品菜装盘（盒）：**菜品采用“盛入法”装入盘（盒）中，呈自然堆落状即可。

麻辣味型是川菜中一个代表性味型，麻辣鸡球是在麻辣仔鸡的基础上改良而成的，麻辣鲜香，色泽红亮、美观，鸡肉中含有丰富的蛋白质、矿物质、氨基酸等营养成分。

成菜标准

①色泽：红亮；②芡汁：无；③味型：麻辣鲜香；④质感：鸡肉鲜嫩，土豆软糯；⑤成品重量：4000 克。

举一反三

用此种技法可以做麻辣鸭球、麻辣牛肉。

鱼香虾仁

| 制 作 人 | 郑绍武（中国烹饪大师）
| 操作重点 | 虾仁洗净去虾线，蘸干水分；滑油时油温要在三成热。
| 要领提示 | 虾仁大小一致，腌制入味，上浆饱满。

原料组成

主料

虾仁 3000 克

调料

泡辣椒 260 克、盐 25 克、料酒 80 毫升、白糖 155 克、醋 145 毫升、味精 20 克、鸡蛋液 500 克、酱油 15 毫升、玉米淀粉 500 克、葱姜蒜末、胡椒粉 3 克、水 1200 毫升、水淀粉 300 克、植物油 3000 毫升

营养成分

（每 100 克营养素参考值）

能量………………204.4 千卡
蛋白质………………14.3 克
脂肪………………1.3 克
碳水化合物………………34.0 克
膳食纤维………………0.3 克
维生素 A………………28.7 微克
钙………………59.3 毫克
钾………………221.3 毫克
钠………………560.7 毫克
铁………………1.2 毫克

加工制作流程

1. 初加工： 虾仁洗净，蘸干水分。

2. 腌制流程： 虾仁放入生食盒中，加入料酒 40 毫升、盐 10 克、胡椒粉 1 克、味精 10 克搅拌均匀。

3. 调糊： 鸡蛋液 500 克放入生食盒中搅拌均匀后，加入玉米淀粉 500 克顺时针搅拌均匀，加入植物油，调成拉丝状，备用。

4. 配菜要求： 将虾仁、黄瓜、胡萝卜、调料分别装在容器中备用

5. 工艺流程： 虾仁腌制滑油→烹制熟化食材→出锅装盘。

鱼香味型是川菜中一个比较具有代表性的味型，鱼香虾仁是在鱼香肉丝的基础上演变而来的一道菜品，色泽红亮，回酸甜，葱姜蒜味突出，是一道下饭菜，含有丰富的蛋白质、矿物质、氨基酸、维生素等营养成分。

6. **烹调成品菜**：①锅上火烧热，倒入植物油，油温三成热时，把攥干水分的虾仁放入糊中搅拌均匀，下入锅中，炸至定型，捞出；待油温升到八成热时，虾仁复炸，捞出放入布菲盘中。②锅上火烧热，放入植物油，放入泡辣椒260克炒出红油，下入料酒40毫升，葱、姜、蒜末，加入水1200毫升、白糖155克、醋145毫升、酱油15毫升、盐15克、味精10克、胡椒粉2克大火烧开后，水淀粉300克勾芡，淋入明油，浇在虾仁上拌匀即可。

7. **成品菜装盘（盒）**：菜品采用“盛入法”装入盘（盒）中，呈自然堆落状即可。

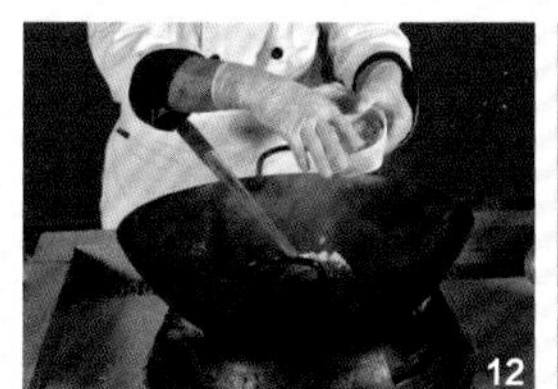
12

13

14

成菜标准

①色泽：色泽红亮；②芡汁：薄汁利芡；③味型：小酸甜，微辣，突出葱姜蒜芳香味；④质感：外酥里嫩；⑤成品重量：4000克。

举一反三

用此种方法可以做鱼香鲜贝、鱼香鸡丁。

蛋美鸡

| 制 作 人 | 郑秀生（中国烹饪大师）
| 操作重点 | 蒸的时间不宜太长，大约 4-5 分钟。
| 要领提示 | 馅料要打得嫩些。

原料组成

主料

鸡胸肉 1000 克

辅料

虾肉 1000 克、肥膘肉 500 克、鸡蛋液 1000 克、鸡毛菜 1500 克、胡萝卜 200 克、马蹄肉 500 克

调料

绍兴酒 60 毫升、盐 30 克、味精 12 克、胡椒粉 4 克、玉米淀粉 70 克、葱 50 克、姜 20 克、葱姜料水、鸡蛋清 60 克、植物油 80 毫升

营养成分

（每 100 克营养素参考值）

能量	161.7 千卡
蛋白质	11.0 克
脂肪	9.3 克
碳水化合物	8.5 克
膳食纤维	0.7 克
维生素 A	70.8 微克
维生素 C	7.0 毫克
钙	45.5 毫克
钾	226.5 毫克
钠	309.4 毫克
铁	1.4 毫克

加工制作流程

1. **初加工**：鸡胸肉去筋，洗净，虾肉去虾线，洗净，挤干水分；肥膘肉去筋；胡萝卜去皮，洗净；鸡毛菜择洗干净。

2. **原料成形**：将鸡胸肉、虾肉、肥膘肉分别用绞肉机绞成馅；胡萝卜切末；鸡蛋液打散加入玉米淀粉，摊成蛋皮，用模具刻成直径为 8 厘米的圆片；马蹄肉拍碎切末。

3. **腌制流程**：将绞好的肥膘肉肉馅、鸡胸肉、虾肉混合在一起放入生食盒中，加入胡椒粉 2 克、盐 10 克、味精 4 克、绍兴酒 60 毫升、葱姜水、玉米淀粉 70 克、鸡蛋清 60 克搅拌上劲儿，加入肥膘肉、马蹄末继续摔打上劲，备用。

4. **配菜要求**：把肉馅、鸡蛋液、鸡毛菜、胡萝卜、马蹄及调料分别摆放在器皿中备用。

5. **工艺流程**：蒸鸡毛菜→团烧麦型→蒸烧麦→调汁→浇汁→出锅装盘。

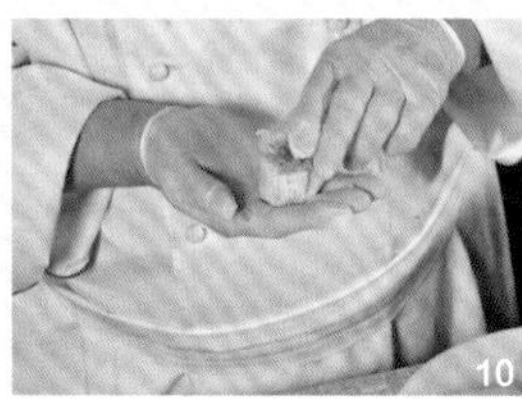

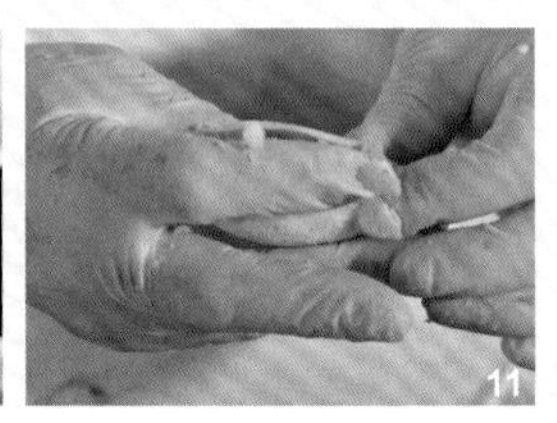

6. 烹调成品菜：①把鸡毛菜1500克放入漏眼蒸盘中，加入植物油30毫升、盐10克、味精4克搅拌均匀，放入万能蒸烤箱中，选择“蒸”的模式，温度100℃，湿度100%，蒸1分钟，取出，放入蒸盘底部。②把圆形的蛋皮摆在案子上；和好的馅儿用手挤成大小一致的肉丸放在蛋皮上，团成烧麦形，顶端黏上胡萝卜末，放入万能蒸烤箱中，选择“蒸”的模式，温度100℃，湿度100%，蒸4至5分钟即可，蒸好的蛋烧麦取出，依次摆放在布菲盘内。③锅上火烧热，倒入水（汤），加入盐10克、味精4克、胡椒粉2克搅拌均匀开锅后，水淀粉勾芡，淋入明油50毫升，浇在蛋烧表上，即可出品。

7. 成品菜装盘（盒）：菜品采用“码放法”装入盘（盒）中，整齐划一。

蛋美鸡是一道传统的淮扬菜，造型美观，肉质鲜嫩，营养丰富，荤素搭配合理。

成菜标准

①色泽：颜色金黄，造型美观；②芡汁：薄芡；③味型：咸鲜；④质感：脆、嫩、滑；⑤成品重量：4500克。

举一反三

馅心可以根据需要换成其他菜品。

京葱扒鸭

| 制 作 人 | 郑秀生（中国烹饪大师）
| 操作重点 | 保持原料的颜色。
| 要领提示 | 鸭子腌制要入味。

原料组成

主料

北京填鸭 8000 克

配料

大葱 1000 克、西兰花 1000 克

调料

绍兴黄酒 225 毫升、酱油 30 毫升、冰糖老抽 230 毫升、盐 40 克、胡椒粉 7 克、桂皮 6 克、大料6克、花椒1克、姜片30克、葱段 30 克、香油 20 毫升、水 3000 毫升、植物油 3000 毫升

营养成分

（每 100 克营养素参考值）

能量	332.2 千卡
蛋白质	7.7 克
脂肪	31.4 克
碳水化合物	4.7 克
膳食纤维	0.4 克
维生素 A	24.3 微克
维生素 C	5.6 毫克
钙	23.3 毫克
钾	145.7 毫克
钠	385.5 毫克
铁	1.5 毫克

加工制作流程

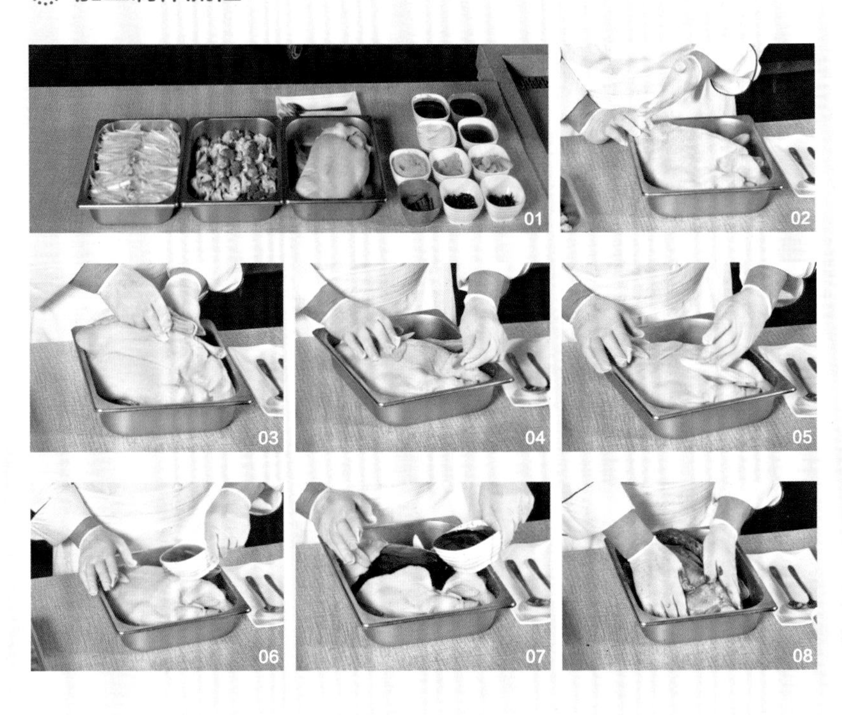

1. **初加工**：北京填鸭洗净，西兰花择洗干净，大葱洗净。
2. **原料成形**：西兰花切成小朵，大葱切成 7 厘米长的段、再切成条。
3. **腌制流程**：填鸭用酱油 20 毫升、冰糖老抽 90 毫升、绍兴黄酒 200 毫升、盐 20 克、葱段 20 克、姜片 20 克腌制半个小时。
4. **配菜要求**：将主料、配料和调料分别摆放在器皿中备用。
5. **工艺流程**：炸鸭子→调汁→压制鸭子→后调味→出锅装盘。
6. **烹调成品菜**：①锅上火烧热，倒入植物油，烧至六成热，将腌好的鸭子下锅炸至枣红色捞出。②锅上火烧热，倒入植物油，下入葱段

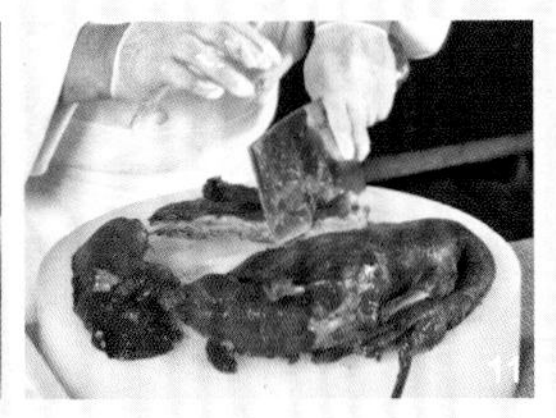

京葱扒鸭是一道北京的传统菜，鸭块软烂，色泽红亮，葱香味浓，营养丰富。

10克、姜片10克、桂皮6克、大料6克、花椒1克炒香后，再放入酱油10毫升、老抽冰糖140毫升、盐20克、绍兴黄酒25毫升、水3000毫升，将炸好的鸭子下入锅内，大火烧开，打去浮沫，加入胡椒粉6克烧开，放入高压锅中，上汽后压10分钟，然后转小火烧2个小时，取出，将鸭子剁成块装入布菲盘中。③锅上火烧热，倒入水烧开，下入西兰花烫熟捞出，围在鸭块周围。④锅上火烧热，倒入花生油，下入葱条煸炒成金黄色，倒入过滤的鸭汤，加入胡椒粉1克，倒入水淀粉勾芡，淋入香油20毫升，浇在鸭块上即可。

7. 成品菜装盘（盒）： 菜品采用“码放法”装入盘（盒）中，整齐划一。

成菜标准

①色泽：红亮；②芡汁：厚芡；③味型：葱香；④质感：软烂；⑤成品重量：3300克。

举一反三

采用这种烹饪方法，可以把鸭子换成整鸡，做成京葱扒鸡。

萝卜白肉连锅汤

| 制 作 人 | 郑秀生（中国烹饪大师）
| 操作重点 | 调味汁要调得适口。
| 要领提示 | 要去掉萝卜的臭味，肉别煮得太烂。

原料组成

主料

带皮五花肉 2000 克

辅料

白萝卜 3000 克、胡萝卜 500 克、小米辣 200 克、香菜 200 克

调料

绍兴酒 50 毫升、盐 30 克、白胡椒粉 15 克、酱油 200 毫升、米醋 100 毫升、香油 100 毫升、葱 100 克、姜 80 克、大蒜 100 克、花椒 20 克、味精 10 克、水 3000 毫升

营养成分

（每 100 克营养素参考值）

能量.................152.4 千卡
蛋白质.....................4.9 克
脂肪.......................12.6 克
碳水化合物................4.6 克
膳食纤维..................1.1 克
维生素 A............. 37.7 微克
维生素 C............ 13.6 毫克
钙....................... 34.5 毫克
钾..................... 187.6 毫克
钠..................... 362.9 毫克
铁......................... 1.1 毫克

加工制作流程

1. 初加工：带皮五花肉刮洗干净；白萝卜洗净，去皮；胡萝卜洗净，去皮；小米辣洗净；香菜去根，洗净。

2. 原料成形：白萝卜、胡萝卜切成骨牌片，小米辣切末，香菜切碎，葱切小葱花，姜切末，煮好的五花肉切成薄片。

3. 配菜要求：把带皮五花肉、白萝卜、胡萝卜、小米辣、香菜及调料分别摆放在器皿中备用

4. 工艺流程：煮五花肉→煮萝卜→烹制食材→调味→出锅装盘→后调汁。

5. **烹调成品菜：**①锅上火烧热，倒入凉水，五花肉块2000克凉水下锅，开锅后，撇去血沫，加入花椒20克、葱段、姜片、绍兴酒500毫升大火烧开后，小火煮30分钟，取出温水洗净，切片。②锅上火烧热，加入水3000毫升，加入白萝卜片3000克、花椒20克开锅后，打去花椒，加入黄酒、加入胡萝卜3000克，捞出，放入蒸盘中，备用。③锅上火烧热，加入温水、萝卜片、黄酒、葱姜、花椒开锅后，加入肉块继续开锅后，打去浮沫和浮油，加入白胡椒粉15克、盐大火烧开，小火炖煮7分钟（萝卜软烂后），倒入布菲盘中，加入香菜点缀。④兑碗汁：取一个大碗，碗中加入葱花、姜末、蒜末、酱油200毫升、米醋100毫升、盐、味精10克、香菜、小米辣末200克、香油100毫升搅拌均匀，同锅一起上。
6. **成品菜装盘（盒）：**菜品采用“盛入法”装入盘（盒）中，呈自然堆落状。

萝卜连锅汤是一道川菜，肉香，萝卜软烂，醮调味汁后，风味更加独特。清淡适口，营养补气。

成菜标准

①色泽：白色；②芡汁：无；③味型：咸鲜；④质感：肉香，萝卜软烂；④成品重量：5500克。

举一反三

食材可选用猪肘、羊排、牛腩等，也可以配冬瓜、白菜等辅料。

五彩烩盖菜

| 制 作 人 | 郑秀生（中国烹饪大师）
| 操作重点 | 虾仁水滑时，注意温度；用鸡蛋制汤，使汤的味道更加浓厚。
| 要领提示 | 烫食材时，根据食材本身的质地，分别烫熟。

原料组成

主料

盖菜 2000 克

辅料

鸡蛋 8 个、水发木耳 250 克、胡萝卜 400 克、小南瓜 2 个、虾肉 1000 克

调料

盐 45 克、味精 7 克、胡椒粉 4 克、玉米淀粉 180 克、绍兴黄酒 80 毫升、葱 150 克、姜 20 克、蛋清 30 克、植物油 200 毫升

营养成分

（每 100 克营养素参考值）

能量	76.0 千卡
蛋白质	6.0 克
脂肪	0.9 克
碳水化合物	11.2 克
膳食纤维	1.2 克
维生素 A	69.6 微克
维生素 C	7.5 毫克
钙	57.8 毫克
钾	168.6 毫克
钠	443.4 毫克
铁	1.0 毫克

加工制作流程

1. 初加工： 盖菜择洗干净；水发木耳去蒂，洗净；胡萝卜去皮，洗净；小南瓜刷洗干净；虾肉去虾线洗净，备用。

2. 原料成形： 盖菜茎切成厚片；鸡蛋打散摊成蛋皮，切成菱形片；木耳切小朵；胡萝卜切成菱形片；小南瓜切大块；虾肉一破两开；葱切葱花；姜切姜末。

3. 腌制流程： 将虾仁放入生食盒中，加入蛋清 30 克、玉米淀粉 180 克、盐 5 克、味精 3 克搅拌均匀，顺时针打上劲后，封油，备用。

4. 配菜要求： 把盖菜、鸡蛋、木耳、胡萝卜、小南瓜、虾肉及调料分别摆放在器皿中备用

5. 工艺流程： 蒸南瓜→调味→滑虾仁→烹制食材→后调味→出锅装盘。

6. **烹调成品菜：**①切好的小南瓜放入蒸盘中，放入万能蒸烤箱，温度100℃，湿度100%，蒸20分钟，打成南瓜蓉，备用。②锅上火烧热，锅中放入水、盐5克、味精2克、胡椒粉2克烧开，分别放入盖菜2000克、木耳250克、胡萝卜400克焯水，捞出，控干水分，放入蒸盘中。③锅上火烧热，锅中放入水3000毫升，加入绍兴黄酒20毫升、盐5克、腌制好的虾肉1000克，滑熟，捞出放在盖菜上面。④锅上火烧热，放入植物油200毫升，加入打匀的蛋液、水3000毫升、绍兴黄酒30毫升大火烧开，加入胡椒粉2克、盐10克、味精2克、绍兴黄酒30毫升，打去浮沫，汤的颜色越来越发白时，捞出鸡蛋，放在虾仁上搅拌均匀，加入南瓜蓉、盐20克，水淀粉勾芡，浇在蒸盘中，即可。

7. **成品菜装盘（盒）：**菜品采用“盛入法”装入盘（盒）中，呈自然堆落状。

五彩烩盖菜是一道创新菜，是在耳菜中加入了胡萝卜、木耳做的一道烩菜，颜色美观，口味清淡，软烂适口，营养丰富，适合老年人食用。

成菜标准

①色泽：五彩缤纷；②芡汁：汁芡均匀；③味型：咸鲜；④质感：软烂适口；⑤成品重量：5200克。

举一反三

原料可以换成冬瓜、西葫芦、茭白、耳菜等。

咸炖鲜

| 制 作 人 | 郑秀生（中国烹饪大师）
| 操作重点 | 百叶结要软烂。
| 要领提示 | 去掉肉的腥味，咸肉提前放入葱姜、料酒蒸熟，鲜肉放葱姜料酒、花椒下锅焯水。

原料组成

主料

带皮五花肉 2000 克

辅料

咸带皮五花肉 1000 克、豆腐百叶结 1000 克、油菜心 1500 克、春笋 500 克

调料

黄酒 170 毫升、白胡椒粉 3 克、葱 150 克、姜 100 克

营养成分

（每 100 克营养素参考值）

能量………………177.9 千卡
蛋白质………………9.0 克
脂肪………………14.7 克
碳水化合物……………2.5 克
膳食纤维………………0.8 克
维生素 A……………5.2 微克
维生素 C……………0.5 毫克
钙………………29.9 毫克
钾………………173.7 毫克
钠………………42.6 毫克
铁………………1.3 毫克

加工制作流程

01

02

03

04

05

06

07

08

1. **初加工**：带皮五花肉洗净，咸带皮五花肉洗净，豆腐百叶结加入碱面开水泡 10 分钟（看看回软程度），油菜心择洗干净，春笋刮皮清洗干净。

2. **原料成形**：带皮五花肉切成 3 厘米见方的肉块；咸带皮五花肉放黄酒 40 毫升、葱段、姜片上笼蒸 20 分钟，蒸熟后切成 2.5 厘米见方的肉块；春笋切成滚刀块。

3. **配菜要求**：把带皮五花肉、咸带皮五花肉、豆腐百叶结、油菜心、调料分别摆放在器皿中备用。

5. **工艺流程**：焯五花肉→辅料焯水→蒸制食材→出锅装盘。

6. **烹调成品菜**：①锅上火烧热，加入水，放入鲜五花肉块 2000 克，

09

10

11

加入黄酒40毫升、姜片、葱段大火烧开，打去浮沫，焯水定型（以汤汁不再出血沫为准），捞出，温水冲洗干净。②把豆腐百叶结1000克放水后，加入开水清洗干净。③锅上火烧热，放入水烧开，分别下入春笋500克、油菜心1500克，焯水备用。④将两种五花肉块放入蒸盘中，加入春笋、豆腐百叶结、葱段、姜片、注入开水，倒入黄酒90毫升和白胡椒粉3克放入万能蒸烤箱中，选择“蒸”的模式，温度100℃，湿度100%，蒸制45分钟，取出，放入布菲盘中，将烫好的油菜心放入布菲炉内，即可。

7. 成品菜装盘（盒）：菜品采用“盛入法”装入盘（盒）中，呈自然堆落状。

咸炖鲜又叫腌笃鲜，是一道上海名菜。汤汁鲜美，肉软烂清淡，营养丰富。

成菜标准

①色泽：白色；②芡汁：无；③味型：咸鲜；④质感：软烂；⑤成品重量：4000克。

举一反三

采用这种烹饪方法，云南的腊排骨、鲜排骨，加上山药，又是一道好菜。

炒胡萝卜酱

| 制 作 人 | 赵宝忠（中国烹饪大师）
| 操作重点 | 油温要掌握好，不能太高；胡萝卜焯水时火候要掌握好。
| 要领提示 | 上浆要薄，不能太厚。

原料组成

主料

去皮猪五花肉 1250 克

辅料

胡萝卜 3000 克、去皮花生米 750 克

调料

蛋清 68 克、香油 50 毫升、酱油 35 毫升、老抽 20 毫升、味精 10 克、白糖 110 克、盐 15 克、干黄酱 245 克、料酒 110 毫升、玉米淀粉 70 克、水淀粉 50 克（生粉 20 克 + 水 30 毫升）、葱姜末各 30 克、植物油 2000 毫升

营养成分

（每 100 克营养素参考值）

能量……195.6 千卡
蛋白质……7.4 克
脂肪……13.3 克
碳水化合物……11.4 克
膳食纤维……1.5 克
维生素 A……180.7 微克
维生素 C……7.0 毫克
钙……27.6 毫克
钾……239.7 毫克
钠……371.2 毫克
铁……1.5 毫克

加工制作流程

1. 初加工：去皮猪五花肉洗净，胡萝卜去皮洗净。

2. 原料成形：五花肉切成 1.5 厘米见方的丁；胡萝卜切成 1.5 厘米见方的丁；取一个大碗，放入干黄酱 245 克，加入适量纯净水泄开。

3. 腌制流程：取一个大盆，放入五花肉丁，加入盐 5 克、蛋清 68 克抓匀，加入玉米淀粉 70 克上浆。

4. 配菜要求：将主料、辅料及调料分别摆放在器皿中备用。

5. 工艺流程：焯食材→滑食材→烹制食材→调味→出锅装盘。

6. 烹调成品菜：①锅上火烧热，倒入凉水烧开，水开分别下入花生米 750 克、胡萝卜 3000 克焯熟，捞出控水。②锅上火烧热，加入植物油，油温四成热，分别下入花生米、胡萝卜滑油，滑熟捞出控油，

再下入肉丁滑熟捞出。③锅上火烧热，倒入底油，下入姜末、葱末各30克煸香，放入黄酱炒出香味，加入白糖110克、酱油35毫升、料酒110毫升、味精10克、盐10克，淋入水淀粉50克，老抽20毫升、下入主辅料翻炒均匀，淋入香油出锅。

7. **成品菜装盘（盒）：** 菜品采用“盛入法”装入盘（盒）中，呈自然堆落状。

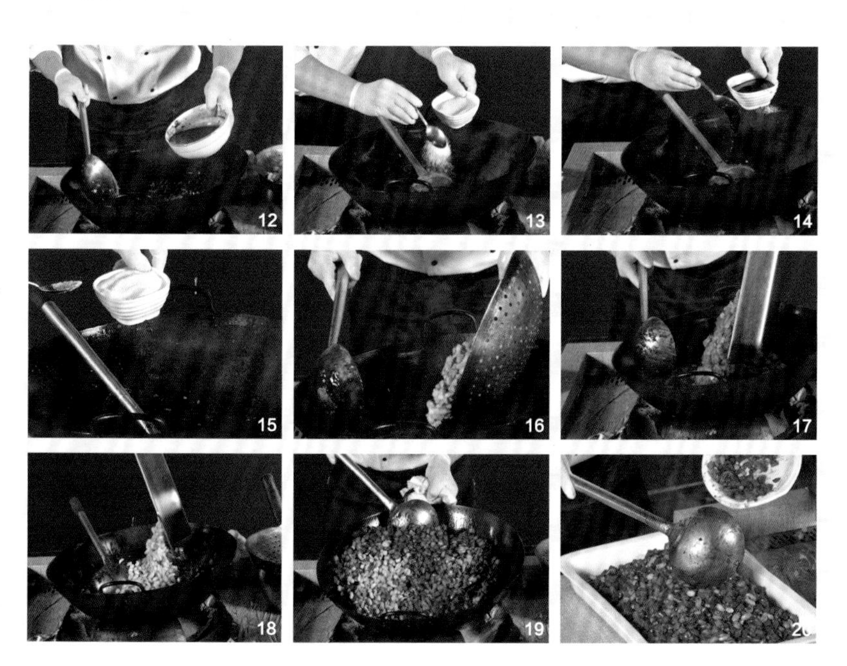

炒胡萝卜酱，这是一道老北京传统菜，宫廷四大酱之一。口味咸鲜回甜、酱香浓郁，含有丰富蛋白质、胡萝卜素等营养元素。

成菜标准

①色泽：枣红色；②芡汁：薄芡；③味型：口味咸鲜回甜、酱香味浓；④质感：软嫩；⑤成品重量：5990克。

举一反三

采用这种烹饪方法，可以做杏鲍菇酱、荸荠酱。

炒三色龙凤圆

| 制 作 人 | 赵宝忠（中国烹饪大师）
| 操作重点 | 丸子要凉水下锅。
| 要领提示 | 要把鱼肉的筋切断后再打成蓉；打馅的时候要加入葱姜水。

原料组成

主料

龙利鱼2000克、鸡胸肉1500克

配料

黄瓜750克、蛋清140克、红彩椒500克、水发香菇250克

调料

盐60克、猪油85克、味精20克、料酒30毫升、水淀粉150克（生粉70克+水80毫升）、玉米淀粉40克、鸡汤1200毫升、葱姜水1000毫升、葱油100毫升、植物油200毫升

营养成分

（每100克营养素参考值）

能量……93.1千卡
蛋白质……11.3克
脂肪……4.1克
碳水化合物……2.7克
膳食纤维……0.3克
维生素A……6.4微克
维生素C……10.7毫克
钙……23.4毫克
钾……199.1毫克
钠……407.1毫克
铁……1.0毫克

加工制作流程

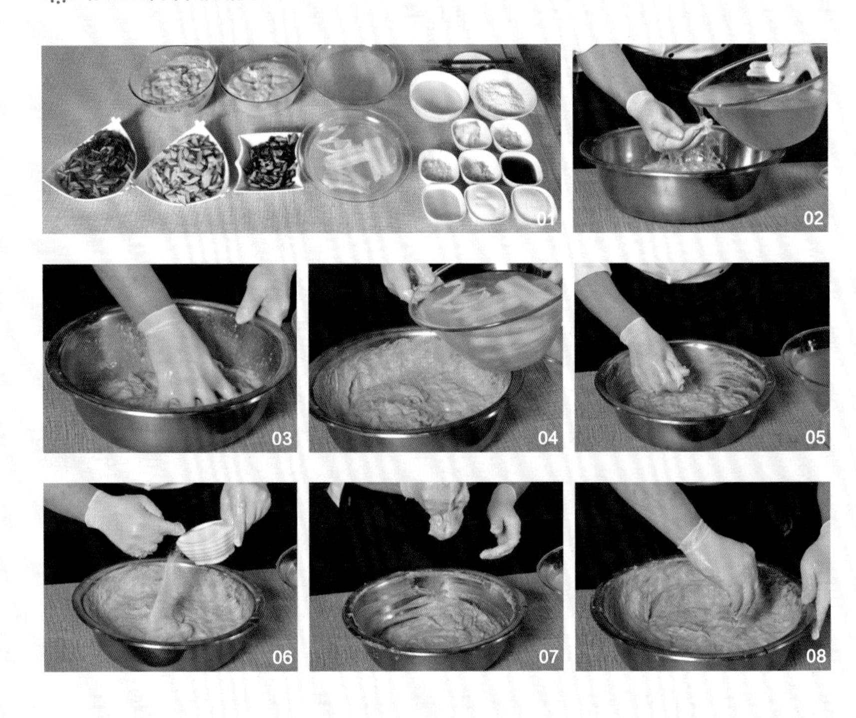

1. 初加工：龙利鱼洗净，鸡胸肉洗净，黄瓜洗净，红彩椒洗净，香菇洗净，泡发。

2. 原料成形：龙利鱼肉、鸡胸肉分别制成细蓉；黄瓜去皮，切成宽2厘米、长2.5厘米的菱形片；水发香菇片成小抹刀片。

3. 腌制流程：取大盆，倒入制好的鸡蓉，加入鸡汤搅拌上劲，分三次加入葱姜水搅拌，加入猪油85克、盐15克、蛋清、玉米淀粉20克顺一个方向搅拌上劲，制成稠糊状备用；取大盆，倒入制好的鱼蓉，分三次加入葱姜水搅拌，加入蛋清、盐15克、玉米淀粉20克顺一个方向搅拌上劲，制成稠糊状备用。

炒三色龙凤圆是一道家常菜。鱼圆、鸡圆鲜嫩，口味咸鲜，高蛋白、低脂肪菜品。

4. 配菜要求：将主料、辅料及调料分别摆放在器皿中备用。

5. 工艺流程：氽鸡鱼丸→香菇焯水→烹制食材→调味→出锅装盘。

6. 烹调成品菜：①锅中倒入凉水，将鱼蓉制成 2.5 厘米直径的丸子下入水中，氽熟捞出，放入水盆内，水盆内加入盐 10 克；锅中重新加水，温水下入鸡肉丸子，打去浮沫，氽熟捞出；放入香菇焯水，捞出备用。②锅上火烧热，加入底油，下入香菇 250 克、红彩椒 500 克、黄瓜 750 克滑油；锅留底油，下入葱姜水、鸡汤、盐 20 克、味精 20 克、料酒 30 毫升，烧开，转小火，淋入水淀粉 150 克勾芡，下入鱼丸、配料、鸡丸，淋入葱油 100 毫升，出锅即可。

7. 成品菜装盘（盒）：菜品采用“盛入法”装入盘（盒）中，呈自然堆落状。

成菜标准

①色泽：色彩分明，红、绿、白、相间；②芡汁：薄芡；③味型：口味咸鲜；④质感：鲜嫩可口；⑤成品重量：6440 克。

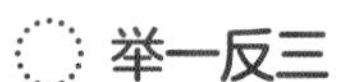

举一反三

这道菜也可以搭配油菜等蔬菜做汤。

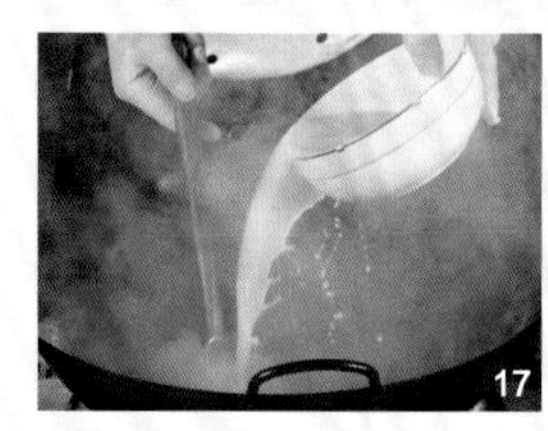

京味爆三样

| 制 作 人 | 赵宝忠（中国烹饪大师）
| 操作重点 | 芡汁要紧裹主料。
| 要领提示 | 注重调味，突出蒜香、醋香。

原料组成

主料

猪肝 1500 克、猪腰 1000 克、熟猪肚 1000 克

辅料

青红尖椒各 1000 克、水发木耳 250 克、青蒜 250 克

调料

盐 30 克、味精 10 克、料酒 55 毫升、水淀粉 140 克（生粉 70 克 + 水 70 毫升）、醋 40 毫升、酱油 150 毫升、老抽 40 毫升、白糖 15 克、胡椒粉 5 克、玉米淀粉 80 克、葱姜末各 30 克、蒜末 50 克、葱油 80 毫升、植物油 3000 毫升

营养成分

（每 100 克营养素参考值）

能量……91.2 千卡
蛋白质……9.7 克
脂肪……3.3 克
碳水化合物……5.5 克
膳食纤维……0.6 克
维生素 A……1458.1 微克
维生素 C……45.2 毫克
钙……13.8 毫克
钾……179.6 毫克
钠……255.1 毫克
铁……6.3 毫克

加工制作流程

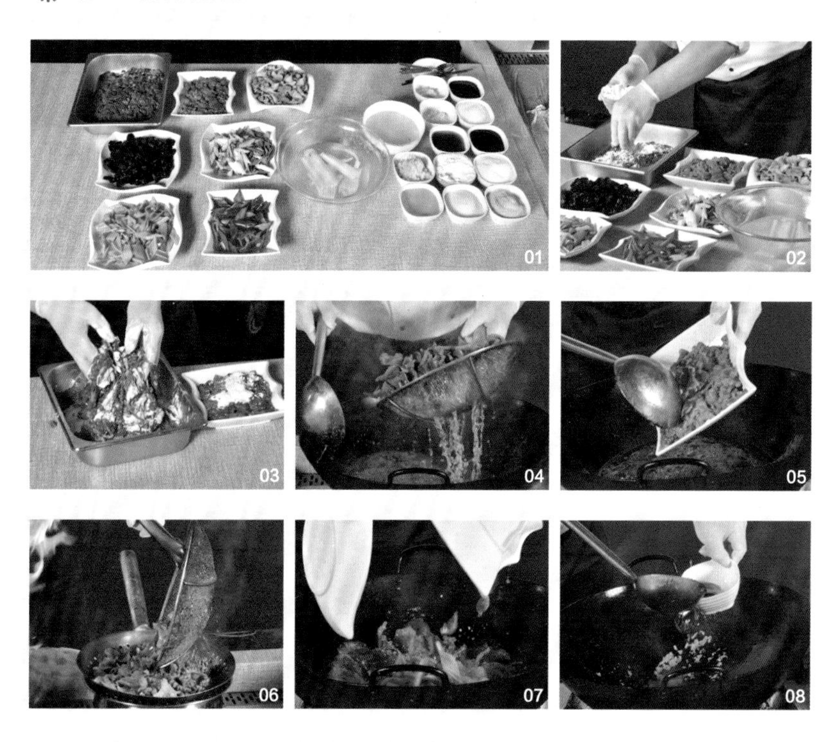

1. **初加工**：猪肝洗净，猪腰洗净，青红尖椒、水发木耳、青蒜洗净。
2. **原料成形**：猪肝切片；猪腰去腰臊切成麦穗花刀，再改成 2 厘米宽的块；猪肚改成 3 厘米见方的抹刀片；青红尖椒切成 2 厘米宽、4 厘米长的菱形片；青蒜切成 3 厘米的斜段。
3. **腌制流程**：猪肝、猪腰分别加入盐 10 克，玉米淀粉抓匀上浆。
4. **配菜要求**：将主料、辅料及调料分别摆放在器皿中备用。
5. **工艺流程**：炙锅→滑食材→烹制食材→调味→出锅装盘。
6. **烹调成品菜**：①锅上火烧热，倒入植物油，烧至六成热，下入猪肝 1500 克、腰花 1000 克、肚片 1000 克滑熟捞出控油，再下入青

京味爆三样是一道老北京传统菜，色泽红亮，口味咸香、软嫩；含有丰富的蛋白质、维生素等营养成分。

红尖椒各1000克、木耳250克汆油，捞出控油备用。②锅上火烧热，加入底油，下入葱姜蒜末各30克煸香，加入料酒55毫升、酱油150毫升、老抽40毫升、白糖15克、盐10克、味精10克、醋40毫升、胡椒粉5克，淋入水淀粉140克，下入猪肝、腰花、肚片、青红尖椒、木耳翻炒均匀，撒入剩余的蒜末20克、青蒜250克，淋入葱油80毫升，出锅。

7. 成品菜装盘（盒）： 菜品采用“盛入法”装入盘（盒）中，呈自然堆落状。

成菜标准

①色泽：红亮；②芡汁：薄芡；③味型：咸香；④质感：软嫩；⑤成品重量：4440克。

举一反三

可以做炒腰花、鱼香腰花、熘肝尖等。

芦笋白果虾球

| 制 作 人 | 赵宝忠（中国烹饪大师）
| 操作重点 | 虾仁要开水下锅，控制好水温。
| 要领提示 | 虾仁要上浆饱满。

原料组成

主料

虾肉 3500 克

辅料

净嫩芦笋 1000 克、白果 500 克、红彩椒 500 克

调料

鸡蛋清 60 克、盐 50 克、味精 10 克、料酒 30 毫升、水淀粉 70 克（生粉 30 克 + 水 40 毫升）、葱姜水 400 毫升、鸡汤 500 毫升、干生粉 150 克、葱油 120 毫升、植物油 100 毫升

营养成分

（每 100 克营养素参考值）

能量……………… 167.6 千卡
蛋白质 ………………13.1 克
脂肪……………………2.3 克
碳水化合物…………23.5 克
膳食纤维………………0.4 克
维生素 A …………… 0.8 微克
维生素 C ………… 11.2 毫克
钙 ………………… 52.3 毫克
钾 ………………… 224.9 毫克
钠 ………………… 495.4 毫克
铁 ……………………0.6 毫克

加工制作流程

1. 初加工：虾肉洗净，去虾线；净嫩芦笋洗净；白果洗净；红彩椒洗净，去蒂。

2. 原料成形：虾肉背后开刀，芦笋切 5 厘米长的斜段，红彩椒切 4 厘米长、2 厘米宽的斜段。

3. 腌制流程：取生食盆，倒入虾肉，加入盐 15 克、鸡蛋清 60 克、干生粉 150 克抓匀上浆。

4. 配菜要求：将主料、辅料及调料分别摆放在器皿中备用。

5. 工艺流程：焯食材→滑食材→烹制食材→调味→出锅装盘。

6. 烹调成品菜：①锅中放水烧开，分散下入浆好的虾肉 3500 克，滑熟捞出控水备用；锅中重新加水烧开，依次放入白果 500 克、芦笋 1000 克焯水，捞出备用；锅上火烧热，倒入植物油 500 毫升，倒

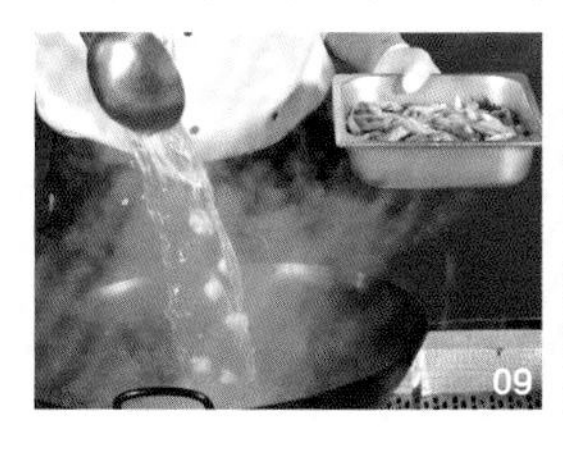

芦笋白果虾球是一道家常菜，虾仁鲜嫩，芦笋脆嫩，含有丰富的蛋白质、维生素等，有利于人体吸收。

入红彩椒 500 克、焯好水的芦笋，滑油。②锅中留底油，下入葱姜水 400 毫升、盐 35 克、味精 10 克、料酒 30 毫升、鸡汤 500 毫升，烧开淋入水淀粉 70 克勾芡，下入虾仁、芦笋、红彩椒、白果翻炒均匀，淋入葱油 120 毫升，出锅。

7. 成品菜装盘（盒）：菜品采用“盛入法”装入盘（盒）中，呈自然堆落状。

成菜标准

①色泽：红、绿、白、黄相间；②芡汁：薄芡；③味型：口味咸鲜；④质感：虾仁鲜嫩，芦笋脆嫩；⑤成品重量：4440 克。

举一反三

这道菜配料可以换成西芹、黄瓜，也可以做成酸甜口、咖喱味。

珊瑚仔鸡

|制 作 人|赵宝忠（中国烹饪大师）
|操作重点|芡汁要均匀，油温要掌握好。
|要领提示|上浆要饱满。

原料组成

主料

鲜鸡胸肉 3500 克

辅料

青红尖椒各 750 克、泡辣椒 250 克、鸡蛋清 115 克

调料

盐 15 克、味精 10 克、料酒 40 毫升、白糖 120 克、水淀粉 50 克（生粉 20 克 + 水 30 毫升）、葱姜蒜末各 30 克、鸡汤 500 毫升、酱油 50 毫升、老抽 20 毫升、葱油 60 毫升、玉米淀粉 60 克、蛋清 115 克、植物油 4000 毫升

营养成分

（每 100 克营养素参考值）

能量 .... 94.3 千卡
蛋白质 ....14.3 克
脂肪 ....2.1 克
碳水化合物 ....4.7 克
膳食纤维 ....0.6 克
维生素 A .... 7.1 微克
维生素 C .... 30.3 毫克
钙 .... 6.5 毫克
钾 .... 234.6 毫克
钠 .... 304.8 毫克
铁 .... 1.0 毫克

加工制作流程

1. 初加工：鸡胸肉洗净；青红尖椒洗净，去蒂。

2. 原料成形：鸡肉去筋去膜切成 1 厘米宽、6 厘米长的条，青红尖椒切成 1 厘米宽、6 厘米长的条，泡辣椒切斜段。

3. 腌制流程：鸡肉中放入鸡蛋清 115 克、盐 5 克拌匀，加入玉米淀粉 60 克抓匀上浆。

4. 配菜要求：将主料、辅料及调料分别摆放在器皿中备用。

5. 工艺流程：炙锅→滑食材→烹制食材→调味→出锅装盘。

6. 烹调成品菜：①锅上火烧热，倒入植物油，油温五成热时，下入鸡条 3500 克打散滑熟，再下入青红尖椒各 750 克汆油捞出控油。

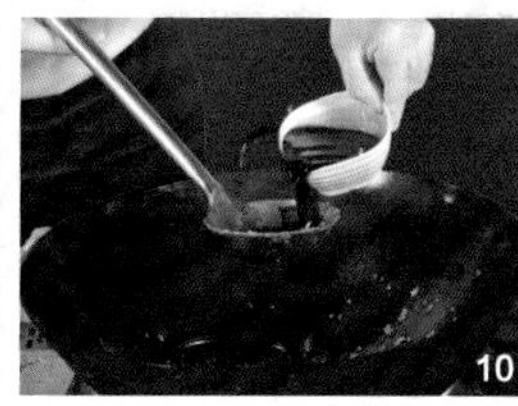

珊瑚仔鸡是一道老北京家常菜，软嫩可口，鸡肉中富含丰富的蛋白质。

②锅上火烧热，加入底油，下入泡辣椒段 250 克煸香，下入葱姜蒜末各 30 克煸出香味，下入料酒 40 毫升、酱油 50 毫升、老抽 20 毫升、味精 10 克、白糖 120 克、盐 10 克、鸡汤 500 毫升，淋入水淀粉 50 克，下入主辅料，翻炒均匀，淋入葱油 60 毫升出锅。

7. 成品菜装盘（盒）：菜品采用“盛入法”装入盘（盒）中，呈自然堆落状。

成菜标准

①色泽枣红；②芡汁：薄芡；③味型：咸鲜微辣、回甜；④质感：鸡肉软嫩；⑤成品重量：4200 克。

举一反三

采用这种烹饪方法，可以做酸辣鸡条、咖喱鸡条。

豉油蒸鱼

|制 作 人|赵春源（中国烹饪大师）
|操作重点|鱼肉蒸制时间不宜过长。
|要领提示|腌制时要加入适量的葱姜水，保持鱼肉鲜嫩。

原料组成

主料

龙利鱼 4000 克

辅料

青尖椒、红尖椒、葱、姜各 100 克

调料

蒸鱼豉油 150 毫升、盐 35 克、鸡蛋清 100 克、料酒 50 毫升、葱姜水 100 毫升、生粉 25 克、植物油 200 毫升

营养成分

（每 100 克营养素参考值）

能量………………95.7 千卡
蛋白质………………16.2 克
脂肪………………2.8 克
碳水化合物………………1.2 克
膳食纤维………………0.2 克
维生素 A………………16.6 微克
维生素 C………………5.6 毫克
钙………………119.9 毫克
钾………………203.1 毫克
钠………………584.0 毫克
铁………………1.9 毫克

加工制作流程

1. **初加工**：龙利鱼洗净控干水分，青红尖椒去蒂洗净。

2. **原料成形**：将龙利鱼肉切成 3 厘米宽的块，青红椒切丝，葱姜切丝。

3. **腌制流程**：将龙利鱼加盐 35 克、料酒 50 毫升搅拌均匀，放入葱姜水 100 毫升，鸡蛋清 100 克、生粉 25 克，上浆腌制 10 分钟。

4. **配菜要求**：将主料、辅料和调料分别摆放在器皿中备用。

5. **工艺流程**：腌鱼→蒸鱼→装盘→浇油。

6. **烹调成品菜**：①将腌好的龙利鱼装蒸盘，放入万能蒸烤箱，温度 130℃，湿度 100%，蒸 7 分钟。②将蒸鱼豉油 150 毫升放入蒸箱加热一下。③将蒸好的鱼码入盘中，撒入青尖椒丝 100 克、葱姜丝各

鼓油蒸鱼是由南方清蒸鱼改良而来的一道菜品，鱼肉鲜嫩、豉油鲜香，龙利鱼中含有丰富的蛋白质，营养健康。

100克、红尖椒丝100克，浇上蒸鱼豉油。④锅烧热，倒入植物油，油温七成热后，浇在青红尖椒丝上即可。

7. 成品菜装盘（盒）：菜品采用“码入法”装入盘（盒）中，整齐码放。

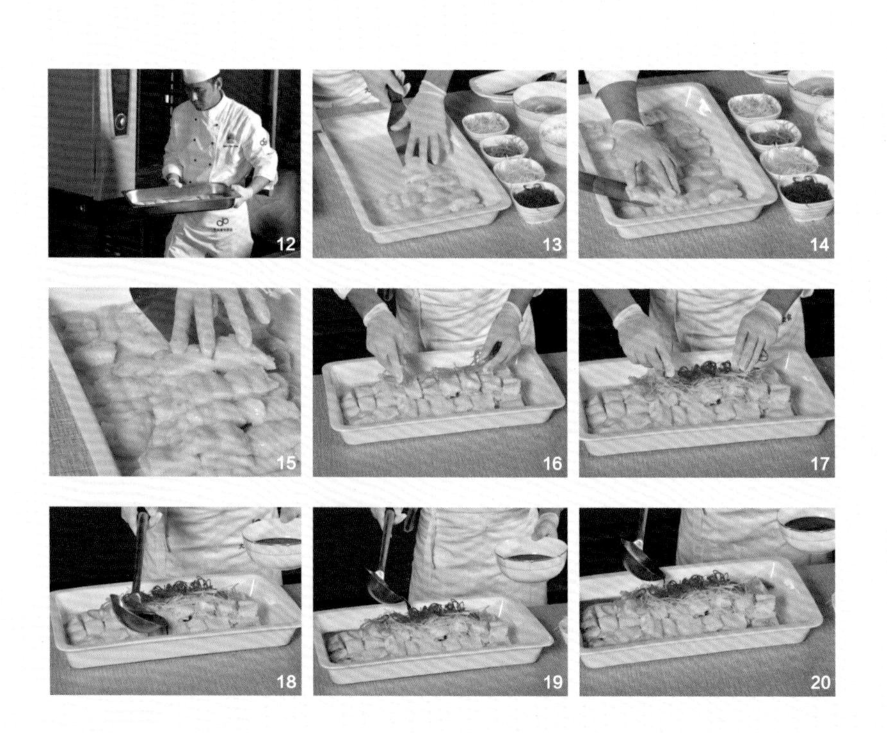

成菜标准

①色泽：红绿白相间；②芡汁：有汁无芡；③味型：咸鲜；④质感：鱼肉软嫩滑；⑤成品重量：3840克。

举一反三

采用这种烹饪方法，食材可以换成鲈鱼、平鱼等。

海米烧冬瓜

| 制 作 人 | 赵春源（中国烹饪大师）
| 操作重点 | 海米和冬瓜要一起烧，可以让味道更好地融合在一起。
| 要领提示 | 海米要煸出油。

原料组成

主料

冬瓜 4000 克

辅料

水发海米 500 克

调料

料酒 40 毫升、盐 40 克、白糖 5 克、胡椒粉 20 克、花生油 100 毫升、葱末 30 克、姜末 30 克、开水 5000 毫升、水淀粉 150 毫升（生粉 50 克 + 水 100 毫升）、葱油 100 克、植物油 200 毫升

营养成分

（每 100 克营养素参考值）

能量	53.3 千卡
蛋白质	4.8 克
脂肪	2.5 克
碳水化合物	2.8 克
膳食纤维	0.6 克
维生素 A	2.3 微克
维生素 C	13.3 毫克
钙	68.9 毫克
钾	108.1 毫克
钠	839.9 毫克
铁	1.4 毫克

加工制作流程

01

02

03

04

05

06

07

08

1. 初加工： 冬瓜去皮。

2. 原料成形： 冬瓜切 1 厘米宽、4 厘米长的条。

3. 腌制流程： 冬瓜条放入盆中，放入盐 20 克、葱油 100 克拌匀。

4. 配菜要求： 将主料、辅料、调料分别摆放在器皿中备用。

5. 工艺流程： 蒸冬瓜→制汁→烹饪熟化食材→出锅装盘。

6. 烹调成品菜： ①将拌好的冬瓜放入万能蒸烤箱，选择“蒸”模式，温度 100℃，湿度 100%，蒸 2 分钟，取出备用。②锅加底油烧热，下入水发海米 500 克、葱姜末各 30 克煸炒出香味，烹入料酒 40 毫升加开水，下入蒸好的冬瓜 4000 克大火烧开，加入盐 20 克、胡椒

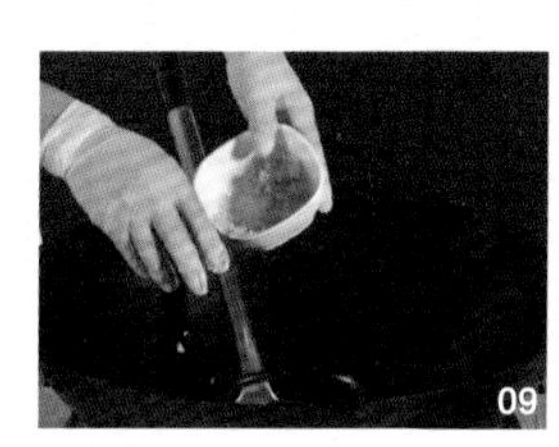

09

10

11

粉20克调味，转小火烧5分钟，用水淀粉150克勾二流芡即可出锅。

7. 成品菜装盘（盒）： 菜品采用“盛入法”装入盘（盒）中，呈自然堆落状。

海米烧冬瓜是一道美味可口的传统名菜，属于浙菜。汁浓味鲜，瓜嫩爽滑，冬瓜中含有丰富的维生素，海米中富含多种微量元素，蛋白质含量也很高。

成菜标准

①色泽：黄白绿相间；②芡汁：玻璃芡；③味型：咸鲜；④质感：瓜嫩爽滑；⑤成品重量：9500克

举一反三

采用这种烹饪方法，可以做海米小白菜、海米烧萝卜、金钩挂银条。

萝卜氽丸子

| 制 作 人 | 赵春源（中国烹饪大师）
| 操作重点 | 肉馅要剁得细腻一些，上劲不能太足。
| 要领提示 | 萝卜要切丝，但是不能太细。煮的时候不能盖盖，以便散发萝卜的气味。

原料组成

主料

猪肉馅 1500 克

辅料

白萝卜 1500 克

调料

料酒 75 毫升、盐 40 克、白糖 10 克、胡椒粉 30 克、鸡蛋 300 克、淀粉 50 克、葱姜水 100 毫升、香油 60 毫升、水 7000 毫升

营养成分

（每 100 克营养素参考值）

能量	205.5 千卡
蛋白质	6.9 克
脂肪	17.8 克
碳水化合物	4.3 克
膳食纤维	0.4 克
维生素 A	27.1 微克
维生素 C	7.9 毫克
钙	28.4 毫克
钾	171.5 毫克
钠	500.2 毫克
铁	1.0 毫克

加工制作流程

1. **初加工：**白萝卜去皮，洗净。
2. **原料成形：**白萝卜切成粗丝。
3. **腌制流程：**将猪肉馅加入盐 15 克、料酒 75 毫升、胡椒粉 15 克、葱姜水 100 毫升抓匀后，放入鸡蛋 300 克、淀粉 50 克，朝一个方向抓匀上劲。
4. **配菜要求：**将主料、辅料、调料分别摆放在器皿中备用。
5. **工艺流程：**调制肉馅→氽丸子→烹饪熟化食材→出锅装盘。
6. **烹调成品菜：**锅里加入清水烧开，转小火，把和好的馅料挤成丸子下入水中，再慢慢推动丸子。水开后打去浮沫，下入白萝卜丝，大

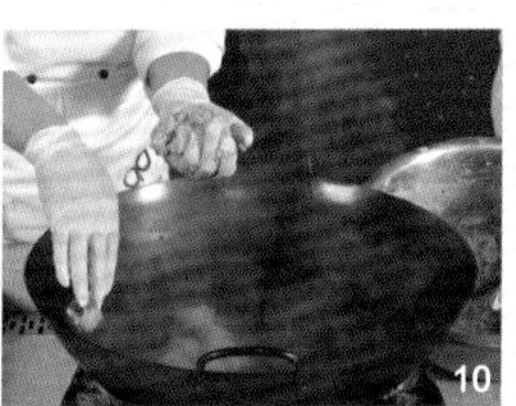

萝卜氽丸子是一道北方地区的家常菜，萝卜营养丰富，丸子软、糯、滑，萝卜中含有膳食纤维、维生素等营养成分，猪肉中含有丰富的蛋白质。

成菜标准

①色泽：白绿相间；②芡汁：汤汁菜；③味型：咸鲜；④质感：软烂；⑤成品重量：10000 克

举一反三

采用这种烹饪方法，可以做羊肉丸子、牛肉丸子、鲫鱼氽萝卜丝。

火烧开后再烧制 3 分钟（萝卜丝呈透明状即可），加入胡椒粉 15 克、盐 25 克、白糖 10 克、香油 60 毫升出锅。

7. **成品菜装盘（盒）**：菜品采用“盛入法”装入盘（盒）中，呈自然堆落状。

罗宋炖牛肉

| 制 作 人 | 赵春源（中国烹饪大师）
| 操作重点 | 牛肉要冷水下锅，撇净浮沫
| 要领提示 | 要把西红柿炒烂、炒出红油

原料组成

主料

牛腩 2500 克

配料

西红柿 500 克、芹菜 500 克、洋葱 250 克、胡萝卜 250 克、土豆 500 克

调料

料酒 40 毫升、盐 50 克、胡椒粉 10 克、番茄酱 65 克、葱片 30 克、姜片 30 克、牛肉原汤 6000 毫升、植物油 300 毫升

营养成分

（每 100 克营养素参考值）

能量……193.7 千卡
蛋白质……9.6 克
脂肪……15.6 克
碳水化合物……3.6 克
膳食纤维……0.4 克
维生素 A……22.1 微克
维生素 C……4.3 毫克
钙……7.0 毫克
钾……103.6 毫克
钠……442.2 毫克
铁……0.5 毫克

加工制作流程

1. **初加工**：牛腩洗净；西红柿洗净；洋葱去皮，洗净；芹菜去叶，洗净；胡萝去皮，洗净；土豆去皮，洗净。
2. **原料成形**：将牛腩切 3 厘米的块，凉水下锅焯水后捞出冲净，将西红柿、洋葱、芹菜、胡萝卜、土豆切 2 厘米的块。
3. **腌制流程**：无。
4. **配菜要求**：将主料、辅料、调料分别摆放在器皿中备用。
5. **工艺流程**：牛肉焯水→烹饪熟化食材→出锅装盘。

罗宋炖牛肉是一道由俄罗斯的红菜汤演变而来的菜肴，肉质酥烂多汁，酸香适中，牛肉高蛋白、低脂肪，营养丰富。

成菜标准

①色泽：红亮；②芡汁：半汤菜；③味型：酸、咸、香；④质感：牛肉软烂；⑤成品重量：10000 克。

举一反三

采用这种烹饪方法，可以做罗宋炖鸡肉、罗宋汆鱼片。

6. **烹调成品菜**：①锅中放入冷水，下入牛肉焯水，撇净浮沫后捞出。②锅内加入底油，下葱片姜片各 30 克煸炒出香味，下入洋葱 250 克、胡萝卜 250 克、土豆 500 克、芹菜 500 克、西红柿 500 克、番茄酱 65 克炒出红油和香味，放入牛腩块和牛肉原汤 6000 毫升，大火烧开，放入料酒 40 毫升，改中火炖 40 分钟（根据食材掌握时间），加入胡椒粉 10 克、盐 50 克调味即可。

7. **成品菜装盘（盒）**：菜品采用“盛入法”装入盘（盒）中，呈自然堆落状。

虾仁烧豆腐

| 制 作 人 | 赵春源（中国烹饪大师）
| 操作重点 | 虾仁上浆要饱满。
| 要领提示 | 虾仁要洗净，去掉虾线。

原料组成

主料

豆腐 2000 克

辅料

虾仁 1000 克、玉米粒、青豆、胡萝卜丁各 200 克

调料

盐 40 克、白糖 10 克、葱姜末各 30 克、生粉 70 克、鸡蛋清 70 克、料酒 100 毫升、水淀粉 150 克（生粉 50 克 + 水 100 毫升）、汤 1000 毫升、植物油 300 毫升

营养成分

（每 100 克营养素参考值）

能量................. 131.7 千卡
蛋白质....................10.7 克
脂肪..........................3.6 克
碳水化合物..............13.9 克
膳食纤维..................1.1 克
维生素 A............. 20.6 微克
维生素 C............... 1.5 毫克
钙....................... 72.9 毫克
钾.................... 198.0 毫克
钠.................... 477.6 毫克
铁......................... 1.3 毫克

加工制作流程

1. 初加工： 虾仁洗净，玉米粒、青豆、胡萝卜丁洗净。

2. 原料成形： 将豆腐切 1.5 厘米的块焯水。

3. 腌制流程： 虾仁加盐 5 克、料酒 50 毫升、鸡蛋清 70 克、生粉 70 克拌匀腌制。

4. 配菜要求： 将主料、辅料、调料分别摆放在器皿中备用。

5. 工艺流程： 虾仁上浆→虾仁、豆腐焯水→烹饪熟化食材→出锅装盘。

6. 烹调成品菜： ①锅中加水烧开，放入虾仁焯水，慢慢推动滑散，焯熟后捞出备用，水中放入盐 10 克，倒入豆腐焯水，用手勺慢慢推散，烧至豆腐飘起，关火，捞出，备用。②另起一锅，烧热放油，

虾仁烧豆腐是一道家常菜肴，软嫩鲜香，虾仁中含有丰富的蛋白质，豆腐中的维生素、矿物质等营养元素的含量都很高。

成菜标准

①色泽：红、黄、白绿相间；②芡汁：玻璃芡；③味型：咸鲜；④质感：虾仁爽脆、豆腐软嫩；⑤成品重量：5000克。

举一反三

采用这种烹饪方法，可以做虾仁烧青瓜、虾仁烧冬笋、虾仁烧三鲜。

下葱姜末各30克煸出香味，放入青豆200克、胡萝卜丁200克、玉米粒200克翻炒均匀，放入料酒50毫升、虾仁1000克，加入汤1000毫升，放入盐25克、白糖10克调味，放入水淀粉150克勾芡，淋入明油50毫升，下入烫好的豆腐2000克搅拌均匀，即可出锅，出锅后撒入小葱花点缀。

7. **成品菜装盘（盒）**：菜品采用“盛入法”装入盘（盒）中，呈自然堆落状。

醋烧毛冬瓜

| 制 作 人 | 张伟利（中国烹饪大师）
| 操作重点 | 冬瓜烧制时要掌握好火候，投放蒜蓉的时间要掌握好，不能早放。
| 要领提示 | 大料一定要炸香。

原料组成

主料

毛冬瓜 5000 克

辅料

香菜 100 克

调料

盐 15 克、米醋 90 毫升、酱油 90 毫升、八角 8 克、蒜蓉 40 克、鸡精 5 克、白糖 20 克、色拉油 200 毫升

加工制作流程

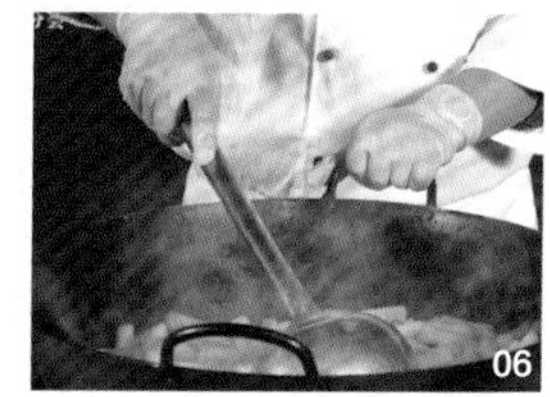

营养成分

（每 100 克营养素参考值）

能量.................... 16.1 千卡
蛋白质 ....0.7 克
脂肪...........................0.2 克
碳水化合物................2.8 克
膳食纤维....................0.7 克
维生素 A............... 1.8 微克
维生素 C............ 15.8 毫克
钙....................... 16.1 毫克
钾....................... 80.0 毫克
钠..................... 213.1 毫克
铁......................... 0.5 毫克

1. **初加工：**毛冬瓜洗净去皮，香菜洗净。
2. **原料成形：**冬瓜切 6 厘米长、1 厘米宽长条，香菜切 2 厘米段。
3. **腌制流程：**无。
4. **配菜要求：**把冬瓜、调料分别放在器皿中。
5. **工艺流程：**食材处理→烹饪熟化食材→出锅装盘。
6. **烹调成品菜：**①锅上火烧热，倒入色拉油 200 毫升，放入八角 8 克炸香，放入冬瓜条 5000 克炒制，放入米醋 90 毫升、盐 15 克、白糖 20 克翻炒均匀，小火烧制，撒入鸡精 5 克，加入酱油 90 毫升，搅拌均匀。②冬瓜成熟后放入蒜蓉 40 克、香菜 100 克，出锅即可。
7. **成品菜装盘（盒）：**菜品采用“盛入法”装入盘（盒）中，呈自然堆落状。

醋烧毛冬瓜是一道老北京家常菜，冬瓜软烂有型，其中含有丰富的膳食纤维和维生素等营养元素。

成菜标准

①色泽：酱油色；②芡汁：原汁；③味型：咸鲜、蒜香浓郁；④质感：软烂可口，老少皆宜；⑤成品重量：5150克。

举一反三

采用这种烹饪方法，可以做醋烧萝卜。

美味烤乳鸭

| 制 作 人 | 张伟利（中国烹饪大师）
| 操作重点 | 酱料一定要涂抹均匀，腌制时间要在 12 个小时以上。
| 要领提示 | 一定要选择鸭皮完整，没有破皮的鸭子。

原料组成

主料

小鸭子 5000 克（8 只）

配料

虾片 360 克、冰梅酱 260 克（2 瓶）

调料

白糖 400 克、盐 240 克、十三香 16 克、沙姜粉 8 克、鸡粉 24 克、海鲜酱 40 克、柱侯酱 40 克、叉烧酱 40 克、芝麻酱 40克、花生酱 40克、蒜蓉 40克、干葱蓉 40 克、上皮水 1300 毫升（麦芽糖 100 克：白醋 200 毫升：热水 1000 毫升）、植物油 1000 毫升

营养成分

（每 100 克营养素参考值）

能量………………265.1 千卡
蛋白质………………12.2 克
脂肪………………17.7 克
碳水化合物…………14.1 克
膳食纤维………………0.1 克
维生素 A…………38.8 微克
维生素 C………… 0.1 毫克
钙………………19.3 毫克
钾………………160.8 毫克
钠………………364.9 毫克
铁………………2.3 毫克

加工制作流程

1. 初加工： 将鸭子洗净，控水备用。

2. 腌制流程： 碗中放入麦芽糖 100 克、白醋 200 毫升、热水 1000 毫升搅拌均匀，制成上皮水备用；把鸭肚子里的水吸干，在鸭子表面撒入盐 160 克，涂抹均匀，腌制；把沙姜粉 8 克、干葱蓉 40 克、芝麻酱 40 克、柱侯酱 40 克、叉烧酱 40 克、海鲜酱 40 克、花生酱 40 克、盐 80 克、白糖 400 克、蒜蓉 40 克、鸡粉 24 克、十三香 16 克搅拌均匀，涂抹鸭子内腔，然后用鹅尾针把口封好，腌制 12 小时。

3. 配菜要求： 将鸭子、虾片、调料分别放入器皿中备用。

4. 工艺流程： 腌制→炙锅→蒸制→炒制。

美味烤乳鸭是一道传统特色美食，酥嫩适口，鸭肉中含有丰富的维生素等营养成分。

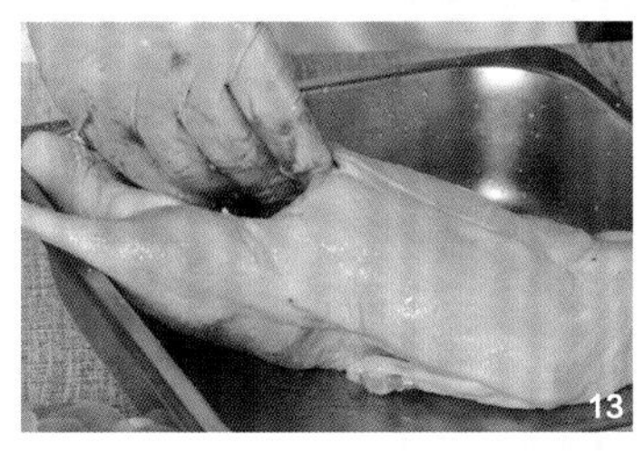
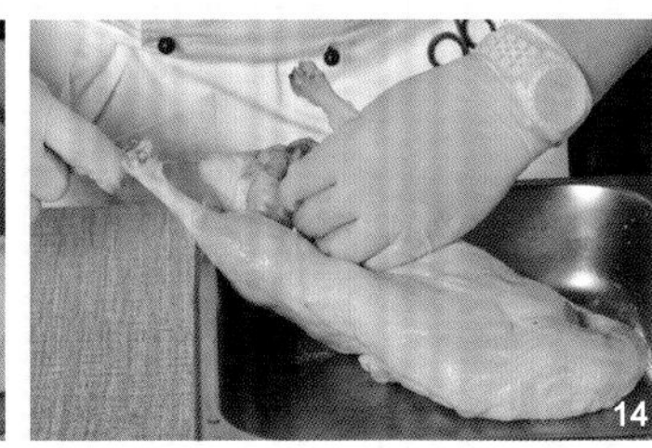
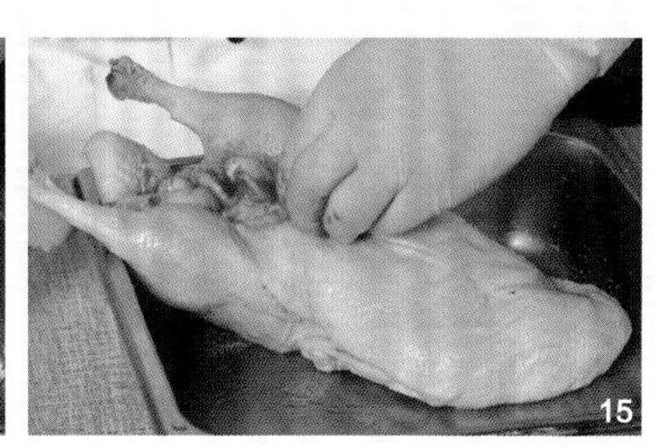

成菜标准

①色泽：红亮；②芡汁：无；③味型：咸鲜、微甜；④质感：外酥里嫩；⑤成品重量：5600 克。

举一反三

采用这种烹饪方法，可以做美味烤鸡、美味烤鹅。

5. 烹调成品菜：①锅中放水烧开，水温八成热时，用开水从上往下浇在鸭子上烫皮。②将上皮水倒入锅中加热，浇在鸭子上，将烫好皮的鸭子放在通风的地方晾干。③将晾干的鸭子放入万能蒸烤箱，选择“烤”模式，烤箱调至 220℃，湿度 30%，烤 40 分钟，取出，拿下鹅尾针，倒出鸭肚子中的汤汁，切块，摆放在食盘中。④锅上火烧热，倒入植物油，油温八成热，放入虾片，捞出，摆盘即可。⑤配冰梅酱食用味道更佳。

6. 成品菜装盘（盒）：菜品采用“码入法”装入盘（盒）中，整齐美观。

面筋塞肉

| 制 作 人 | 张伟利（中国烹饪大师）
| 操作重点 | 蒸制时间不能低于30分钟。
| 要领提示 | 肉馅要合适，不能过少也不能过多。

原料组成

主料

油面筋500克、猪肉馅900克

辅料

油菜1000克、香葱250克

调料

味精15克、盐40克、糖13克、料酒13毫升、酱油37毫升、植物油50毫升、香油107毫升、生粉63克、水淀粉100克（生粉50+水50毫升）、老抽35毫升、蚝油30克、全蛋液150克、生抽4毫升、大料10克、姜末20克、葱末50克、葱片20克、姜片10克、热水3000毫升

营养成分

（每100克营养素参考值）

能量.................. 249.7千卡
蛋白质......................9.1克
脂肪........................18.6克
碳水化合物..............11.4克
膳食纤维...................0.8克
维生素A............ 43.1微克
维生素C........... 11.5毫克
钙....................... 62.5毫克
钾..................... 150.1毫克
钠..................... 317.8毫克
铁......................... 1.6毫克

加工制作流程

1. 初加工：油菜洗净，香葱洗净。

2. 原料成形：油面筋挖一个手指粗细的洞，香葱切葱花。

3. 腌制流程：将猪肉馅放入生食盆中，放入味精15克、盐20克、糖13克、料酒13毫升、酱油37毫升搅拌均匀，放入姜末20克、葱末50克、植物油50毫升、香油75毫升，分2次放入生粉63克，全蛋液150克，按照一个方向搅拌，调好入味备用（制作的时候可以把肉馅放在冰箱中冰镇一下）。

4. 配菜要求：把主料、辅料、调料分别放在器皿中。

5. 工艺流程：腌制→炙锅→蒸制→炒制。

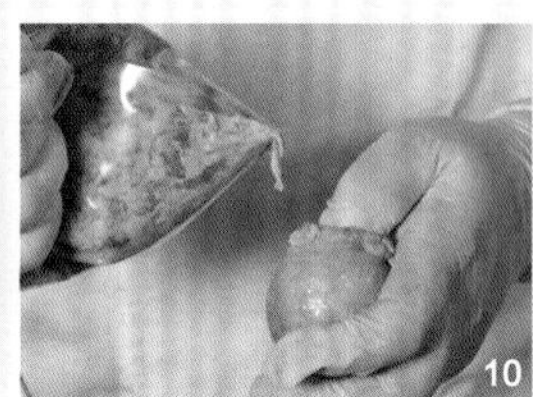

6. **烹调成品菜**：①把调好的肉馅酿入面筋里，摆入蒸盘，码上葱片20克、姜片10克、大料10克、老抽20毫升、热水3000毫升（没过面筋即可）、盐10克。②蒸盘放入万能蒸烤箱，选择“蒸”模式，温度100℃，湿度100%，蒸半小时。③将蒸好的面筋取出，捡出葱姜，摆入食盘中，留汤烧开，放入蚝油30克、老抽15毫升、生抽4毫升、水淀粉100克勾芡，淋入香油32毫升，浇在蒸好的面筋上，撒上香葱250克。④锅中放水，放入盐10克烧开，放入油菜1000克焯水，焯熟后捞出围边即可。

7. **成品菜装盘（盒）**：菜品采用“盛入法”装入盘（盒）中，呈自然堆落状。

面筋塞肉是一道上海传统菜，软糯鲜香，油面筋中含有丰富的蛋白质和多种微量元素。

成菜标准

①色泽：黄绿相间；②芡汁：薄芡；③味型：咸鲜、微甜；④质感：软糯可口；⑤成品重量：4500克。

举一反三

采用这种烹饪方法，可以做酿豆腐、酿西红柿、酿冬瓜。

如意煎虾饼

| 制 作 人 | 张伟利（中国烹饪大师）
| 操作重点 | 虾饼大小要均匀，薄厚一致。
| 要领提示 | 打虾胶时要按照一个方向搅拌上劲。

原料组成

主料

虾仁 2500 克

辅料

地门玉米粒 1000 克

调料

泰式鸡辣酱 220 克、盐 15 克、香油 15 毫升、生粉 40 克、植物油 500 毫升

营养成分

（每 100 克营养素参考值）

能量.................171.5 千卡
蛋白质....................30.1 克
脂肪..........................2.6 克
碳水化合物................7.0 克
膳食纤维...................1.2 克
维生素 A............ 25.9 微克
维生素 C............. 4.2 毫克
钙..................... 378.4 毫克
钾..................... 439.6 毫克
钠.................. 345.69 毫克
铁......................... 7.9 毫克

加工制作流程

1. 初加工：虾仁洗净。

2. 原料成形：将虾仁剁碎做成蓉。

3. 腌制流程：将虾蓉放盐 15 克、生粉 40 克搅拌上劲，加入香油 15 毫升，放入地门玉米粒 1000 克拌匀制成虾胶。

4. 配菜要求：把虾仁、玉米粒、调料分别放在器皿中。

5. 工艺流程：食材腌制→食材处理→烹饪熟化食材→出锅装盘。

6. 烹调成品菜：①把虾胶团成每个 70 克的丸子，再压成圆饼备用。

②锅中烧油，油温七成热时，放入虾饼，煎熟即可。③配泰式鸡辣酱蘸汁食用。

7. 成品菜装盘（盒）：菜品采用“码入法”装入盘（盒）中，摆放整齐。

如意煎虾饼是一道传统粤菜美食，香酥可口，虾仁里含有丰富的蛋白质。

成菜标准

①色泽：金黄；②芡汁：无；③味型：咸鲜；④质感：外焦里嫩；⑤成品重量：3220克。

举一反三

食材可以换成鸡肉、鱼肉、猪肉等。

三色鱼圆

| 制 作 人 | 张伟利（中国烹饪大师）
| 操作重点 | 鱼丝与三丝融在一起，团成45克鱼丸，蒸制时间不可超15分钟。
| 要领提示 | 胡萝卜、香菇、油菜要切细，腌制入味。

原料组成

主料

净龙利鱼2100克

辅料

净胡萝卜600克、净香菇650克、净油菜90克

调料

葱油130毫升、盐35克、味精12克、料酒50毫升、玉米淀粉30克、蛋清255克、糯米粉215克、番茄酱250克、胡椒粉2克

加工制作流程

1. **初加工：**龙利鱼洗净，胡萝卜去根削皮洗净，香菇去蒂洗净，油菜洗净。

2. **原料成形：**龙利鱼切4厘米抹刀片，胡萝卜切4厘米长、0.3厘米宽的丝，香菇切4厘米长、0.3厘米宽的丝，油菜切4厘米长、0.3厘米宽的丝。

3. **腌制流程：**胡萝卜丝、香菇丝加入葱油30毫升、盐5克、味精2克搅拌均匀备用；把龙利鱼倒入盆中，加料酒50毫升、味精3克、盐10克、蛋清255克搅拌均匀，加入糯米粉215克、玉米淀粉30克，搅拌均匀，腌10分钟备用。

营养成分

（每100克营养素参考值）

能量 101.8千卡
蛋白质 10.6克
脂肪 1.8克
碳水化合物 10.8克
膳食纤维 0.9克
维生素A 58.6微克
维生素C 3.6毫克
钙 80.5毫克
钾 203.7毫克
钠 412.3毫克
铁 1.4毫克

三色鱼圆是一道家常菜，鲜香软糯，含有丰富的蛋白质、维生素等营养成分。

4. 配菜要求：把主料、辅料和调料分别装在器皿中备用。

5. 工艺流程：食材腌制→食材处理→烹饪熟化食材→出锅装盘。

6. 烹调成品菜：①将腌制好的胡萝卜丝、香菇丝放入万能蒸烤箱，选择“蒸”模式，温度100℃，湿度100%，蒸制2分钟取出，晾凉备用。②将蒸制好的辅料与鱼片放在一起搅拌均匀，放入油菜丝90克，继续搅拌，攥成每个45克的圆球，放入蒸盘中，放万能蒸烤箱蒸制15分钟，取出备用。③锅烧热，放入葱油100毫升，放入番茄酱250克，加少许水，放入盐20克、味精7克、胡椒粉2克，搅拌均匀，勾芡，淋入明油，盛入盒中。④将蒸好的丸子摆在汤汁上，即可。

7. 成品菜装盘（盒）：菜品采用“码入法”装入盘（盒）中，摆放整齐。

成菜标准

①色泽：红、白、绿相间；②芡汁：宽汁宽芡；③味型：咸鲜、微酸；④质感：鱼肉鲜嫩，香菇、胡萝卜清香；⑤成品重量：5800克。

举一反三

采用这种烹饪方法，可以做三色虾丸、三色肉丸。

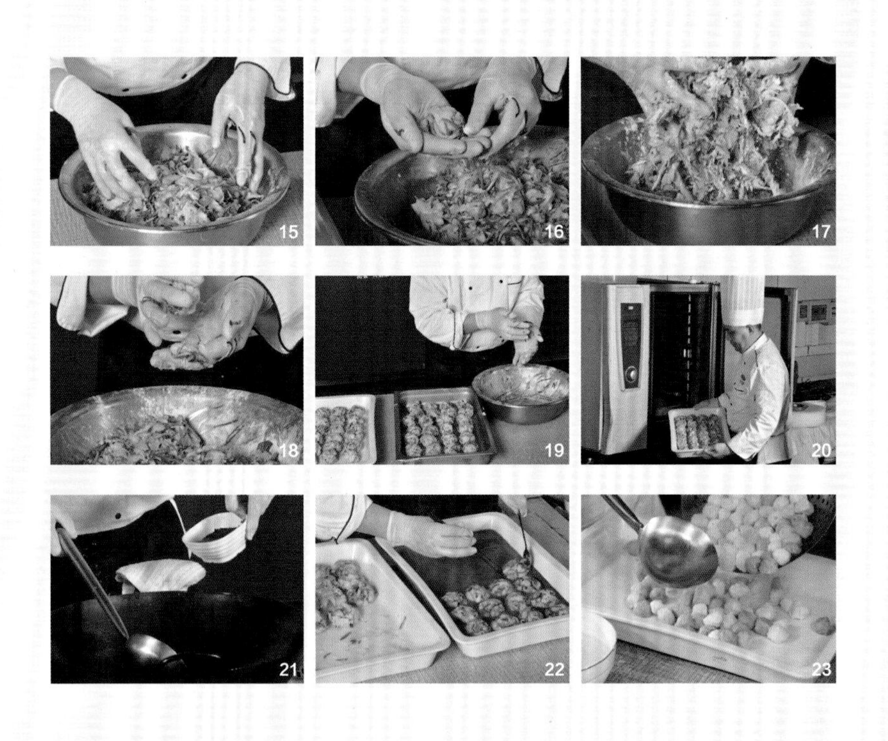

跟您唠唠心里话

十几年前，我就开始琢磨写一本适合老年人的菜谱。我总想，老年人为国家、为家庭奉献了大半辈子，老来应该得到悉心的关怀，这也是全社会的责任。作为从事做餐饮服务工作的烹饪人员、餐饮企业及行业学会，都应该为老年人出一份力。因此，编撰一套专门为老年人做饭的工具书就成了我的梦想、我们团队的梦想。

我的这个梦想首先得到了中国铁道出版社有限公司副总经理杨新阳的肯定和支持，装帧设计中心主任孟萧派出王明柱老师担任全书的摄影工作。

多年来，中国铁道出版社有限公司对我们首都保健营养美食学会大锅菜烹饪技术专业委员会的工作给予全力支持。“中国大锅菜”系列图书就是由其出版发行的。这次的“老年营养餐卷”从起步就得到他们的认同，这给了我们极大的信心和动力。

很快，我们就组成编委会，仙豪六位仙食品科技（北京）有限公司董事长张彦先生担任编委会主任，中国烹饪大师侯玉瑞先生担任营养点评师，王永东、胡欣杨负责视频指导，王明柱、李志秀为摄影师，车凯、周悦讯、张国为助理摄像师，另有魏杰女士、杨一江先生担任组织协调工作，杨磊、刘妍出任营养师。

此项工作得到烹饪与营养界人士段凯云先生、付萍女士、王晓芳女士、夏连悦先生、赵馨女士的支持。大家的鼓励赋予我们完成此项工作的力量。

很多人问我，人老了，吃什么最有营养？怎么定义营养呢，我认为老年人不一定吃鲍鱼，吃海参才算是有营养，将家常的鸡鸭鱼肉、豆腐、白菜、萝卜做好就是养生，也是我做老年营养餐的初衷。老年人一般都很节俭，由于身体的原因，很少有人不生病的，他们把钱大部分花在医疗上，用在吃上的钱就比较少。如何用最少的钱，做出可口的饭菜，既符合营养学的要求，又能让老年人得到实惠，这也是我最下功夫钻研的课题。只有吃好了，身体才会健康。

《中国大锅菜·老年营养餐卷（精品菜）》的创作是一个系列工程。为了做到每一道菜品的主、辅料用量准确，营养搭配完整，我们采取全书既有照片图例，又有视频演示的形式，力求真正起到方便读者阅读的作用。

其实，老年营养餐应该按年龄层次细分，针对不同年龄，烹饪不同的菜谱，但由于条件所限，我只写了上下两册，我希望更多关心老年人生活的企事业单位、社会团体、烹饪大师加入我们的行列，开辟更多的菜谱。学生营养餐是我下一步要研究的领域，欢迎有志之士加入，共同努力，为团餐事业做出贡献。

特别感谢长期支持与帮助我们的中国烹饪大师们，以及为本书付出辛勤劳动的工作人员，因为他们的支持与付出，才能顺利完成“老年营养餐”系列图书的创作。祈颂老年朋友们在党和政府及全社会的关怀下，晚年幸福、益寿延年！

首都保健营养美食学会大锅菜烹饪技术专业委员会会长
李建国
2022年5月于北京

北京万宝永兴餐饮管理中心

北京万宝永兴餐饮管理中心（又名北京万宝永兴酒店管理有限公司）成立于 2010 年，是一家综合餐饮集团，业务涵盖食堂管理、美食广场、食材供应、在线厨师到家、商超等。多年来，公司通过了质量管理体系认证（ISO9001）、食品安全管理体系认证、环境管理体系认证、中国职业健康安全管理体系认证以及 HACCP 体系认证，并荣获多项荣誉。

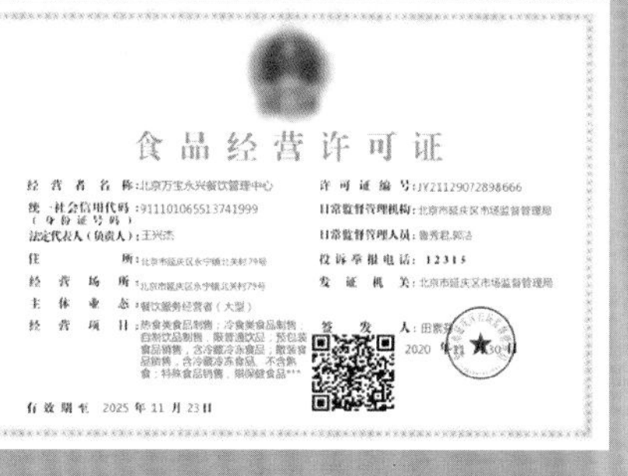

食品经营许可证

经营者名称：北京万宝永兴餐饮管理中心

许可证编号：JY21129072898666

统一社会信用代码（身份证号码）：91110106551374199

日常监督管理机构：北京市延庆区市场监督管理局

法定代表人（负责人）：王兴杰

投诉举报电话：12315

住所：北京市延庆区永宁镇北关村79号

经营场所：北京市延庆区永宁镇北关村79号

发证机关：北京市延庆区市场监督管理局

主体业态：餐饮服务经营者（大型）

经营项目：热食类食品制售；冷食类食品制售；自制饮品制售；预包装食品销售，含冷藏冷冻食品；散装食品销售，含冷藏冷冻食品，不含熟食；特殊食品销售，限保健食品***

有效期至 2025 年 11 月 23 日

遵照公司的企业文化、发展宗旨和经营理念，在管理团队的专业运营管理与全体员工的共同努力，以专业和优质的服务，以“出品就是人品，质量就是生命”的管理理念先后为 100 多家客户提供团体餐饮服务。万宝永兴是值得信赖的，愿与客户共同成长的综合性餐饮管理服务公司。

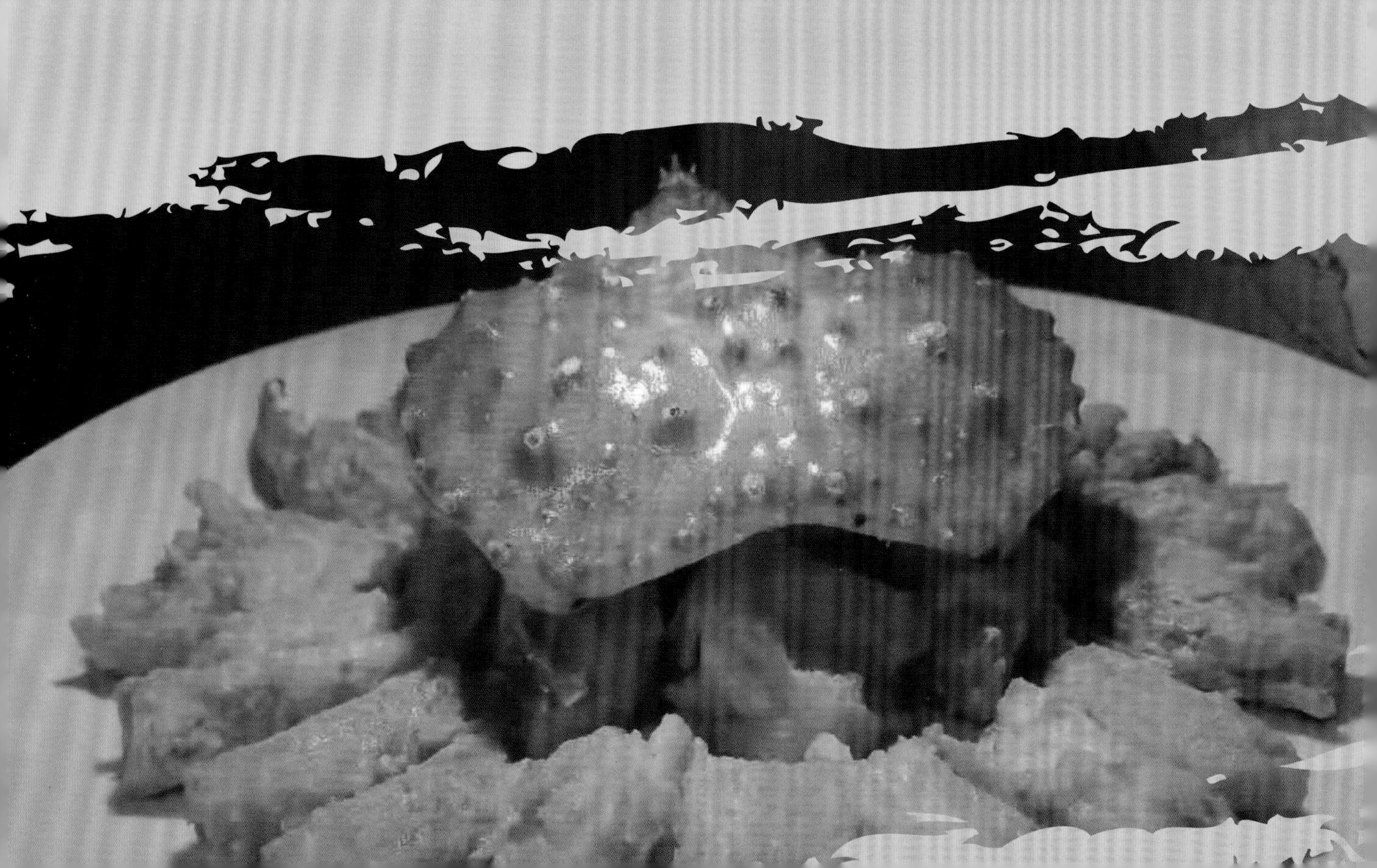

内蒙古黑冠乳业

企业推介

企业愿景

内蒙古黑冠乳业，愿联合天下有识之士，为百姓提供口感醇香，无添加剂的新鲜酸奶

奶源地

· 水草丰美 日照充足 空气清新

· 天然牧草喂养 无饲料添加剂

生产加工

· 采奶到加工不到一个小时，保证鲜奶的营养价值

· 高科技智能无菌车间

· 独特的慢发酵工艺

· 严格把控每个环节的生产流程

· 保证酸奶口感和有益菌的稳定性生产加工

低脂低糖 优格小淳

· 助消化利吸收　　· 润肠通便

净含量： 153 克

包装规格： 12 瓶 / 盒

检验报告

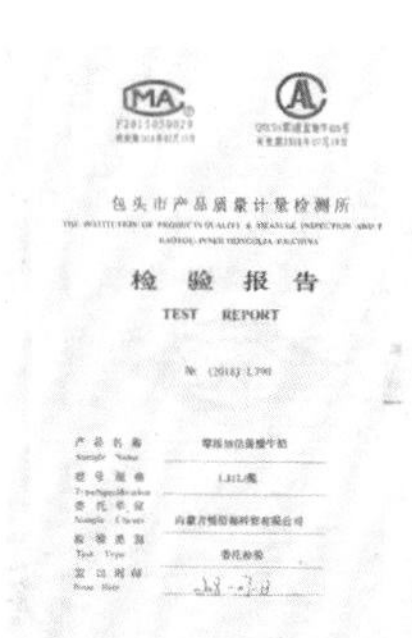

经典系列

我们都喜爱的酸奶

不添加

精品系列

零人工添加剂　低脂低糖

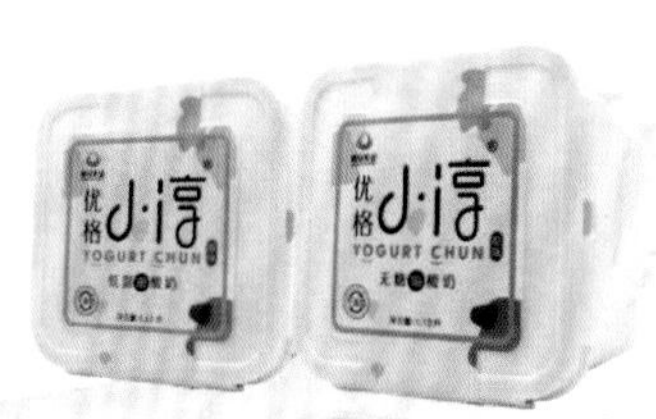

定制热线：

总经理：胡雪妍 15149313141

销售经理：王女士 13664073413

客服电话：13394721345